U0957405

焊接应用技术培训习题集

主　编　张殿勇　梁艳玲　王影建

副主编　星建民　刘玉同　张敬敏　樊　静

北京邮电大学出版社
www.buptpress.com

内 容 简 介

本书分为四大部分，内容涵盖了焊工基础知识，焊工初级、中级、高级三个层次的鉴定考核题型，并附以标准答案，为焊接加工专业学员提供了自学、检验的基础资料。

第一部分为焊工基础知识，主要内容涉及焊工职业道德、识图知识、金属热处理、电工基本知识、化学基本知识、冷加工基本知识、焊接概述、安全保护知识，意在让学生掌握焊接理论基础知识常用知识与常见题型。

第二部分至第四部分为焊工技能知识部分，分为初、中、高三个级别常见试题，主要内容涉及焊接准备、焊接方法、焊后检查，意在让学生掌握焊接初、中、高工层面重点考核知识内容。

通过四个部分的学习，学生可基本掌握焊接初、中、高三个级别的技能鉴定考核的常见内容与考核知识点，并培养学生分析问题、解决问题的能力。

图书在版编目（CIP）数据

焊接应用技术培训习题集 / 张殿勇，梁艳玲，王影建主编．-- 北京 ：北京邮电大学出版社，2019.4
ISBN 978-7-5635-5680-9

Ⅰ.①焊…　Ⅱ.①张…　②梁…　③王…　Ⅲ.①焊接－职业技能－鉴定－习题集　Ⅳ.①TG4－44

中国版本图书馆 CIP 数据核字（2019）第 018061 号

书　　名：焊接应用技术培训习题集
责任编辑：徐振华　王　义
出版发行：北京邮电大学出版社
社　　址：北京市海淀区西土城路 10 号（邮编：100876）
发 行 部：电话：010-62282185　传真：010-62283578
E-mail：publish@bupt. edu. cn
经　　销：各地新华书店
印　　刷：北京九州迅驰传媒文化有限公司
开　　本：787 mm×1 092 mm　1/16
印　　张：16.5
字　　数：405 千字
版　　次：2019 年 4 月第 1 版　2019 年 4 月第 1 次印刷

ISBN 978-7-5635-5680-9　　定　价：39.80 元

《焊接应用技术培训习题集》工作指导委员会

主　任： 张殿勇

副主任： 梁艳玲

委　员： 星建民　张敬敏　刘瑞丰　袁志勇　李铭慧

《焊接应用技术培训习题集》编写委员会

主　编： 张殿勇　梁艳玲　王影建

副主编： 星建民　刘玉同　张敬敏　樊　静

参　编： 井红军　高　红　柴新颖　孟庆霞　刘瑞丰　唐玉海

主　审： 樊　静　星建民

前　言

为了满足国家级高技能人才培训基地建设需要，根据《国家级高技能人才培训基地建设项目申报书》及《国家级高技能人才培训基地建设项目实施方案》中设定的“高技能人才培训方案和课程标准（教学大纲）”的要求，结合《焊工——国家职业标准》、职业岗位需求以及焊工鉴定考核标准等内容，我们整理编写了这本《焊接应用技术培训习题集》，其内容涵盖了焊工初级、中级、高级三个层次的鉴定考核题型，并附以标准答案，为焊接加工专业学员提供了自学、检验的基础资料。

在教材的编写过程中，我们努力做到以下几点。

1. 从企业生产实际中选取针对性强的问题，对问题进行集中整理，使学员在学习培训中能够掌握知识要点。

2. 分别参照国家职业标准焊工的要求，确定相关题型的广度和深度，便于鉴定考核工作的顺利开展。

3. 根据制造行业发展需要，本书较多编入新技术、新工艺、新设备、新材料的常见问题与解答，以适应现代行业、企业发展的需要，保证教材的先进性。

在上述教材的编写过程中，我们得到有关主管部门、专业骨干教师、一体化教师以及相关行业、企业的大力支持，在此我们表示衷心的感谢！同时，恳切希望广大读者对教材提出宝贵的意见和建议，以便修订时加以完善。

编　者

目　录

第 1 章　焊工基础知识

1.1　焊工职业道德

知识要点

1. 了解职业道德基本概念；
2. 了解职业道德的意义；
3. 了解职业道德的特点；
4. 熟知职业道德基本规范；
5. 掌握焊工职业守则。

一、单项选择题

1. 职业道德是社会道德要求在(　　)中的具体体现。

A. 职业行为和职业关系　　B. 生产行为和职业行为

C. 经济行为和社会关系　　D. 职业行为和人际关系

2. 职业道德的内容很丰富，但不包括(　　)。

A. 职业道德守则　　B. 职业道德培养

C. 职业道德品质　　D. 职业道德效益

3. 职业道德的意义之一是有利于推动(　　)。

A. 企业体制改革　　B. 产品价格的提高

C. 不计报酬超强度工作　　D. 社会主义物质文明和精神文明建设

4. 职业道德的意义中不包括(　　)。

A. 有利于推动社会主义物质文明和精神文明建设

B. 有利于行业、企业建设和发展

C. 有利于个人的提高和发展

D. 有利于社会体制改革

5. (　　)是职业道德的特点的重要组成部分。

A. 社会主义企业建设　　B. 社会主义道德标准

C. 社会主义道德体系　　D. 社会主义道德规范

6. 在社会劳动过程中，劳动(　　)。

A. 仅仅是为了个人谋生

B. 仅仅是为社会服务

C. 只是为个人谋生，而不是为社会服务

D. 既是为个人谋生，也是为社会服务

7. 劳动者通过诚实的劳动(　　)。

A. 仅仅是为了改善自己的生活

B. 仅仅是为了增进社会共同利益而劳动

C. 在改善自己生活的同时,也是为建设国家而劳动

D. 仅仅是为建设国家而劳动

8. (　　)是职业道德首先要遵守的职业行为规范。

A. 严于律己,吃苦耐劳　　B. 爱岗敬业,忠于职守

C. 谦虚谨慎,团结合作　　D. 刻苦钻研,勇于创新

9. 在职业活动、行为有关的制度和纪律中,(　　)是不属于这个范畴的。

A. 安全操作规程　　B. 履行岗位职责

C. 交通法规　　D. 完成企业分派的任务

10. 从事职业活动的人要自觉遵守和职业活动、行为有关的制度和纪律,但(　　)不属于与职业活动有关的纪律。

A. 劳动纪律　　B. 安全操作规程

C. 履行岗位职责　　D. 遵守交通法规

11. 在与焊工职业活动、行为有关的制度和纪律中,(　　)是不属于这个范畴的。

A. 安全操作规程　　B. 履行岗位职责

C. 遵守道德规范　　D. 完成企业分派的任务

12. 焊工应(　　),但他不属于焊工职业守则。

A. 重视安全生产　　B. 严于律己,吃苦耐劳

C. 认真学习专业知识　　D. 参与社会公益劳动

13. 劳动者通过诚实的劳动,在改善自己生活的同时,也为(　　)而劳动,为建设国家而劳动。

A. 完成生产计划　　B. 增进社会共同利益

C. 提高个人技能　　D. 个人奋斗目标

14. 凡是已制定好的焊工工艺文件,焊工在生产中(　　)。

A. 可以灵活运用　　B. 必须时进行修改

C. 必须严格执行　　D. 根据实际进行发挥

二、判断题

(　　)1. 职业道德的意义也包括有利于社会体制改革。

(　　)2. 劳动不是为个人谋生,而只是为增进社会共同利益而劳动。

(　　)3. 劳动者通过劳动,在改善自己生活的同时,也是为国家建设而劳动。

(　　)4. 职业道德首先要从服务群众,奉献社会这一职业行为规范开始。

(　　)5. 焊工职业道德的基本规范是:爱岗敬业,忠于职守,诚实守信,办事公道;服务群众,奉献社会,积极参加公益劳动。

(　　)6. 信誉是企业在市场经济中赖以生存的依据。

(　　)7. 从事职业活动的人自觉遵守和职业活动、行为有关的制度和纪律。

(　　)8. 在生产中焊工对焊工工艺文件可根据实际情况灵活执行。

(　　)9. 职业道德是社会道德要求在职业行为和职业关系中的具体体现。

(　　)10. 焊工职业道德是指从事焊工职业的人员从思想到工作行为所必须遵守的道德规范和行为准则。

(　　)11. 自觉遵守职业道德有利于推动社会主义物质文明和精神文明建设。

(　　)12. 劳动既是为个人谋生也是为社会服务。

(　　)13. 忠于职守就是要把自己职业范围内的工作做好,合乎质量标准和规范要求。

三、多项选择题

1. 职业道德的基本规范是(　　)。

A. 爱岗敬业,忠于职守　　B. 诚实守信,办事公道

C. 服务群众,奉献社会　　D. 遵纪守法,廉洁奉公

2. 焊工的职业守则应包含(　　)等内容。

A. 遵守国家法律、法规　　B. 爱岗敬业,忠于职守

C. 工作认真负责　　D. 谦虚谨慎,团结合作

E. 坚持文明生产

3. 焊工的职业守则应包含(　　)等内容。

A. 遵守企业的有关规章制度　　B. 爱岗敬业,忠于职守

C. 认真学习专业知识　　D. 团结合作,主动配合工作

E. 严格执行焊工工艺文件

四、名词解释

职业道德:

五、简答题

1. 职业道德包括哪些内容?

2. 职业道德的意义?

3. 职业道德的特点?

4. 职业道德的基本规范?

六、思考题

焊工职业守则有哪些？

1.2　识图知识

知识要点

1. 了解图纸的格式、比例及画法；
2. 熟知视图的基本知识；
3. 了解零件图表示方法；
4. 熟知装配图表达方法及尺寸标注；
5. 了解读装配图。

1.2.1　制图的一般规定

一、单项选择题

1. 在机械制图中图形不论放大或缩小，在标注(　　)时，应按机件实际尺寸标注。
   A. 代号　　B. 图幅　　C. 比例　　D. 尺寸
2. 图形在标注尺寸时，应按机件实际尺寸标注，(　　)。
   A. 并采用缩小的比例　　B. 并采用放大的比例
   C. 与图形比例有关　　D. 与图形比例无关
3. 为反映实物的大小，绘图时应尽量采用(　　)的比例。
   A. 1∶1　　B. 1∶2　　C. 1∶3　　D. 2∶1

二、判断题

(　　)1. 图形不论放大或缩小，在标注尺寸时，应按机件实际尺寸标注，与图形比例无关。

(　　)2. 图形在标注尺寸时，应考虑图形比例的大小。

三、名词解释

比例：

四、思考题

绘制图线时的注意事项有哪些？

1.2.2　投影的基本原理

一、单项选择题

1. 在机械制图中，主视图是物体在投影面上的(　　)。
   A. 水平投影　　B. 仰视投影
   C. 侧面投影　　D. 正面投影
2. 在机械制图中，物体的正面投影称为(　　)。
   A. 主视图　　B. 俯视图　　C. 左视图　　D. 右视图
3. 主视图确定了物体上、下、左、右四个不同部位，反映了物体的(　　)。
   A. 高度和宽度　　B. 宽度和长度
   C. 高度和长度　　D. 宽度和厚度
4. 俯视图确定了物体前、后、左、右四个不同部位，反映了物体的(　　)。
   A. 高度和长度　　B. 高度和宽度
   C. 宽度和长度　　D. 宽度和厚度
5. 三视图的投影规律是(　　)与俯视图长对正。
   A. 左视图　　B. 右视图　　C. 仰视图　　D. 主视图
6. 三视图的投影规律是主视图与(　　)高、平、齐。
   A. 左视图　　B. 右视图　　C. 仰视图　　D. 俯视图
7. 三视图的投影规律是(　　)与左视图宽相等。
   A. 主视图　　B. 俯视图　　C. 仰视图　　D. 右视图

二、判断题

(　　)1. 在机械制图中，物体的正面投影称为俯视图。
(　　)2. 在机械制图中，物体的水平投影称为主视图。
(　　)3. 中心投影法在投影面上得到的投影称为正投影。
(　　)4. 常见的剖视图有全剖视图、半剖视图和局部剖视图。

三、多项选择题

1. 投影法通常分为(　　)等类型。
   A. 中心投影法　　B. 相交投影法　　C. 平行投影法　　D. 旋转投影法

2. 在机械制图中，通常物体的投影有(　　)之分。
   A. 主视图　　B. 前视图　　C. 后视图
   D. 俯视图　　E. 左视图　　F. 右视图

四、名词解释

1. 投影法：

2. 平行投影法：

3. 剖视图：

五、简答题

1. 三视图的投影规律有哪些？

2. 如何看剖视图？

六、问答题

三视图的作图方法和步骤是什么？

1.2.3　常用零部件的画法及代号标注

一、单项选择题

1. 表示直径尺寸时，零件图中尺寸数字前应有符号(　　)。
   A. L　　B. K　　C. Φ　　D. R
2. 在零件图中表示普通螺纹尺寸时，用字母(　　)写在数字前面。
   A. Φ　　B. R　　C. M　　D. G

3. 当零件图中尺寸数字前面有字母 M 时，这个字母表示(　　)的牙形代号。

A. 梯形螺纹　　B. 管螺纹　　C. 锯齿形螺纹　　D. 普通螺纹

4. 法兰基本形状为扁平的盘状结构，由于外形简单，主视图常取(　　)。

A. 端面剖视图　　B. 半剖视图　　C. 局部剖视图　　D. 全剖视图

5. 零件图中尺寸数字前面有符号 Φ，表示此数字是(　　)的尺寸。

A. 半径　　B. 直径　　C. 长度　　D. 宽度

二、判断题

(　　)1. 当零件图中尺寸数字前面有字母 M 时，表示数字是直径的尺寸。

(　　)2. 某些大比例施工图中，在图形中常采用三根线条表示管道和管件的外形。

(　　)3. 在某些大比例的施工图中，常在图形中采用两根线条表示管道和管件的外形。

三、名词解释

1. 单线图：

2. 双线图：

四、简答题

螺纹是如何标注的？

五、思考题

管道的单双线图在图纸上是如何表达的？

1.2.4　简单装配图识图

一、单项选择题

1. 在生产过程中，(　　)是进行装配、检验、安装及维修的重要技术资料。

A. 部件图　　B. 零件图　　C. 剖视图　　D. 装配图

2. 在生产过程中，装配图不是进行(　　)的技术资料。

A. 维修　　B. 加工　　C. 安装　　D. 装配

3. 一张完整的装配图应有一组视图（　　），技术要求，标题栏、明细表、零件序号等内容。

A. 零件的全部尺寸　　B. 全部零件的结构形状

C. 所有零件的剖视图　　D. 必要的尺寸

4. 读装配图的目的不包括了解（　　）。

A. 零件之间的拆装关系　　B. 各零件的传动路线

C. 技术要求　　D. 所有零件的尺寸

5.（　　）不是画装配图的目的。

A. 了解机器或部件的结构、尺寸和工作原理

B. 零件的各部位尺寸

C. 反映零件之间的相对位置和装配关系

D. 提出机器或部件的技术要求

二、判断题

（　　）1. 在生产过程中，装配图是进行装配、检验、安装及维修的重要技术资料。

（　　）2. 在装配图的尺寸标注中，所有零件的全部尺寸，也是需要标注的。

（　　）3. 了解机器或部件的名称、作用、工作原理是读装配图的目的之一。

（　　）4. 装配图是表达机器或部件的工作原理、结构形状和装配关系的图样。

（　　）5. 在设计过程中，一般是先画出零件图，再根据零件图画出装配图。

（　　）6. 装配图中相邻两个零件的非接触面由于间隔很小，只需画一条轮廓线。

（　　）7. 了解机器或部件的名称、作用、工作原理和技术要求是读装配图主要目的之一。

三、多项选择题

在装配图中，需标注（　　）几种尺寸。

A. 规格尺寸　　B. 外形尺寸　　C. 零件的全部尺寸

D. 装配尺寸　　E. 安装尺寸　　F. 其他重要尺寸

四、名词解释

装配图：

五、简答题

1. 完整装配图应具有哪些内容？

2. 读装配图的目的是什么？

六、问答题

1. 装配图应该需要标注哪些尺寸？

2. 读装配图的方法和步骤是什么？

1.3　金属热处理与金属材料知识

知识要点

1. 了解合金的组织和结构；
2. 了解铁-碳平衡状态图；
3. 熟知钢的热处理基本知识；
4. 了解金属材料的物理、化学性能；
5. 熟知金属材料的力学性能；
6. 掌握碳素钢的分类及牌号表示方法；
7. 掌握合金钢的分类及牌号表示方法。

1.3.1　金属及热处理知识

一、单项选择题

1. 钢材的(　　)决定了钢材的性能。
   A. 组织和表面积　B. 化学成分和长度
   C. 形状和组织　D. 化学成分和组织
2. 钢材的性能取决于钢材的(　　)。
   A. 化学成分和形状　B. 化学成分和厚度
   C. 化学成分和组织　D. 化学成分和长度
3. 在 910 ℃以下的体心立方晶格的铁称为(　　)。
   A. ω-Fe　B. σ-Fe　C. α-Fe　D. γ-Fe
4. 在 910～1 390 ℃的面心立方晶格的铁称为(　　)。
   A. ω-Fe　B. σ-Fe　C. α-Fe　D. γ-Fe
5. 铁素体是少量的(　　)和其他合金元素固溶于 α-Fe 中的固溶体。
   A. 锰　B. 硅　C. 碳　D. 镍

6. 铁素体是少量的碳和其他合金元素固溶于(　　)中的固溶体。

A. α-Fe　　B. δ-Fe　　C. γ-Fe　　D. β-Fe

7. 铁素体是少量的碳和其他合金元素固溶于 α-Fe 中的(　　)。

A. 化合物　　B. 固溶体　　C. 机械混合物　　D. 机械夹杂物

8. 渗碳体是铁和碳的(　　),分子式为 Fe_3C,其性能硬而脆。

A. 化合物　　B. 固溶体　　C. 机械混合物　　D. 机械化合物

9. 渗碳体是铁和碳的化合物,分子式为(　　),其性能硬而脆。

A. FeC　　B. Fe_2C　　C. Fe_3C　　D. Fe_4C

10. (　　)是铁素体和渗碳体的机械混合物,碳的质量分数为 0.8%左右。

A. 奥氏体　　B. 马氏体　　C. 莱氏体　　D. 珠光体

11. 奥氏体是碳和其他合金元素在 γ-Fe 中的(　　),它的一个特点是没有磁性。

A. 固溶体　　B. 过饱和固溶体

C. 化合物　　D. 机械混合物

12. 奥氏体是碳和其他合金元素在(　　)中的固溶体,它的一个特点是没有磁性。

A. α-Fe　　B. γ-Fe　　C. δ-Fe　　D. β-Fe

13. 马氏体是碳在 α-Fe 中的(　　)。

A. 化合物　　B. 固溶体　　C. 过饱和固溶体　　D. 机械混合物

14. 马氏体是碳在 α-Fe 中的过饱和固溶体,其性能特点是(　　)。

A. 韧性很高　　B. 塑性很好　　C. 无磁性　　D. 硬度很高

15. 钢和铸铁都是铁碳合金,碳的质量分数(　　)的铁碳合金称为钢。

A. 大于 2.11%　　B. 小于 2.11%　　C. 小于 6.67%　　D. 大于 6.67%

16. 钢和铸铁都是铁碳合金,钢是碳的质量分数(　　)2.11%的铁碳合金。

A. 大于　　B. 大于等于　　C. 小于等于　　D. 小于

17. 钢和铸铁都是(　　),碳的质量分数等于 2.11%～6.67%的(　　)称为铸铁。

A. 铬钼合金;铬钼合金　　B. 铬钼合金;铁碳合金

C. 铁碳合金;铬钼合金　　D. 铁碳合金;铁碳合金

18. 钢和铸铁都是铁碳合金,铸铁是碳的质量分数(　　)的铁碳合金。

A. 小于 2.11%　　B. 等于 2.11%～4.30%

C. 大于 6.67%　　D. 等于 2.11%～6.67%

19. 低碳钢的室温组织为(　　)加铁素体。

A. 奥氏体　　B. 马氏体　　C. 渗碳体　　D. 珠光体

20. (　　)的室温组织为珠光体＋铁素体。

A. 铸铁　　B. 不锈钢　　C. 耐热钢　　D. 低碳钢

21. 将金属加热到一定温度,并保持一定时间,然后以一定的冷却速度冷却到室温,这个过程称为(　　)。

A. 淬火处理　　B. 调质处理　　C. 热处理　　D. 热循环

22. 将亚共析钢加热到 A_3 以上 30～70 ℃,在此温度下保持一定时间,然后快速冷却,使奥氏体来不及分解并且合金元素来不及扩散而形成马氏体组织,称为(　　)。

A. 回火　　B. 正火　　C. 退火　　D. 淬火

23. 将亚共析钢加热到 A_3 以上 30～70 ℃，在此温度下保持一定时间，然后快速冷却，使奥氏体来不及分解并且合金元素来不及扩散而形成（　　）组织，称为淬火。

A. 马氏体　　B. 渗碳体　　C. 珠光体　　D. 铁素体

24. 将钢加热到 A_3 以上或 A_1 左右一定温度，保温后缓慢（一般随炉冷却）而均匀冷却的热处理方法称为退火，它可以（　　）。

A. 提高钢的硬度、提高塑性　　B. 降低钢的硬度、提高塑性

C. 提高钢的硬度、降低塑性　　D. 降低钢的硬度、降低塑性

25. 将钢加热到 A_1 以下，一般为（　　）℃，保温一段时间，然后缓慢冷却（一般随炉冷却），以消除残余应力的热处理工艺，称为消除应力退火。

A. 600～650　　B. 450～500　　C. 350～400　　D. 250～300

26. 将钢加热到 A_1 以下，一般为 600～650 ℃保温一段时间然后在空气中或炉中缓慢冷却以消除残余应力的热处理工艺，称为（　　）。

A. 回火　　B. 正火　　C. 消除应力退火　　D. 退火

27. 将钢加热到 A_3 或 A_{cm} 以上 50～70 ℃，保温后在静止的空气中冷却的热处理方法称为（　　）。

A. 正火　　B. 淬火　　C. 回火　　D. 退火

28. 钢正火处理的目的不是为了（　　）。

A. 细化晶粒　　B. 提高钢的综合力学性能

C. 改善焊接接头性能　　D. 降低钢的硬度，便于加工

29. （　　）不是铁碳合金的基本组织。

A. 铁素体　　B. 渗碳体　　C. 奥氏体　　D. 布氏体

30. 低碳钢室温下的组织为（　　）。

A. 奥氏体＋铁素体　　B. 奥氏体＋渗碳体

C. 珠光体＋铁素体　　D. 马氏体＋渗碳体

31. 某些钢经过（　　）的连续热处理工艺称为“调质”处理。

A. 淬火＋低温回火　　B. 淬火＋中温回火

C. 淬火＋高温回火　　D. 淬火＋退火

32. 消除应力退火的加热温度一般为（　　）。

A. 150～250 ℃　　B. 350～450 ℃

C. 600～650 ℃　　D. 700～750 ℃

33. 淬火的目的是为了提高钢的（　　）。

A. 塑性　　B. 硬度和耐磨性　　C. 强度　　D. 冲击韧度

34. 中碳钢淬火后形成（　　）组织。

A. 铁素体　　B. 珠光体　　C. 渗碳体　　D. 马氏体

二、判断题

（　　）1. 钢材的性能不仅取决于钢材的化学成分，而且取决于钢材的形状。

（　　）2. 在 910～1 390 ℃的面心立方晶格的铁称为 α-Fe。

（　　）3. 渗碳体是铁和碳的化合物，分子式为 Fe_3C，其性能软和韧。

（　　）4. 在 910 ℃以下的面心立方晶格的铁称为 γ-Fe。

(　　)5. 铁碳合金的基本组织有铁素体、渗碳体、珠光体、奥氏体、马氏体、莱茵体。
(　　)6. 渗碳体是铁和碳的化合物，分子式为 Fe_2C，其性能硬而脆。
(　　)7. 奥氏体是碳和其他合金元素在 α-Fe 中的过饱和固溶体，它的一个特点是无磁性。
(　　)8. 钢和铸铁都是铁碳合金，碳的质量分数小于 2.11％的铁碳合金称为铸铁。
(　　)9. 低碳钢的高温组织为珠光体加铁素体。
(　　)10. 将亚共析钢加热到 A_1 以上 30～70 ℃，在此温度下保持一定时间，然后快速冷却，使奥氏体来不及分解并且合金元素来不及扩散而形成马氏体组织称为淬火。
(　　)11. 将亚共析钢加热到 A_3 以上 30～70 ℃，在此温度下保持一定时间，然后快速冷却，该热处理工艺方法称为淬火。
(　　)12. 钢淬火的目的是为了细化晶粒，提高钢的综合力学性能。
(　　)13. 将钢加热到 A_1 或 A_{cm} 以上 50～70 ℃，保温后，在静止的空气中冷却的热处理工艺叫回火。
(　　)14. 回火可以使钢在保持一定硬度的基础上提高钢的韧性。
(　　)15. 将钢加热到 A_3 以上或 A_1 左右一定温度，保温后，缓慢(一般随炉冷却)而均匀地冷却的热处理方法称为正火。
(　　)16. 将钢加热到 A_1 以下，一般为 750～800 ℃，保温一段时间后缓慢冷却(一般随炉冷却)以消除残余应力的热处理工艺称为消除应力退火。
(　　)17. 钢材的性能取决于钢材的化学成分，与钢材的组织无关。
(　　)18. 钢和铸铁都是铁碳合金。
(　　)19. 碳的质量分数大于 2.11％的铁碳合金称为钢。
(　　)20. 将钢加热到 A_1 以上 50～70 ℃，保温后在静止的空气中冷却的热处理方法称为正火。
(　　)21. 正火可以提高钢的硬度和耐磨性。

三、多项选择题

1. 铁-碳平衡状态图是表示在缓慢加热(或冷却)条件下，铁碳合金的(　　)之间的关系。
   A. 成分　B. 性能　C. 温度　D. 组织
   E. 用途　F. 特点
2. 常用的单一热处理工艺方法有(　　)。
   A. 淬火　B. 回火　C. 调质　D. 退火
   E. 正火
3. 通过退火可以(　　)。
   A. 提高钢的硬度　B. 降低钢的硬度　C. 提高塑性
   D. 降低塑性　E. 细化晶粒　F. 消除残余应力
4. 焊接结构经正火后可以(　　)。
   A. 提高硬度　B. 提高耐磨性　C. 改善焊接接头性能
   D. 消除粗晶组织　E. 改善组织不均匀　F. 消除残余应力

四、名词解释

1. 晶格：

2. 同素异构转变：

3. 固溶体：

4. 化合物：

5. 机械混合物：

6. 钢：

7. 铸铁：

8. 热处理：

9. 淬火：

10. 回火：

11. 正火：

12. 退火：

五、简答题

1. 纯铁从低温到高温是如何同素异构转变的？

2. 淬火的目的是什么？

3. 回火的目的是什么？

4. 正火的目的是什么？

5. 退火的目的是什么？

六、问答题

1. 铁-碳合金基本组织有哪些？特性如何？

2. 看 Fe-C 平衡状态图回答以下问题？

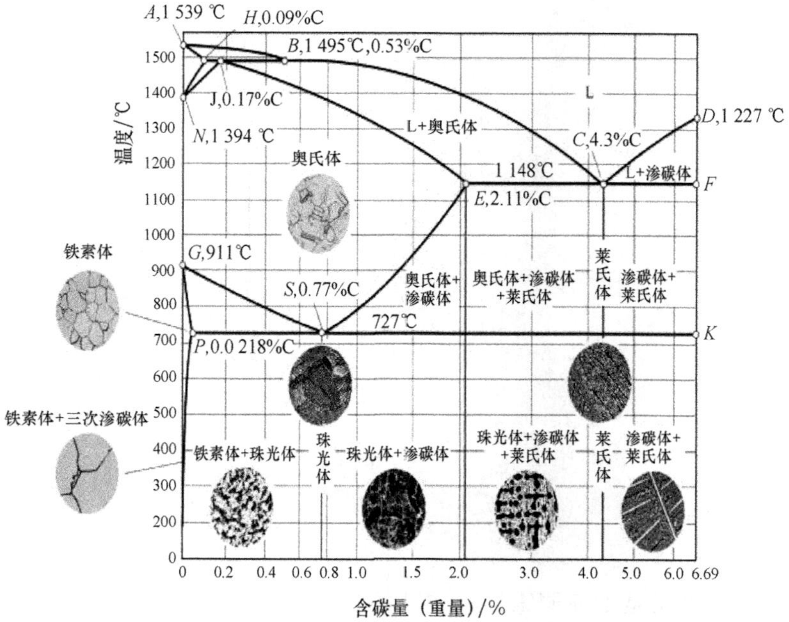

Fe-C 平衡状态图

1)ACD 线为：

2)AHJEF 线为：

3)GS 线表示：

4)ES 线表示：

5)PSK 水平线为共析反应线，表示：

6)ECF 水平线，1 148 ℃，为共晶反应线，表示：

8)图中的点分别表示

E 点：

S 点：

C 点：

七、思考题

1. 铁-碳合金状态图是如何应用的？

2. 退火在焊接中是怎样应用的？

1.3.2　常用金属材料知识

一、单项选择题

1. 塑性的常用指标不包括（　　）。

A. δ　　B. ψ　　C. A_k　　D. α

2. 塑性的常用指标不包括（　　）。

A. 断面收缩率　　B. 冷弯角　　C. 疲劳强度　　D. 伸长率

3. 塑性指标中没有（　　）。

A. 伸长率　　B. 断面收缩率　　C. 冷弯角　　D. 屈服点

4. 在焊接过程中，被焊工件由于受热不均匀而产生不均匀的热膨胀，就会导致焊件产生（　　）。

A. 裂纹　　B. 气孔　　C. 变形　　D. 咬边

5. 钢材在拉伸时，材料在拉断前所承受的最大应力称为抗拉强度，用（　　）来表示。

A. σ_s　　B. σ_b　　C. σ0.2　　D. δ

6. 常用的硬度指标中没有（　　）。

A. 布氏硬度　　B. 洛氏硬度　　C. 维氏硬度　　D. 奥氏硬度

7. 材料试件进行弯曲，在受拉面出现裂纹时试件与原始平面的夹角叫作冷弯角，用(　　)表示。

A. α　　B. δ　　C. ψ　　D. σ_s

8. 高碳钢中，碳质量分数为(　　)。

A. ＞0.90%　　B. ＞0.80%　　C. ＞0.70%　　D. ＞0.60%

9. 碳的质量分数(　　)的钢是高碳钢。

A. 大于0.25%　　B. 大于0.45%　　C. 小于0.60%　　D. 大于0.60%

10. 碳素钢的分类中，按钢中(　　)的质量分数来分是方法之一。

A. 铁　　B. 碳　　C. 硅　　D. 锰

11. 碳钢中除含有(　　)元素之外，还含有少量的硅、锰、硫、磷等杂质。

A. 铁、碳　　B. 铬、碳　　C. 钼、碳　　D. 镍、碳

12. 碳钢中除含有铁、碳元素以外，还有少量的硅、锰、(　　)等杂质。

A. 硫、氢　　B. 氧、氮　　C. 氮、磷　　D. 硫、磷

13. 碳素结构钢Q235中的“235”表示钢(　　)的数值是235 MPa。

A. 抗拉强度　　B. 屈服点　　C. 冲击韧度　　D. 硬度

14. 碳素钢Q235AF中，符号“F”代表(　　)。

A. 半镇静钢　　B. 镇静钢　　C. 特殊镇静钢　　D. 沸腾钢

15. 碳素结构钢的牌号采用屈服点的字母“Q”、(　　)和质量等级、脱氧方式等符号来表示。

A. 抗拉强度的数值　　B. 冲击韧度的数值

C. 屈服点的数　　D. 伸长率的数值

16. 优质碳素结构钢的钢号用二位阿拉伯数字和规定符号表示，阿拉伯数字表示碳的质量分数的平均值(　　)。

A. 以十分之几计　　B. 以百分之几计

C. 以千分之几计　　D. 以万分之几计

17. 专用优质碳素结构钢中，表示桥梁用钢的牌号用符号(　　)表示。

A. H　　B. Q　　C. g　　D. q

18. 专用优质碳素结构钢的牌号中，(　　)表示桥梁用钢。

A. HP　　B. g　　C. H　　D. q

19. 根据GB/T 1591—94规定，(　　)牌号由代表屈服点的字母“Q”，屈服点数值，质量等级符号(A、B、C、D、E)三个部分按顺序排列。

A. 碳素结构钢　　B. 优质碳素结构钢

C. 合金结构钢　　D. 低合金高强度结构钢

20. 30CrMnSiA中尾部所加符号A表示其质量等级为(　　)。

A. 普通合金钢　　B. 中级优质合金钢

C. 高级优质合金钢　　D. 特级优质合金钢

21. 合金结构钢牌号16MnR中，“Mn”表示(　　)。

A. 锰的质量分数的平均值等于0.16%

B. 锰的质量分数的平均值小于0.16%

C. 锰的质量分数的平均值小于 0.5%
D. 锰的质量分数的平均值小于 1.5%

22. 根据 GB/T 221—2000 规定，合金结构钢中，合金元素质量分数的平均值为(　　)时，在合金元素符号后应写成 2。
A. 1.5%～2.49%　　B. 1.5%～2.00%
C. 2.00%～2.49%　　D. 2.49%～3.00%

23. 产品使用了低合金结构钢，并不能大大地(　　)。
A. 减轻重量　　B. 提高产品质量
C. 提高使用寿命　　D. 提高抗晶间腐蚀的能力

24. 珠光体耐热钢是以铬钼为基础的具有高温强度和(　　)的低合金钢。
A. 耐腐蚀性　　B. 高导热性　　C. 抗氧化性　　D. 高热膨胀性

25. 16Mn 钢是我国生产最早，也是目前焊接生产上用量最大的(　　)。
A. 普通低碳钢　　B. 奥氏体不锈钢
C. 珠光体耐热钢　　D. 普通低合金高强度钢

26. 珠光体耐热钢是以铬钼为基础的具有高温强度和抗氧化性的(　　)。
A. 优质碳素结构钢　　B. 高合金钢
C. 中合金钢　　D. 低合金钢

27. 低温钢必须保证在相应的低温下具有(　　)，而对强度并无要求。
A. 很高的低温塑性　　B. 足够的低温塑性
C. 足够的低温韧性　　D. 较低的低温韧性

28. 金属材料随温度的变化而膨胀收缩的特性称为(　　)。
A. 导热性　　B. 热膨胀性　　C. 导电性　　D. 磁性

29. 材料在拉断前所承受的最大应力称为(　　)。
A. 屈服点　　B. 抗拉强度　　C. 伸长率　　D. 冲击韧度

30. 力学性能指标中符号 σ_b 表示(　　)。
A. 屈服点　　B. 抗拉强度　　C. 伸长率　　D. 冲击韧度

31. 力学性能指标中符号 σ_s 表示(　　)。
A. 屈服点　　B. 抗拉强度　　C. 伸长率　　D. 冲击韧度

32. 金属材料抵抗表面变形的能力称为(　　)。
A. 塑性　　B. 强度　　C. 硬度　　D. 韧性

33. 低碳钢中碳的质量分数小于(　　)。
A. 2.11%　　B. 0.8%　　C. 0.6%　　D. 0.25%

34. 碳素结构钢 Q235AF 中，“Q”代表(　　)的字母。
A. 屈服点　　B. 抗拉强度　　C. 伸长率　　D. 冲击韧度

35. 专用优质碳素结构钢中，焊接用钢的牌号用(　　)表示。
A. H　　B. HP　　C. R　　D. E

36. “20”钢表示碳的质量分数平均值为(　　)的优质碳素结构钢。
A. 0.020%　　B. 0.20%　　C. 2.0%　　D. 20%

37. 钢号 20g 中“g”表示(　　)。

A. 压力容器用钢　B. 桥梁用钢　C. 锅炉用钢　D. 焊接用钢

38. 常用的 Q235 钢是(　　)。

A. 碳素结构钢　B. 优质碳素结构钢

C. 不锈钢　D. 低合金高强度钢

39. 低合金钢中合金元素的质量分数总和小于(　　)。

A. 15%　B. 10%　C. 8%　D. 5%

40. 16Mn 钢中的“16”代表碳的质量分数平均值为(　　)。

A. 0.016%　B. 0.16%　C. 1.6%　D. 16%

41. 常用的 16Mn 钢是牌号为(　　)的低合金高强度钢。

A. Q235　B. Q295　C. Q345　D. Q390

42. 钢号 Q345A 中,“345”表示(　　)的数值为 345 MPa。

A. 抗拉强度　B. 屈服点　C. 硬度　D. 冲击韧度

43. 钢号 Q345A 中“A”表示(　　)的符号。

A. 优质碳素结构钢　B. 低合金高强度结构钢

C. 压力容器用钢　D. 质量等级

二、判断题

(　　)1. 金属材料常用力学性能指标主要有强度、塑性、耐腐蚀性、密度、冲击韧度和硬度等。

(　　)2. 材料在外力作用下抵抗永久变形和断裂的能力称为强度。

(　　)3. 硬度是衡量材料抵抗断裂的能力。

(　　)4. 碳钢中除含有铁、碳元素外,还有少量的铬、钼、硫、磷等杂质。

(　　)5. 碳素结构钢的牌号采用屈服点的字母“Q”,抗拉强度的数值和质量等级、脱氧方式等符号来表示。

(　　)6. 碳素钢 Q235AF 中,字母“Q”代表屈服点的字母,“235”代表钢的抗拉强度为 235 MPa。

(　　)7. 优质碳素结构钢的牌号用二位阿拉伯数字和规定符号表示,阿拉伯数字表示铁的质量分数的平均值(以万分之几计)。

(　　)8. 合金钢中,合金元素的质量分数的总和大于 5%的钢称为高合金钢。

(　　)9. 根据 GB/T 221—2000 规定,合金结构钢牌号头部用两位阿拉伯数字表示碳的质量分数的平均值(以千分之几计)。

(　　)10. 使用了低合金结构钢,不仅大大地节约了钢材,提高了硬度及耐磨性,同时也大大提高了产品质量和使用寿命。

(　　)11. 常用的 16Mn 钢是牌号为 Q235 的低合金高强度钢。

(　　)12. 低温钢必须保证在相应的低温下具有足够的低温强度,而对韧性并无要求。

(　　)13. 16Mn 钢是我国生产最早,也是目前焊接生产上用量最大的普通低合金高强度钢。

(　　)14. 金属材料在高温时抵抗氧化性气体腐蚀作用的能力称为耐腐蚀性。

(　　)15. 强度是指材料在外力作用下抵抗变形和断裂的能力。

(　　)16. 在零下温度进行的弯曲试验称为冷弯试验。

(　　)17. 特级优质碳素结构钢常用符号 A 来表示。

(　　)18. 优质碳素结构钢采用两位阿拉伯数字和规定符号表示，其中阿拉伯数字表示碳的质量分数的平均值为千分之几。

(　　)19. 低合金高强度结构钢牌号由代表屈服点和汉语拼音字母 Q、屈服点数值、质量等级符号三部分组成。

(　　)20. 低合金高强度结构钢钢号 Q345A 中，“A”表示高级优质钢。

(　　)21. 16MnR 是锅炉用钢。

三、多项选择题

1. 金属材料的塑性指标有(　　)。

A. 屈服点　B. 抗拉强度　C. 伸长率
D. 断面收缩率　E. 冲击韧度　F. 冷弯角

2. 金属材料常用的力学性能指标有(　　)。

A. 密度　B. 塑性　C. 强度
D. 硬度　E. 热膨胀性　F. 冲击韧度

3. 金属材料的物理化学性能是指材料的(　　)等。

A. 熔点　B. 导热性　C. 导电性
D. 硬度　E. 塑性　F. 抗氧化性

4. 碳钢中除含有铁、磷元素外，还有少量的(　　)等杂质。

A. 硅　B. 锰　C. 钼
D. 铌　E. 硫　F. 磷

5. 下列牌号的钢中(　　)均属于低碳钢。

A. 08　B. 10　C. 20
D. 30　E. 35　F. 45

6. 下列牌号的钢中(　　)均属于碳素结构钢。

A. Q195　B. Q235　C. Q275
D. Q295　E. Q345　F. Q390

7. 下列牌号的钢中(　　)均属于低合金高强度结构钢。

A. Q235　B. Q255　C. Q275
D. Q295　E. Q345　F. Q390

8. 低合金结构钢根据使用中对特殊使用性能的要求，专用钢主要分为(　　)几种。

A. 珠光体耐热钢　B. 奥氏体耐热钢　C. 低温钢
D. 奥氏体不锈钢　E. 低合金耐蚀钢　F. 马氏体不锈钢

9. 牌号 Q345 钢由于(　　)的质量分数不同，可分为 A、B、C、D、E 五个等级。

A. 铁　B. 碳　C. 硅
D. 锰　E. 硫　F. 磷

10. 下列牌号的钢中(　　)是属于低合金高强度结构钢。

A. 12Mn　B. 15Mn　C. 16Mn
D. 20Mn　E. 30Mn　F. 60Mn

四、名词解释

1. 密度：

2. 熔点：

3. 导电性：

4. 导热性：

5. 热膨胀性：

6. 磁性：

7. 抗氧化性：

8. 耐腐蚀性：

9. 力学性能：

10. 强度：

11. 屈服点：

12. 塑性：

13. 硬度：

五、简答题

1. 金属的物理和化学性能有哪些？

2. 金属的力学性能指标有哪些？

3. 衡量材料强度的指标是如何表达的？

4. 材料塑性的指标是如何表达的？

5. 硬度的指标有哪些？

6. 专用优质碳素结构的表达。

H：

R：

q：

g：

HP：

20g：

20R：

7. 合金钢按主要性能或使用特性分类可分为哪几种？

六、问答题

1. 碳素钢是如何分类的？

2. 根据 GB 700—88，GB/T 221—2000 和 GB/T 699—1999 规定，碳素结构钢牌号的表示方法。

Q235AF：

45：

08F：

20A：

45E：

3. 合金钢牌号表示方法。

30CrMnSi：

16MnR：

4. 低合金高强度钢表示方法。

Q345A：

七、思考题

1. 低合金高强度钢应用具有哪些优势？

2. 专用钢可分为三类，它的应用特点和常用钢材牌号有哪些？

1.4　电工基本知识

知识要点

1. 了解直流电路；
2. 熟知欧姆定律及应用；
3. 了解电磁的基本知识；
4. 了解交流电基本概念；
5. 熟知变压器结构及工作原理；
6. 熟知电流表及电压表的使用。

1.4.1　直流电与电磁的基本知识

一、单项选择题

1. 凡方向不随时间变化的电流就是直流电流，直流电流用字母（　　）表示。
   A. I　　B. I_m　　C. Q　　D. R
2. 如果电流方向不变而大小随时间变化，就是（　　）。
   A. 直流电　　B. 恒定直流电流　　C. 交流电　　D. 脉动直流电流
3. 安培是（　　）的单位。
   A. 电压　　B. 电流　　C. 电阻　　D. 电感
4. 电路的基本组成部分有：电源、（　　）和连接导线。
   A. 电容　　B. 电阻　　C. 电感　　D. 负载
5. 在一段无源电路中，电流的大小与电压成正比，而与（　　），这就是部分电路欧姆定律。
   A. 电阻率成正比　　B. 电阻率成反比
   C. 电阻值成正比　　D. 电阻值成反比
6. 导体电阻的大小与导体的导电性能（即电阻率）及导体的长度成正比，而与导体的（　　）。
   A. 体积成反比　　B. 体积成正比
   C. 截面积成正比　　D. 截面积成反比
7. 伏特是（　　）的单位。
   A. 电流　　B. 电压　　C. 电阻　　D. 电容
8. 串联电阻上电压分配与各电阻的大小成正比，串联总电阻等于各个（　　）。
   A. 电阻倒数之和　　B. 电阻倒数之差
   C. 电阻之差　　D. 电阻之和
9. 在并联电路中的总电阻值小于各并联电阻值，并联电阻越多其总电阻越小，电路中的总电流（　　）。

A. 不变　　B. 近似　　C. 越小　　D. 越大

10. 在电场内任意两点间的电势差称为(　　)。

A. 电路　　B. 电位　　C. 电压　　D. 电势

11. 磁场对电流作用力的方向可用左手法则来确定,平伸左手,拇指与其他四指垂直,让磁感线从手心流入,四指指向电流方向,拇指的指向表示(　　)。

A. 磁力线的方向　　B. 电流的方向

C. 电流受力的方向　　D. 磁场的方向

二、判断题

(　　)1. 如果电流的方向和大小都不随时间变化,就是脉动直流电流。

(　　)2. 凡方向和大小都不随时间变化的电流叫恒定直流电流。

(　　)3. 电流的单位是安培(A),还有 mA、μA、kA。

(　　)4. 导体电阻的大小与物质的导电性能(即电阻率)及导体的长度成正比,而与导体的截面积成反比。

(　　)5. 在一段无源电路中,电流的大小与电阻两端的电压成反比,而与电阻成正比,这就是部分电路的欧姆定律。

(　　)6. 在直流电弧焊时,由于在电弧两侧磁场强度不同,电弧受到电弧吹力的作用而偏向一边,这种现象称为磁偏吹。

(　　)7. 当穿过闭合线圈的磁通发生变化时,线圈中就会产生感应电流和感应电势。

(　　)8. 电势和电压的物理意义是相同的。

(　　)9. 凡方向不随时间变化的电流就是直流电流。

(　　)10. 在电路中有两个以上电阻串联时,流过这些电阻的电流是不相同的。

(　　)11. 在电阻并联的电路中,并联电路的总电阻等于各电阻之和。

(　　)12. 在电路中有两个以上电阻一个接一个的依次连接称为电阻并联。

(　　)13. 磁力线表示磁体周围磁场分布状态,在磁铁外部,磁力线在两极之间形成封闭曲线。

(　　)14. 电流磁场的方向是由电流方向决定的,可以用“右手螺旋法则”来表示。

(　　)15. 一个线圈串联着一个电流表,当磁铁插入线圈时电流表指针发生偏转,当磁铁提出时电流表指针不动。

三、多项选择题

1. 在部分电路欧姆定律中,电路中电流的大小与(　　)。

A. 电压成正比　　B. 电压成反比

C. 电阻值成正比　　D. 电阻值成反比

2. 导电体电阻的大小与(　　)。

A. 电阻率成正比　　B. 电阻率成反比　　C. 导体的长度成正比

D. 导体的长度成反比　　E. 导体的截面积成正比　　F. 导体的截面积成反比

四、名词解释

1. 电流:

2. 直流电：

3. 电位：

4. 电压：

5. 电势：

6. 欧姆定律：

五、简答题

1. 电路及电路组成有哪些？

2. 什么是电阻？电阻符号以及电阻公式有哪些？

3. 电阻串联的关系是什么？

4. 电阻并联的关系是什么？

5. 电流的磁效应：

六、思考题

磁场对焊接的影响？

1.4.2 交流电基本概念

一、单项选择题

1. 电流或电压的大小和方向都随(　　)作周期性变化，这样的电流或电压就是交流电流或交流电压。

A. 电阻　　B. 磁场　　C. 频率　　D. 时间

2. 在三相四线制供电电路中，端线与中线间的电压称为相电压，电压为(　　)。

A. 36 V　　B. 220 V　　C. 380 V　　D. 110 V

3. 把直流电转换为交流电称为逆变，例如利用(　　)组成振荡电路，通过振荡过程将直流电转换为交流电。

A. 电感和电阻　　B. 电阻和电阻

C. 电感和电容　　D. 电阻和电容

4. 在保护接地时，用于接地导线的电阻值一般要小于(　　)。

A. 4 Ω　　B. 5 Ω　　C. 6 Ω　　D. 8 Ω

二、判断题

(　　)1. 电流或电压的大小和方向都随时间作周期性变化，这样的电流或电压就是交流电流或交流电压。

(　　)2. 在三相四线制供电电路中，任意两端线间的电压称为线电压，电压为 220 V，端线与中线间的电压称为相电压，电压为 380 V。

(　　)3. 对电源中性点直接接地的低压电网中的用电器，可以把用电器的外壳接在中线上，称为保护接地。

(　　)4. 把直流电转换为交流电称为逆变。

(　　)5. 电流或电压的大小和方向都随时间做周期性的变化时简称为交流电。

(　　)6. 在电源没有接地中线的低压电网中的用电器，可将电器的外壳作为导线接地连接。

三、名词解释

1. 交流电：

2. 正弦交流电：

3. 三相交流电：

4. 保护接零：

四、简答题

正弦交流电的基本参数有哪些?

五、思考题

交流电是如何转变成直流电的?

1.4.3　变压器及电流表、电压表

一、单项选择题

1. 测量电流时只能使用电流表,用符号(　　)表示。
   A. “I”　　B. “A”　　C. “Q”　　D. “W”
2. 测量电压时只能使用电压表,用符号(　　)表示。
   A. “A”　　B. “V”　　C. “W”　　D. “R”
3. 变压器一次电源额定电压 U_1 与二次额定空载电压 U_2 之比等于(　　)。
   A. 一次绕组匝数与二次绕组匝数之和
   B. 一次绕组匝数与二次绕组匝数之差
   C. 二次绕组匝数与一次绕组匝数之比
   D. 一次绕组匝数与二次绕组匝数之比
4. 直流电流表若表的量程不够用时,则应配用(　　)以扩大电流表的量程。
   A. 整流器　　B. 互感器　　C. 分流器　　D. 电抗器
5. 用交流电压表直接测量时,电压表应并联在被测电路上,扩大交流电压表量程应配用(　　)。
   A. 电流互感器　　B. 分流器　　C. 变压器　　D. 电压互感器
6. 变压器简式绕组的低压绕组一般在内部配置,这样是为了(　　)。
   A. 安装时比较方便　　B. 与铁芯间的绝缘处理较为容易
   C. 用电时比较安全　　D. 维修时比较方便

二、判断题

(　　)1. 变压器是利用电磁感应原理工作,无论是升压或降压,变压只能改变交流电的电压,而不能改变交流电的频率。

(　　)2. 为扩大交流电压表量程,应配用电压分流器。

(　　)3. 为了用电安全和适合各种用电器的额定电压,要用变压器来降压。

(　　)4. 变压器不仅能改变电压,而且能改变交流电的频率。

(　　)5. 变压器的变比是二次绕组匝数与一次绕组匝数之比。

(　　)6. 用电流表测量电路中的电流值须将电流表并联在被测电路中。

(　　)7. 用电压表测量电路中的电压值须将电压表串联在被测电路中。

(　　)8. 在使用交流电流表时，为扩大量程要配用电流分流器。

(　　)9. 直流电压表量程由表内串联的倍压电阻决定。

三、简答题

变比公式及含义是什么?

四、问答题

变压器是如何工作的?

五、思考题

电流表上“—”表示：

“≈”：

“～”：

“$\overline{\sim}$”：

“≋”：

1.5　化学基本知识

知识要点

1. 掌握常用化学元素符号；
2. 熟知原子结构；
3. 了解元素周期表基本知识；
4. 了解分子的形成；
5. 熟知化学反应。

1.5.1　化学元素符号

一、单项选择题

1. 钼的元素符号是(　　)。

A. Mn　　B. Mg　　C. Mo　　D. W

2. 钙的元素符号是(　　)。
   A. Cr　　B. Ca　　C. C　　D. Cu
3. Si 是(　　)的元素符号。
   A. 磷　　B. 硅　　C. 硫　　D. 锰
4. 铝和铜的元素符号是(　　)。
   A. Al 和 Cr　　B. Cr 和 Ar　　C. Cu 和 Ca　　D. Al 和 Cu
5. 钙的化学元素符号是(　　)。
   A. Cr　　B. Ca　　C. Co　　D. Cd

二、判断题

(　　)1. Cu 是钙的元素符号,Ca 是铜的元素符号。
(　　)2. 锰和硅的元素符号是 Mn 和 Ni。
(　　)3. Cr 是钙的元素符号,Mo 是锰的元素符号。
(　　)4. 元素本身有气、液、固三态之分。
(　　)5. 所谓元素是指具有相同核电荷数的同一类原子的总称。
(　　)6. 所有按其核电核数由小到大的顺序给元素编号,这种序号称作该元素的原子序数。

三、多项选择题

1. 元素符号钙的含义有(　　)。
   A. 钙元素　　B. 一个钙电子
   C. 一个钙原子　　D. 一个钙离子
2. 原子序数在数值上与这种原子的(　　)相等。
   A. 核电荷数　　B. 相对原子的原子质量
   C. 中子数　　D. 核外电子数

四、名词解释

元素:

五、简答题

下列符号的含义?

H:　B:　N:　F:　O:　Na:　Mg:　Al:　Si:　P:
S:　Cl:　Ar:　K:　Ca:　Ti:　V:　Cr:　Mn:　Fe:
Ni:　Cu:　Zn:　Zr:　Ni:　Mo:　Sn:　Ce:　W:　Th:

1.5.2　原子结构

一、单项选择题

1. 原子是由居于中心的带正电的原子核和核外带负电的电子构成的,原子本身呈(　　)。

A. 弱电性　B. 正电性　C. 负电性　D. 中性

2.（　　）叫作阴离子。

A. 带正电荷的质子　B. 带正电荷的离子

C. 带负电荷的分子　D. 带负电荷的离子

3. 锰的化学元素符号是（　　）。

A. Mg　B. Mn　C. Mo　D. Zn

4. 镍的化学元素符号是（　　）。

A. Na　B. Ne　C. Ni　D. Nb

5. 原子是由（　　）构成的。

A. 带正电的质子和核外带负电的电子

B. 带正电的原子核和核外带负电的电子

C. 带正电的质子和不带电的中子

D. 不带电的中子和核外带负电的电子

6. 分子是由（　　）构成的。

A. 原子　B. 中子和质子

C. 原子核和核外电子　D. 同位素

二、判断题

（　　）1. 原子核由带正电荷的质子和不带电的中子组成。

（　　）2. 原子是由居于中心的带正电的原子核和核内带负电的电子构成的，原子本身呈中性。

（　　）3. 原子是由居于中心的带正电的原子核和核外带负电的电子构成的。

（　　）4. 带有电荷的原子（或原子团）叫作离子，带负电荷的离子叫作阳离子，带正电荷的离子叫作阴离子。

（　　）5. 在原子中，原子核所带的正电荷和核外电子所带的负电荷的数量相等，所以原子是中性。

（　　）6. 质子是构成原子的一种基本微粒，与电子一起构成原子。

（　　）7. 原子是由质子和中子所构成的。

（　　）8. 离子的核内质子数与核外电子数是相等的。

（　　）9. 在元素周期表中，同周期元素从左到右金属性逐渐减弱，非金属性逐渐增强。

三、多项选择题

原子是由（　　）构成的。

A. 离子　B. 电子　C. 质子

D. 中子　E. 原子核　F. 分子

四、名词解释

1. 分子式：

2. 化学方程式：

1.5.3　化学反应

一、单项选择题

1. 金属在氧气中锈蚀属于(　　)反应。

A. 中和　　B. 还原　　C. 氧化　　D. 分解

2. 化学反应式(　　)属于分解反应。

A. $2Fe+O_2=2FeO$　　B. $FeO+C=Fe+CO$

C. $CuO+H_2=Cu+H_2O$　　D. $CaCO_3=CaO+CO_2$

二、判断题

(　　)1. 还原反应是含氧化合物里的氧被夺去的反应。

(　　)2. 不同种物质的分子其化学性质是相同的。

(　　)3. 分子式的含义之一是表示物质的一个分子中各种元素的原子个数。

(　　)4. 用分子式来表示化学反应的式子叫作化学方程式。

(　　)5. 在化学方程式中，应把生成物的分子式写在左边，反应物的分子式写在右边。

三、名词解释

化学方程式：

四、简答题

书写化学方程式的原则是什么？

五、问答题

1. 化学方程式的配平方法是什么？

2. 常用化学反应的种类有哪些？

1.6 冷加工基础知识

知识要点

1. 了解钳工基础知识；
2. 了解钢材矫正；
3. 了解剪切；
4. 了解弯管和钢板弯曲；
5. 熟知装配。

1.6.1 钳工基础知识

一、判断题

(　　)1. 当锯削较硬的金属材料时，应采用粗齿钢锯条。

(　　)2. 当锯削较软的金属材料时，应采用细齿钢锯条。

(　　)3. 用双齿轮的锉刀时，被锉削的工件表面比较光洁。

二、名词解释

1. 画线：

2. 錾削：

3. 锯削：

三、简答题

1. 画线工具有哪些？

2. 画线基准怎么选择？

3. 锯削锯条怎么选择？

四、问答题

1. 錾子的种类及用途有哪些？

2. 锯削时的注意事项有哪些？

3. 锉削时的注意事项有哪些？

五、思考题

1. 錾削时应注意的问题有哪些？

2. 锯削是如何操作的？

1.6.2 钣金工基础知识

一、单项选择题

1. 一般情况下，材料的刚度越大，材料需要矫正的比例(   )。

   A. 越大　　B. 越小　　C. 与刚度无关

2. 钢板的弯曲为了不影响其力学性能，通常当(   )时必须热弯。

   A. $D/\delta>40$　　B. $D/\delta=40$　　C. $D/\delta<40$

3. 对于低碳钢板热弯曲时，其加热温度为(   )。

   A. 900～1 100 ℃　　B. 500～700 ℃　　C. 300～500 ℃　　D. <300 ℃

二、判断题

(   )1. 钢材的矫正必须在冷态下进行。

(   )2. 钢材剪切后产生的冷作硬化区将会导致脆性断裂，因此若是焊口边缘应将硬化区刨掉。

(   )3. 钢材剪切后的剪切质量有切口平整度和剪切零件的尺寸公差两项要求。

(   )4. 弯管是将管子制成一定的平面角度或空间角度，根据弯制时的温度可分为冷弯和热弯两种。

(   )5. 装配是制造焊接金属结构中的一个非重要工序。

(   )6. 结构装配质量的好坏直接影响着焊接及产品质量。

三、多项选择题

焊接结构装配方法可分为(   )。

A. 画线定位装配　　B. 定位器定位装配

C. 装配夹具定位装配　　D. 用安装孔装配

四、名词解释

1. 剪切：

2. 焊接装配：

五、简答题

1. 钢材变形是由什么引起的？对不同钢材如何进行校正？

2. 钢板弯曲时为了不影响性能应注意哪些问题？

六、问答题

1. 涨接是如何应用的？有哪些形式的涨接？

2. 焊接装配方法的分类及应用？

七、思考题

1. 剪切是否会对钢材产生影响？

2. 对管子进行弯曲时如何保证管子不变形？

1.7 焊接概述

知识要点

1. 掌握焊接实质及分类；
2. 熟知熔焊；
3. 熟知压焊；
4. 熟知钎焊；
5. 了解焊接技术发展概况及在国民经济中的作用。

1.7.1 焊接的物理实质

一、多项选择题

1. 焊接时的焊件可以是(　　)。

A. 同类金属　　B. 不同类金属
C. 非金属　　D. 一种金属与一种非金属

2. 焊接与铆接相比,它具有(　　)等特点。

A. 节省金属材料　　B. 减轻结构重量
C. 接头密封性好　　D. 不易实现机械化和自动化
E. 制造周期较长　　F. 提高生产率

二、名词解释

焊接：

三、简答题

焊接有哪几种分类?

1.7.2 焊接方法分类

一、单项选择题

1. 利用气体导电时产生的电弧热作为热源的熔焊方法叫作(　　)。

A. 电渣焊　　B. 电弧焊　　C. 电子束焊　　D. 激光焊

2. 利用熔渣导电时的电阻热作为金属熔化的热源叫作(　　)。

A. 电渣焊　　B. 埋弧焊　　C. 电渣焊　　D. 电铝热焊

3. 钎焊时应将焊件和钎料加热到(　　)的温度。

A. 等于钎料熔点但低于母材熔点　　B. 高于钎料熔点但低于母材烘干熔点

C. 高于钎料熔点并等于母材熔点　　D. 高于钎料熔点且高于母材熔点

二、判断题

(　　)1. 要使两部分金属材料达到永久连接的目的,须使金属接触表面达到分子间的距离。

(　　)2. 焊条电弧焊主要是采用气体保护的一种焊接方法。

(　　)3. 在压接过程中,必须对焊件施加一定的压力以完成焊接的方法,叫作压焊。

(　　)4. 压焊过程中,除对焊件施加一定压力外还必须对焊件进行加热才能完成焊接。

(　　)5. 钎焊在压力容器焊接中同样得到广泛的应用。

(　　)6. 钎焊时金属结合机理与熔焊时是基本相同的。

三、多项选择题

1. 为使金属材料达到永久连接的目的,金属焊接时须采用(　　)的方法来实现。

A. 加热　　B. 不加热　　C. 加压

D. 不加压　　E. 既加热又加压　　F. 既不加热又不加压

2. 熔焊过程都须采取有效隔离空气的保护措施,其基本形式有(　　)等几种。

A. 电子流保护　　B. 光子流保护　　C. 真空焊接

D. 气体保护　　E. 熔渣保护　　F. 等离子熔流保护

3. 有色金属焊接时适宜的焊接方法有(　　)。

A. 熔化极气体保护焊　　B. 钨极氩弧焊　　C. CO_2 气体保护焊

D. 电子束焊　　E. 气压焊　　F. 电渣焊

四、名词解释

1. 压焊:

2. 熔焊:

3. 钎焊:

1.8　安全保护和环境保护知识

知识要点

1. 掌握安全用电知识；
2. 熟知焊接污染环境的有害因素；
3. 了解焊接环境分类；
4. 熟知焊接对人体健康的影响；
5. 掌握焊接劳动保护措施。

1.8.1　安全用电知识

一、单项选择题

1. 焊工受到的熔化金属溅出烫伤等，属于(　　)伤害。
   A. 弧光　　B. 磁场　　C. 电击　　D. 电伤
2. 对于潮湿而触电危险性较大的环境，我国规定安全电压为(　　)V。
   A. 24　　B. 18　　C. 12　　D. 6
3. 对于水下或其他由于触电会导致严重二次事故的环境，国际电工标准会规定安全电压为(　　)。
   A. 24 V 以下　　B. 12 V 以下　　C. 6 V 以下　　D. 2.5 V 以下
4. 安全电压能限制触电时(　　)的范围之内，从而保障人身安全。
   A. 人体的电阻在极大　　B. 通过人体的电流在极小
   B. 人体的电阻在较大　　D. 通过人体的电流在较小
5. 电流频率不同，电击对人体的伤害程度也不同，如频率在 1 000 Hz 以上。伤害程度(　　)。
   A. 不存在　　B. 明显增加　　C. 极大增加　　D. 明显减轻
6. 触电事故是电焊操作的主要危险，因为电焊设备的空载电压一般都超过安全电压，如弧焊整流器的空载电压为(　　)。
   A. 50～70 V　　B. 60～80 V　　C. 80～100 V　　D. 50～90 V
7. 一般我国焊条电弧焊用的弧焊整流器的空载电压为(　　)V。
   A. 30～40　　B. 55～80　　C. 60～80　　D. 50～90
8. 绝大部分触电死亡事故是由(　　)造成的。
   A. 电伤　　B. 磁场　　C. 电弧光　　D. 电击
9. 触电事故基本是指(　　)。
   A. 灼伤　　B. 电伤　　C. 电击　　D. 辐射
10. 科学证明，通过人体的电流超过(　　)时，就会危及生命。
    A. 0.005 A　　B. 0.05 A　　C. 0.5 A　　D. 5 A

11. 绝大部分触电死亡事故是由于(　　)造成的。

A. 电击　　B. 电伤

C. 电磁场生理伤害　　D. 电弧

12. 感知电流是指能使人感觉到的最小电流，对于工频交流为(　　)。

A. 0.1 mA　　B. 0.5 mA　　C. 1 mA　　D. 5 mA

13. 对于潮湿而触电危险性又较大的环境，我国规定的安全电压为(　　)。

A. 2.5 V　　B. 12 V　　C. 24 V　　D. 36 V

二、判断题

(　　)1. 电流对人体的伤害形式有电击、电伤、电磁场生理伤害、噪声、射线等。

(　　)2. 对于潮湿而触电危险性又较大的环境，我国规定安全电压为 24 V。

(　　)3. 对于比较潮湿而触电危险性较大的环境，我国规定安全电压为 24 V。

(　　)4. 一般我国焊条电弧焊用的弧焊变压器的空载电压为 50～90 V，弧焊整流器的空载电压为 55～80 V。

(　　)5. 电击是指电流的热效应、化学效应和机械效应对人体的伤害。

(　　)6. 对于潮湿而触电危险性较大的环境，人体的电阻一般是按 1 000 Ω 考虑的。

(　　)7. 电流通过人体产生电击危险性最大的是从脚到脚的电流途径。

三、多项选择题

1. 电流对人体的伤害有(　　)等形式。

A. 电阻　　B. 电击　　C. 电伤

D. 电子束　　E. 电磁场生理伤害

2. 按照人体触及带电体的方式和电流通过人体的途径，触电可以分为(　　)等类型。

A. 低压单相触电　　B. 低压两相触电

C. 跨步电压触电　　D. 过分接近高压电气设备的触电

四、名词解释

1. 电击：

2. 电伤：

3. 电磁场生理伤害：

五、简答题

1. 我国常用的焊条电弧焊电源空载电压为多少？

2. 按照触电类型可分为几种类型？

六、问答题

影响电击严重程度的因素有哪些?

七、思考题

焊接中发生触电的类型及原因有哪些?

1.8.2　焊接环境保护

一、单项选择题

1. 焊接过程中会产生污染环境的各种有害因素,下列不属于有害因素的是(　　)。
A. 高频电热波　B. 噪声　C. 有害气体　D. 热辐射
2. 焊接过程中会产生污染环境的各种有害因素,下列属于化学有害因素的是(　　)。
A. 放射线　B. 焊接弧光　C. 热辐射　D. 有害气体
3. 焊接过程中会产生污染环境的各种有害因素,下列不属于物理有害因素的是(　　)。
A. 高频电磁波　B. 噪声　C. 有害气体　D. 热辐射
4. (　　)的来源是由金属及非金属物质在过热条件下产生的高温蒸汽经氧化、冷凝而形成的。
A. 金属飞溅　B. 电弧辐射　C. 焊接烟尘　D. 有毒气体
5. 用碱性焊条电弧焊时,产生(　　)有害气体。
A. 氮氧化物　B. 一氧化碳　C. 臭氧　D. 氟化氢
6. 在有泥、砖、湿木板、钢筋混凝土、金属等材料或其他导电材料的地面上进行电焊作业时,属于触电(　　)。
A. 普通环境　B. 极度危险环境
C. 特别危险环境　D. 危险环境

二、判断题

(　　)1. 焊接过程中会产生各种污染环境的有害因素,其中属于物理有害因素的有焊接烟尘、有害气体、焊接弧光等。

(　　)2. 焊接过程中有很多污染环境的有害因素,其中属于化学有害因素的是焊接弧光、高频电磁场、焊接烟尘及有害气体等。

(　　)3. 焊接烟尘的来源是由熔化金属及熔渣在过热条件下产生的高温蒸气经氧化、冷凝而形成的。

(　　)4. 有湿木板、钢筋混凝土、沥青、瓷砖、金属等材料铺设的地面也属于触电的危险环境。

(　　)5. 环境状态直接关系到人类的生存条件和每一个人的身体健康。

(　　)6. 对新建、改扩建、续建的工业企业必须把各种有害因素的治理设施与主体工程同时设计、同时施工、同时投产。

(　　)7. 当空气中的相对湿度超过 75%时,即属于焊接的危险环境。

三、多项选择题

1. 在焊接过程中,产生的物理有害因素包括(　　)。

A. 焊接弧光　　B. 焊接烟尘　　C. 有害气体

D. 高频电磁波　　E. 热辐射　　F. 噪声

2. 在熔焊过程中,可能产生的对人体有害气体主要有(　　)。

A. 臭氧　　B. 一氧化碳　　C. 二氧化碳

D. 氮氧化物　　E. 氟化氢

四、简答题

1. 焊接污染环境的有害因素有哪些?

2. 焊接环境是如何分类的?

1.8.3　焊接劳动保护知识

一、单项选择题

1. 电光性眼炎为眼部受(　　)过度照射所引起的角膜结膜炎。

A. 紫外线　　B. 红外线　　C. 可见光　　D. X 射线

2. 电光性眼炎的发病要经过一定的潜伏期，一般发病在受照后 6～8 h，故发作常在(　　)。

A. 中午或晚上　　B. 早晨或下午

C. 下午或晚上　　D. 夜间或清晨

3. 在未适当保护下的眼睛，长期慢性小剂量暴露于(　　)中也可能发生调视机能减退，发生早期花眼。

A. 电弧光　　B. 可见光　　C. 紫外线　　D. 红外线

4. 在焊接电弧高温作用下焊条芯、药皮和被焊金属发生冶金反应，在焊接烟尘中可含大量氧化锰及锰尘，长期吸入可能引起(　　)。

A. 锰中毒　　B. 铅中毒　　C. 尘肺　　D. 肺水肿

5. 焊接作业个人防护措施重点是切实做好施焊作业场所的通风排尘及搞好焊工的(　　)。

A. 技术要求　　B. 技能学习　　C. 个人卫生　　D. 个人防护

6. 焊接作业个人防护措施重点是切实做好施焊作业场所的(　　)及搞好焊工的个人防护。

A. 清洁卫生　　B. 通风排尘　　C. 工件堆放　　D. 设备布置

7. 焊接滤光片的滤光编号以可见光(　　)的大小决定，可见光透过率越大，编号越小，滤光片颜色越浅。

A. 亮度　　B. 透过率　　C. 波长　　D. 频率

8. 选择小号的滤光片，焊接时会看得比较清楚，但紫外线和红外线会较多伤害(　　)。

A. 头部　　B. 脸部　　C. 皮肤　　D. 眼睛

9. 仰焊时，为了防止火星、熔渣造成灼伤，焊工可用(　　)的披肩、长套袖、围裙和脚盖等。

A. 塑料　　B. 合成纤维织物

C. 石棉物　　D. 棉布

10. 焊工穿工作服焊接作业时，工作服(　　)是正确的。

A. 潮湿　　B. 沾有油脂

C. 上衣系在工作裤里边　　D. 袖子和衣领扣要扣好

11. 焊接时造成焊工电光性眼炎是由于弧光中的(　　)辐射。

A. 紫外线　　B. 红外线　　C. 可见光

12. 在焊条电弧焊焊接电流为 60～160 A 时推荐使用(　　)号滤光片。

A. 5　　B. 7　　C. 10　　D. 14

二、判断题

(　　)1. 紫外线对眼睛的伤害程度与照射时间成正比，与电弧到眼睛的距离平方成反比，眼距离电弧 1 m 以内，如无防护，经十几秒甚至几秒的紫外线照射，就可能产生电光性眼炎。

(　　)2. 焊接弧光的红外线辐射有可能引起白内障和电光性眼炎。

(　　)3. 焊接作业个人防护措施重点是切实做好施焊作业场所的通风排尘及搞好焊工的个人防护。

(　　)4. 焊接作业个人防护措施重点是切实做好施焊作业场所的通风排尘及搞好焊工的个人卫生。

(　　)5. 施焊前，焊工应对面罩进行安全检查，主要是耐腐蚀性能、隔热能力、反光性能、防毒性能等。

(　　)6. 手持式、头戴式面罩适于各种焊接作业，手持式防护面罩特别适用于钨极氩弧焊和高空焊接作业。

(　　)7. 仰焊时，为了防止火星，熔渣造成灼伤，焊工可用塑料的披肩、长套袖、围裙和脚盖等。

(　　)8. 焊工穿工作服时，一定要把袖子和衣领扣好，并且为了防止飞溅物，上衣应系在工作裤里边。

(　　)9. 焊接时弧光中的红外线对焊工会造成电光性眼炎。

(　　)10. 紫外线对眼睛的伤害与电弧至眼睛的距离的平方成正比。

(　　)11. 为了防止烟尘和有毒气体危害，焊工不应采取吸尘排烟装置。

(　　)12. 气焊时为保护眼睛应采用大于 10 号的遮光片。

三、多项选择题

1. 焊接时对焊工呼吸系统影响的因素有(　　)。

A. 粉尘　　B. 氮氧化物　　C. 臭氧
D. 弧光　　E. 噪音　　F. 高频电磁场

2. 焊工穿工作服要注意(　　)。

A. 工作服不应有口袋　　B. 工作服应系在工作裤里边
C. 工作服不应系在工作裤里边　　D. 工作服要把袖子和衣领扣好
E. 工作服要有一定长度　　F. 工作服要短些

3. 电焊烟尘不同于一般机械性粉尘，它的特点有(　　)。

A. 电焊烟尘粒子小　　B. 电焊烟尘粒子大　　C. 电焊烟尘黏性小
D. 电焊烟尘黏性大　　E. 电焊烟尘温度低　　F. 电焊烟尘温度高

四、简答题

1. 焊接对人体健康的影响与什么因素有关？

2. 焊接时个人防护用品有哪些？

五、问答题

焊接作业个人防护有哪些？

六、思考题

焊接对人体健康的影响有哪些？

第 2 章　初级焊工技能

2.1　焊前准备

2.1.1　劳动保护和安全检查

知识要点 ……………………………………………………………………………………

1. 掌握焊接环境中的职业性有害因素；
2. 掌握劳动保护用品及其正确使用；
3. 熟知场地的安全检查；
4. 熟知工具、夹具的安全检查；
5. 掌握焊条电弧焊安全操作规程；
6. 熟知设备的安全检查。

一、单项选择题

1. 气焊黄铜时，会产生有毒蒸气，如果通风不良，会造成(　　)中毒。
   A. 铅　　B. 锰　　C. 氟　　D. 锌
2. 在用碱性焊条电弧焊时，药皮中的(　　)和氢在高温下会产生氟化氢，氟化氢是一种具有刺激气味的无色气体。
   A. 碳酸钙　　B. 水分　　C. 氧化锰　　D. 萤石
3. 在可能导电的焊接场所工作时，所用焊工防护手套应经耐电压(　　)试验，合格后方能使用。
   A. 1 000 V　　B. 2 000 V　　C. 2 500 V　　D. 3 000 V
4. 焊工防护鞋的橡胶鞋底，经耐电压(　　)耐压试验，合格(不击穿)后方能使用。
   A. 220 V　　B. 380 V　　C. 3 000 V　　D. 5 000 V
5. 焊工受到的熔化金属溅出烫伤等，属于(　　)伤害。
   A. 弧光　　B. 磁场　　C. 电击　　D. 电伤
6. 国家标准规定工业企业噪声不应超过 85 dB，最高不能超过(　　)dB。
   A. 105　　B. 100　　C. 95　　D. 90
7. 焊接工作前，焊工应对焊工防护鞋进行安全检查，但(　　)不属于安全检查内容。
   A. 鞋底是否用绝缘橡胶制作　　B. 鞋底不应有破损，不能有铁钉
   C. 绝缘鞋不能潮湿　　D. 新旧程度

8. 焊接场地应保持必要的通道，人行通道宽度应不小于(　　)m。
A. 3　　B. 2.5　　C. 2　　D. 1.5
9. 焊工应有足够的作业面积，作业面积应(　　)4 m^2。
A. 小于或等于　　B. 大于
C. 不小于　　D. 小于
10. 焊工应有足够的作业面积，作业面积应不小于(　　)m^2。
A. 7　　B. 6　　C. 5　　D. 4
11. 焊前应将(　　)范围内的各类可燃易爆物品清理干净。
A. 10 m　　B. 12 m　　C. 15 m　　D. 20 m
12. 电焊钳在使用前应进行检查，(　　)是检查内容之一。
A. 热膨胀性能　　B. 导磁性能
C. 抗氧化性能　　D. 装换焊条是否方便
13. 焊前应检查电焊钳的导电性能和隔热性能，夹持焊条要(　　)，装换焊条要方便。
A. 垂直　　B. 不偏斜
C. 灵活　　D. 牢固
14. 焊前应检查电焊钳的导电性能和隔热性能，夹持焊条要牢固，装换焊条要(　　)。
A. 绝缘　　B. 用力　　C. 方便　　D. 整齐
15. 焊接前，焊工应对所使用的角向磨光机进行检查，但(　　)不必检查。
A. 角向磨光机内部绝缘电阻值　　B. 砂轮转动是否正常
C. 有没有漏电现象　　D. 砂轮片是否已经紧固牢固
16. 切断焊接电源开关后才能进行(　　)。
A. 敲渣　　B. 更换焊条
C. 改变焊机接头　　D. 调节焊接电流
17. 焊条电弧焊一般安全操作规程之一是工作完毕离开作业现场时须(　　)清理好现场，防止留下事故隐患。
A. 关掉电灯　　B. 操作人员一齐离开
C. 切断气源　　D. 切断电源
18. 使用行灯照明时，其电压不应超过(　　)V。
A. 6　　B. 12　　C. 24　　D. 36
19. 施焊前，焊工应对设备进行安全检查，但(　　)不是施焊前设备安全检查的内容。
A. 机壳保护接地或接零是否可靠
B. 电焊机一次电源线的绝缘是否完好
C. 焊接电缆的绝缘是否完好
D. 电焊机内部灰尘多不多
20. 施焊前，焊工应对设备进行安全检查，但(　　)不是施焊前设备安全检查的内容。
A. 机壳保护接地或接零是否可靠
B. 电焊机一次电源线的绝缘是否完好
C. 焊接电缆的绝缘是否完好
D. 电焊机内部接线是否正确

21. (　　)是焊条电弧焊施焊前必须对焊接电源进行检查的。

A. 噪声和振动情况　　B. 电弧的静特性

C. 电源的外特性　　D. 电源的动特性

22. 弧光中的红外线可对眼睛造成伤害,引起(　　)。

A. 畏光　　B. 眼睛流泪

C. 白内障　　D. 电光性眼炎

23. 国家标准规定,工作企业噪声不应超过(　　)。

A. 50 dB　　B. 85 dB　　C. 100 dB　　D. 120 dB

24. 焊接场地应保持必要的通道,且车辆通道宽度不小于(　　)。

A. 1 m　　B. 2 m　　C. 3 m　　D. 5 m

25. 焊接场地应保持必要的通道,且人行通道宽度不小于(　　)。

A. 1 m　　B. 1.5 m　　C. 3 m　　D. 5 m

26. 焊工应有足够的作业面积,一般不应小于(　　)。

A. 2 m^2　　B. 4 m^2　　C. 6 m^2　　D. 8 m^2

27. 工作场地要有良好的自然采光或局部照明,以保证工作面照明度达(　　)。

A. 30～50 lx　　B. 50～100 lx　　C. 100～150 lx　　D. 150～200 lx

28. 焊割场地周围(　　)范围内,各类可燃易爆物品应清理干净。

A. 3 m　　B. 5 m　　C. 10 m　　D. 15 m

29. 用于紧固装配零件的是(　　)。

A. 夹紧工具　　B. 压紧工具　　C. 拉紧工具　　D. 撑具

30. 扩大或撑紧装配件用的工具是(　　)。

A. 夹紧工具　　B. 压紧工具　　C. 拉紧工具　　D. 撑具

31. 将所装配零件的边缘拉到规定的尺寸应该是(　　)。

A. 夹紧工具　　B. 压紧工具　　C. 拉紧工具　　D. 撑具

二、判断题

(　　)1. 国家标准规定工业企业噪声不应超过 65 dB,最高不能超过 85 dB。

(　　)2. 焊工防护鞋的橡胶鞋底,经耐电压 5 000 V 耐压试验,合格(不击穿)后方能使用。

(　　)3. 焊工应有足够的作业面积,作业面积应不小于 4 m^2。

(　　)4. 焊工应有足够的作业面积,作业面积应不小于 5 m^2。

(　　)5. 应检查电焊钳的导磁性、隔热性、夹持焊条的牢固性及耐腐蚀性。

(　　)6. 施焊前,焊工应对面罩进行安全检查,主要是耐腐蚀性能、隔热能力、反光性能、防毒性能等。

(　　)7. 使用砂轮前,焊工要检查砂轮转动是否正常,砂轮片是否已经紧固牢固,是否有裂纹、破损,以杜绝使用过程中砂轮或碎片飞出伤人。

(　　)8. 焊条电弧焊一般安全操作规程首先是焊前做好个人防护,按规定穿戴防护工作服、绝缘鞋和防护手套,检查设备和工具是否安全可靠。

(　　)9. 焊机的安装、修理和检查应由焊工来进行。

(　　)10. 焊条电弧焊施焊前必须检查焊接电源绝缘的可靠性、接线的正确性、电源电动特性、接地的可靠性、电源的外特性等。

(　　)11. 使用行灯照明时，按规定其电压不应超过 18 V。

(　　)12. 焊接时产生的弧光是由紫外线和红外线组成的。

(　　)13. 弧光中的紫外线可造成对人眼睛的伤害，引起白内障。

(　　)14. 用酸性焊条焊接时，药皮中的萤石在高温下会产生氟化氢有毒气体。

(　　)15. 焊工尘肺是指焊工长期吸入超过规定浓度的烟尘或粉尘所引起的肺组织纤维化的病症。

(　　)16. 焊工应穿深色的工作服，因为深色易吸收弧光。

(　　)17. 为了工作方便，工作服的上衣应系在工作裤内。

(　　)18. 使用耳罩时，务必不要使耳罩软垫圈与周围皮肤贴合。

(　　)19. 焊工工作服一般用合成纤维织物制成。

(　　)20. 在有易燃易爆物的场合焊接时，鞋底应有鞋钉，以防滑倒。

(　　)21. 焊接场地应符合安全要求，否则会造成火灾、爆炸、触电等事故的发生。

(　　)22. 夹紧工具是用来扩大或撑紧装配件用的一种工具。

(　　)23. 面罩是防止焊接时的飞溅、弧光及其他辐射对焊工面部及颈部损伤的一种遮蔽工具。

(　　)24. 焊工推拉闸刀时要面对电闸，以便看得清楚。

(　　)25. 焊机的安装、检查应由电工进行，而修理则由焊工自己进行。

(　　)26. 焊工在更换焊条时，可以赤手操作。

三、多项选择题

1. 弧光中的紫外线可造成对人眼睛的伤害，引起(　　)。

A. 畏光　　B. 眼睛剧痛　　C. 白内障

D. 电光性眼炎　　E. 眼睛流泪

2. 气焊有色金属时有时会产生(　　)有毒气体。

A. 氟化氢　　B. 锰　　C. 铅

D. 锌　　E. 铁　　F. 硅

3. 长期接触噪声可引起噪声性耳聋及对(　　)的危害。

A. 呼吸系统　　B. 神经系统　　C. 消化系统

D. 血管系统　　E. 视觉系统

4. 焊条电弧焊所使电焊钳的作用是(　　)。

A. 夹持焊条　　B. 夹持焊丝　　C. 输送气体

D. 传导电流　　E. 冷却焊条　　F. 传导热量

5. 为(　　)所采用的夹具叫作焊接夹具。

A. 保证焊接尺寸　　B. 提高焊接效率　　C. 提高装配效率

D. 防止焊接变形　　E. 防止焊接应力　　F. 防止产生缺陷

6. 焊条电弧焊常用的装配夹具有(　　)。

A. 夹紧工具　　B. 压紧工具　　C. 拉紧工具

D. 回转夹具　　E. 焊接变位机　　F. 撑具

四、简答题

1. 职业性有害因素有哪些？

2. 职业性有害因素对人体的伤害有哪些？

3. 劳动保护用品有哪些？

4. 焊接工具、夹具有哪些？

五、问答题

1. 焊接时的劳动保护用品如何正确使用？

2. 焊接场地检查的内容有哪些？

3. 焊接工对夹具的检查有哪些内容？

4. 焊条电弧焊安全操作规程是什么？

2.1.2 焊接材料

知识要点

1. 熟知焊条的组成及作用；
2. 熟知焊条的分类；
3. 掌握碳钢焊条型号和牌号；
4. 了解碳钢焊条的选用原则；
5. 掌握碳钢焊条的使用；
6. 了解碳钢焊条的保管。

一、单项选择题

1. 焊条的直径是以(　　)来表示的。
   A. 焊芯直径　　B. 焊条外径
   C. 药皮厚度　　D. 焊芯直径和药皮厚度之和
2. 要求塑性好、冲击韧度高的焊缝应选用(　　)焊条。
   A. 酸性　　B. 碱性　　C. 不锈钢　　D. 铸铁
3. 碱性焊条的主要优点之一是(　　)。
   A. 脱渣性好　　B. 电弧稳定
   C. 对弧长无要求　　D. 良好的抗裂性
4. 根据 GB/T 5117 碳钢焊条型号是以熔敷金属的力学性能、(　　)、药皮类型和焊接电流种类来划分的。
   A. 化学成分　　B. 焊接位置　　C. 扩散氢含量　　D. 抗裂性能
5. “E4303”是碳钢焊条型号完整的表示方法，其中第三位阿拉伯数字表示的是(　　)。
   A. 药皮类型　　B. 电流种类　　C. 焊接位置　　D. 化学成分
6. 新的国家标准规定焊条型号中，“焊条”用字母(　　)表示。
   A. J　　B. H　　C. A　　D. E
7. 牌号 J507 焊条对应的焊条型号为(　　)。
   A. E5003　　B. E5016　　C. E5015　　D. E5048
8. 国家标准规定直径为 3.2 mm 和 4 mm 焊条，偏心度不应大于(　　)。
   A. 2%　　B. 4%　　C. 5%　　D. 7%
9. 焊条烘干的目的主要是(　　)。
   A. 保证焊缝金属的抗拉强度　　B. 去除药皮中的水分
   C. 降低药皮中的含氧量　　D. 改善脱渣性能
10. 碱性焊条的烘干温度通常为(　　)。
    A. 75～150 ℃　　B. 250～300 ℃　　C. 350～400 ℃　　D. 450～500 ℃
11. 酸性焊条的烘干温度通常为(　　)。
    A. 75～150 ℃　　B. 250～300 ℃　　C. 350～400 ℃　　D. 450～500 ℃

二、判断题

(　　)1. 一般钢材按屈服点来确定等级，而碳钢焊条是按熔敷金属抗拉强度的最低值来定强度等级，因此按照母材的抗拉强度等级来选择抗拉强度等级相同的焊条。

(　　)2. 用酸性焊条焊接时，药皮中的萤石在高温下会产生氟化氢有毒气体。

(　　)3. 焊条电弧焊施焊前应检查设备绝缘的可靠性、接线的正确性、接地的可靠性、电流调整的可靠性等项目。

(　　)4. 焊条电弧焊中使用的涂有药皮的熔化电极称为焊条。

(　　)5. 焊条直径实际上是指焊芯的直径。

(　　)6. 焊条直径不同但焊条长度是一样的。

(　　)7. 碱性焊条的工艺性能差，对油、锈及水分很敏感，因此不能用于重要结构的焊接。

(　　)8. 碱性焊条抗气孔的能力比酸性焊条强。

(　　)9. 酸性焊条抗裂纹的能力比碱性焊条差。

(　　)10. 酸性焊条药皮中的氧化性较强，所以不适宜焊接合金元素较多的材料。

(　　)11. 根据 GB/T 5117 碳钢焊条型号是以熔敷金属的力学性能、焊接位置、药皮类型和焊接电流种类来划分的。

(　　)12. “E5015”是碳钢焊条型号完整的表示方法，其中“50”表示熔敷金属的屈服点为 500 MPa。

(　　)13. 焊条型号 E4303 对应的焊条牌号为 J422。

(　　)14. “J422”是结构钢焊条牌号完整的表示方法，其中“42”表示熔敷金属的抗拉强度最大值为 420 MPa。

(　　)15. 碳钢焊条一般是按焊缝与母材等强度的原则来选用。

(　　)16. 当接头坡口表面铁锈等难以清理干净时，应选用抗裂性能好的碱性焊条。

(　　)17. 保管焊条的库房要保持一定湿度，要求相对湿度应在 60%以下。

(　　)18. 烘干焊条时，焊条应铺成层状，ϕ4 mm 不超过五层。

(　　)19. 储存焊条必须垫高，与地面和墙壁的距离均应大于 0.3 m。

三、多项选择题

1.（　　）等操作应在切断电源开关后才能进行。

A. 改变焊机接头　　B. 改变二次线路　　C. 调试焊接电流

D. 移动工作地点　　E. 更换焊条　　F. 检修焊机故障

2. 焊芯的作用是（　　）。

A. 传导电流　　B. 稳定电弧　　C. 保护作用

D. 填充金属　　E. 改善工艺　　F. 保证焊透

3. 焊条药皮的主要作用有（　　）。

A. 渣、气联合保护　　B. 脱氧精炼　　C. 传导电流

D. 稳定电弧　　E. 添加合金　　F. 改善焊接工艺

4. 酸性焊条的特点是（　　）。

A. 电弧稳定性较差　B. 脱渣性好　C. 对铁锈、油不敏感
D. 抗裂性能好　E. 抗裂性能不好　F. 容易掌握施焊技术

5. 碱性焊条的特点是(　　)。
A. 抗裂性能好　B. 抗裂性能不好　C. 脱 S、P 能力强
D. 脱 S、P 能力差　E. 工艺性能好　F. 工艺性能差

6. 根据国家标准,碳钢焊条型号是以(　　)进行分类的。
A. 熔敷金属力学性能　B. 化学成分　C. 焊接位置
D. 工作温度　E. 药皮类型和电流种类　F. 工艺等级

7. 碳钢焊条型号中表示焊条用于全位置焊接的代号是(　　)。
A. 0　B. 1　C. 2　D. 3
E. 4　F. 5

8. "E5024"焊条适用的焊接位置为(　　)。
A. 平　B. 立　C. 仰　D. 横
E. 平角焊　F. 立向下

四、名词解释

1. 焊芯:

2. 药皮:

五、简答题

1. 焊芯的作用和组成是什么?

2. 药皮的作用是什么?

3. 焊条的分类有哪些?

4. 焊条外观检查内容包括什么？

六、问答题

1. 酸性焊条的特点有哪些？

2. 碱性焊条的特点有哪些？

3. 焊条的表示方法。

E4303：

E4315：

4. 碳钢焊条的选用原则是什么？

5. 焊条烘干的目的、温度和烘干方法及要求有哪些？

七、思考题

应该如何保管焊条?

2.1.3 工件准备

知识要点

1. 熟知焊接接头的种类;
2. 掌握坡口形式及坡口尺寸;
3. 了解坡口备制;
4. 熟知坡口清理;
5. 熟知焊缝符号的表示方法;
6. 了解主要焊接方法代号的表示方法。

一、单项选择题

1. 受力状况好,应力集中较小的接头是( )。
A. 搭接接头 B. T形接头 C. 角接接头 D. 对接接头
2. 对于承受动载荷的接头不宜采用( )。
A. 对接接头 B. T形接头 C. 搭接接头 D. 角接接头
3. 焊接接头根部预留间隙的作用在于( )。
A. 防止烧穿 B. 保证焊透 C. 减少应力 D. 提高效率
4. 在坡口中留钝边的作用在于( )。
A. 防止烧穿 B. 保证焊透 C. 减少应力 D. 提高效率
5. 焊缝符号标注原则是焊缝横截面上的尺寸标注在基本符号的( )。
A. 上侧 B. 下侧 C. 左侧 D. 右侧
6. 焊缝符号标注原则是焊缝长度方向的尺寸标注在基本符号的( )。
A. 上侧 B. 下侧 C. 左侧 D. 右侧

二、判断题

( )1. 所有的焊接接头中,以对接接头应用最为广泛。
( )2. T形接头能承受各方向的力和力矩,所以应用最为广泛。
( )3. 对于V形坡口,坡口面角度总是等于坡口角度。
( )4. 开坡口的目的主要是保证焊件在厚度方向上全部焊透。
( )5. 低碳钢可采用冷加工方法,也可采用热加工方法备制坡口。

(　　)6. 清除坡口表面的铁锈、油污、水分，目的是提高焊缝金属强度。

(　　)7. 焊缝的基本符号是表示焊缝表面形状特征的符号。

(　　)8. 焊缝的辅助符号是说明焊缝的某些特征而采用的符号。

(　　)9. 指引线中基准线的虚线是画在基准线实线的下侧。

三、多项选择题

1. 根据接头的构造形式不同，焊接接头可分为(　　)。

A. 对接接头　　B. T 形接头　　C. 角接接头

D. 搭接接头　　E. 端接接头

2. 根据“焊缝符号表示法”规定，焊缝符号包括(　　)等。

A. 焊接顺序符号　　B. 基本符号　　C. 辅助符号

D. 补充符号　　E. 焊缝尺寸符号　　F. 焊接方法代号

3. 指引线是由(　　)组成的。

A. 箭头线　　B. 一条基准线　　C. 三条基准线

D. 两条实线　　E. 两条虚线　　F. 两条基准线

4. 焊缝符号标准原则是：坡口角度、根部间隙等尺寸标准在基本符号的(　　)。

A. 左侧　　B. 右侧　　C. 上侧

D. 下侧　　E. 尾部

四、名词解释

电焊钳：

五、简答题

1. 焊接接头的种类有哪些？

2. 坡口的作用是什么？

3. 坡口的基本形式有哪些？

4. 坡口尺寸名称及代表字母是什么？

5. 清理坡口的目的是什么？

六、问答题

1. 焊接符号的标注原则是什么？

2. 焊接符号应包括哪些？是如何表达的？

七、思考题

常用的焊接方法在焊接符号里是如何标注的？

2.1.4 焊条电弧焊设备

知识要点

1. 熟知对电弧焊电源的要求；
2. 了解焊条电弧焊电源的种类；
3. 掌握焊条电弧焊电源型号表示方法；
4. 了解焊条电弧焊电源铭牌；
5. 熟知焊条电弧焊电源选择和使用；
6. 掌握焊条电弧焊电源设备安全操作规程；
7. 熟知电焊钳的使用；
8. 熟知焊接电缆的选择和使用。

一、单项选择题

1. 焊条电弧焊这种焊接方法代号是(　　)。

A. 111　　B. 131　　C. 135　　D. 141

2. 表示弧焊变压器的代号为(　　)。
A. A　　B. B　　C. Z　　D. X
3. 表示弧焊整流器的代号为(　　)。
A. A　　B. B　　C. Z　　D. X
4. 表示弧焊电源为下降外特性的代号为(　　)。
A. X　　B. P　　C. D　　D. G
5. 根据电焊机有关标准规定,焊条电弧焊电源的工作周期为(　　)。
A. 3 分钟　　B. 5 分钟　　C. 10 分钟　　D. 30 分钟
6. 电焊机技术标准规定,焊条电弧焊电源的额定负载持续率为(　　)。
A. 25%　　B. 35%　　C. 60%　　D. 80%
7. BX1 型弧焊电源焊接电流瓣细调是通过改变(　　)来实现。
A. 一次线圈匝数　　B. 二次线圈匝数
C. 一次、二次线圈匝数　　D. 动铁芯位置
8. BX3 型弧焊电源焊接电流的粗调是通过改变(　　)来实现。
A. 一次线圈匝数　　B. 二次线圈匝数
C. 一次、二次线圈匝数　　D. 一次、二次线圈的距离

二、判断题

(　　)1. 焊条电弧焊的焊接方法代号是“141”。
(　　)2. 空载电压高则引弧容易,因此弧焊电源的空载电压越高越好。
(　　)3. 焊机空载时,由于输出端没有电流,所以不消耗电能。
(　　)4. 弧焊变压器的最高空载电压比弧焊整流器高。
(　　)5. 一台焊机只有一条外特性曲线。
(　　)6. 一台焊机具有无数条外特性曲线。
(　　)7. 动特性是用来表示弧焊电源对负载瞬变的快速反应能力。
(　　)8. 弧焊电源输出端电压与输出电流之间的关系称为弧焊电源的外特性。
(　　)9. 弧焊变压器类及弧焊整流器类电源都是以额定焊接电流表示其基本规格。
(　　)10. 额定焊接电流是指该电源工作允许使用的最大焊接电流。
(　　)11. 型号 BX3-400 中的“400”表示使用该焊机时选择的焊接电流不能超过 400 A。
(　　)12. 弧焊电源的种类应根据焊条药皮的性质来选择。
(　　)13. 低氢型药皮的焊条只能选用直流弧焊电源。
(　　)14. 调节焊接电流实际上是调节电源外特性曲线。
(　　)15. 调节焊接电流实际上是调节电弧静特性曲线。
(　　)16. 动铁式弧焊变压器当手柄逆时针旋转,铁心向外移动时电流增大。
(　　)17. 动铁式弧焊变压器当手柄顺时针旋转,铁心向外移动时电流增大。

三、多项选择题

1. 对焊条电弧时电源的要求有(　　)。
A. 适当的空载电压　　B. 陡降的外特性　　C. 合适的静特性

D. 良好的动特性　E. 良好的调节特性　F. 合适的负载持续率

2. 按照弧焊电源大类进行分类，焊条电弧焊电源分为(　　)。

A. 弧焊变压器电源　B. 动铁系列电源　C. 动圈系列电源

D. 下降特性电源　E. 弧焊整流器电源　F. 弧焊发电机电源

3. 焊条电弧焊电源铭牌中的主要参数有(　　)。

A. 负载持续率　B. 绝缘电阻　C. 额定焊接电流

D. 工作周期　E. 一次电压　F. 功率

4. BX3 型弧焊电源焊接电流的调节可通过改变(　　)来实现。

A. 一次线圈匝数　B. 二次线圈匝数　C. 一次、二次线圈匝数

D. 一次、二次线圈的距离　E. 活动铁芯的位置

四、名词解释

负载持续率：

五、简答题

1. 焊条电弧焊电弧型号是如何表达的？常用字母含义是什么？

2. 焊条电弧焊电源铭牌中的主要参数有哪些？

六、问答题

焊条电弧焊对电源的要求是什么？

七、思考题

1. 负载持续率是如何计算的？

2. 焊条电弧焊电源设备安全操作规程有哪些？

3. 如何选择焊钳和焊接电缆？

2.2　焊接

2.2.1　焊条电弧焊

知识要点

1. 了解焊条电弧焊工艺特点；
2. 了解焊接电弧及其特性；
3. 熟知焊接电弧的偏吹；
4. 掌握焊接电弧工艺参数；
5. 掌握焊接电弧的引燃、运条和收弧；
6. 掌握工件组对和定位焊；
7. 掌握低碳钢平焊位单面焊双面成型；
8. 掌握钢板的立焊、横焊；
9. 掌握钢板的 T 型接头的焊接；
10. 掌握低碳钢水平转动管的焊接。

一、单项选择题

1. 电焊钳的钳口材料要求有高的导电性和一定的力学性能，故用(　　)制造。
A. 铝合金　　B. 青铜　　C. 黄铜　　D. 紫铜
2. 弧焊电源配套的电焊钳规格是按照电源的(　　)大小决定。
A. 实际焊接电流　　B. 最大的焊接电流
C. 额定焊接电流　　D. 短路电流
3. 选择焊条电弧焊的焊接电缆应根据弧焊电源的(　　)。
A. 初级电流　　B. 额定焊接电流

C. 短路电流　　D. 焊接电流

4. 焊条电弧焊时为防止空气的有害作用采用的是(　　)保护。

A. 气体　　B. 熔渣　　C. 气、渣联合　　D. 不需要

5. 完整的电弧静特性曲线呈(　　)。

A. 水平形　　B. 上升形　　C. 下降形　　D. U 形

6. 焊条电弧焊使用的电弧静特性是处于(　　)。

A. 下降段　　B. 水平段　　C. 上升段　　D. 任意段

7. 电弧长度增加时,电弧电压(　　)。

A. 降低　　B. 升高　　C. 不变　　D. 无规律变化

8. 克服电弧磁偏吹的方法不包括(　　)。

A. 改变地线位置　　B. 增加焊接电流

C. 压低电弧　　D. 改变焊条角度

9. E5015 焊条通常采用的是(　　)。

A. 交流　　B. 直流正接　　C. 直流反接　　D. 任意

10. 中厚板对接接头的打底焊最好采用直径不超过(　　)的焊条。

A. 2.5 mm　　B. 3.2 mm　　C. 4 mm　　D. 5 mm

11. 焊接过程中需要焊工调节的参数是(　　)。

A. 焊接电源　　B. 药皮类型　　C. 焊接电流　　D. 焊接位置

12. 中厚板焊接采用多层焊和多层多道焊有利于提高焊接接头的(　　)。

A. 耐腐蚀性　　B. 导电性　　C. 强度和硬度　　D. 塑性和韧性

13. 定位焊时焊接电流应比正式焊接时(　　)。

A. 低 5%～10%　　B. 低 10%～15%

C. 高 10%～15%　　D. 高 15%～20%

二、判断题

(　　)1. 动圈式弧焊变压器焊接电流细调是通过手柄改变一次线圈和二次线圈的距离来实现,距离越大则电流越大。

(　　)2. 动圈式弧焊变压器焊接电流细调是通过手柄改变一次线圈和二次线圈的距离来实现,距离越小则电流越大。

(　　)3. 弧焊电源连接网路的动力线的导电截面积要足够大,其允许的电流值应等于电源的额定焊接电流。

(　　)4. 安装弧焊电源时,必须装有单独使用的电源开关。

(　　)5. 室外临时使用电源时,临时动力线不得沿地面拖拉,架设高度应不低于 2.5 m。

(　　)6. 焊工临时离开焊接现场时,可不必切断电源。

(　　)7. 专用焊接软电缆是用多股紫铜细丝制成的导线。

(　　)8. 焊接电缆使用时,可盘绕成圈状,以防产生感抗影响焊接电流。

(　　)9. 具有一定电压的电极与母件在气体介质中产生的强烈而持久的放电现象称为焊接电弧。

(　　)10. 不论何种焊接方法阳极温度总是大于阴极温度。

(　　)11. 电弧静特性是指在弧长一定时,电弧稳定燃烧情况下焊接电流与电弧电压的

关系。

(　　)12. 一种焊接方法只有一条电弧静特性曲线。

(　　)13. 当弧长增加时电弧静特性曲线上移。

(　　)14. 焊条电弧焊、埋弧焊、钨极氩弧焊的电弧静特性曲线都是水平的。

(　　)15. 焊条偏心是引起磁偏吹的原因之一。

(　　)16. 采用交流电时因极性不断变化,因此磁偏吹现象更为严重。

(　　)17. 焊接工艺参数对保证焊接质量是十分重要的。

(　　)18. 直流焊接时焊条接电源正极的接法叫正接。

(　　)19. 直流焊接时焊条接电源负极的接法叫正接。

(　　)20. 焊接电流是焊条电弧焊中最重要的工艺参数。

(　　)21. 焊接打底焊道时,为保证焊透焊接电流要大些。

(　　)22. 立焊、横焊时选用的电流要比平焊时的大些。

(　　)23. 焊接时为了看清熔池,尽量采用长弧焊接。

(　　)24. 中厚板焊接必须采用多层焊和多层多道焊。

(　　)25. 碱性焊条收弧时不宜采用反复断弧收弧法。

(　　)26. 定位焊只是为了装配和固定接头位置,因此要求与正式时焊接可以不一样。

三、多项选择题

1. 焊条电弧焊的优点有(　　)。

A. 工艺灵活、适应性强　　B. 对焊工技术要求不高

C. 易通过工艺调整控制焊接变形　　D. 设备简单、操作方便

E. 劳动条件好　　F. 生产率高

2. 在(　　)焊接方法中,阳极温度大于阴极温度。

A. 焊条电弧焊　　B. 埋弧焊　　C. CO_2 气体保护焊

D. 熔化极氩弧焊　　E. 钨极氩弧焊

3. 在(　　)焊接方法中,阴极温度大于阳极温度。

A. 焊条电弧焊　　B. 埋弧焊　　C. CO_2 气体保护焊

D. 熔化极氩弧焊　　E. 钨极氩弧焊

4. 电弧产生磁偏吹与(　　)有关。

A. 采用交流电源　　B. 采用直流电源　　C. 接地线位置

D. 焊条偏心度过大　　E. 气流的干扰　　F. 铁磁物质存在

5. 克服磁偏吹的方法有(　　)。

A. 改变接地线位置　　B. 调整焊条角度　　C. 减小焊条偏心

D. 增加焊接电流　　E. 降低焊接电流　　F. 减少气流干扰

6. 焊条直径大小的选择主要取决于(　　)。

A. 材料的厚度　　B. 药皮类型　　C. 电源种类

D. 焊接位置　　E. 焊道层次　　F. 接头形式

7. 定位焊时不应该在(　　)进行定位焊。

A. 焊缝交叉处　　B. 板的始焊端　　C. 板的终焊端

D. 管道的时钟 6 点处　　E. 管的上爬坡处　　F. 管的立焊部位

四、名词解释

1. 焊接电弧：

2. 焊接电弧静特性：

3. 电弧焊工艺参数：

4. 工件组对：

5. 定位焊：

五、简答题

1. 焊条电弧焊工艺特点有哪些？

2. 焊接电弧的组成及温度分布是怎么的？

3. 造成电弧偏吹的原因？应该如何解决和减小偏吹？

4. 定位焊的作用及要求是什么？

六、问答题

1. 焊条电弧焊工艺参数有哪些？应该如何选择？

2. 常用的运条方法有哪些？

3. 收弧的方法有哪些？是如何应用的？

七、思考题

1. 焊接电弧静特性曲线三个区域的应用有哪些？

2. 定位焊时板类和管类有哪些要求？

3. 单面焊双面成型焊接工艺步骤有哪些？

2.2.2 气焊、气割

知识要点

1. 了解气焊、气割用气体；
2. 掌握氧-乙炔火焰；
3. 了解气焊原理及应用；
4. 了解气割原理及应用；
5. 了解气焊、割设备工具；
6. 了解气焊材料；
7. 掌握气焊工艺参数；
8. 掌握气焊操作技术；
9. 掌握气割工艺参数；
10. 掌握气割操作要点；
11. 掌握气焊、气割操作中的安全事故及防护措施；
12. 熟知气瓶的安全技术；
13. 熟知减压器使用安全技术；
14. 熟知焊炬、割炬使用安全技术；
15. 熟知橡胶软管的使用安全技术；
16. 掌握气焊、气割的主要安全操作规程。

一、单项选择题

1. 氧气瓶工作压力为(　　)MPa。

A. 15　　B. 18　　C. 20　　D. 22

2. 定位焊时焊接电流应比正式焊接时(　　)。

A. 低 5%～10%　　B. 低 10%～15%
C. 高 10%～15%　　D. 高 15%～20%

3. 氧气在气焊气割中是一种(　　)气体。

A. 可燃　　B. 易燃　　C. 杂质　　D. 助燃

4. 氧气瓶涂成(　　)色。

A. 灰　　B. 白　　C. 蓝　　D. 黑

5. 氧气与乙炔的混合比值为 1～1.2 时，其火焰为(　　)。

A. 碳化焰　　B. 中性焰　　C. 氧化焰　　D. 混合焰

6. 沿火焰轴线距焰芯末端以外(　　)处的温度最高。

A. 1～2 mm　　B. 2～4 mm　　C. 4～5 mm　　D. 5～6 mm

7. 气焊焊丝与工件表面的夹角称为焊丝倾角，一般这个倾角为(　　)。

A. 10°～20°　　B. 20°～30°　　C. 30°～40°　　D. 40°～50°

8. 气割时切割速度过快则会造成(　　)。

A. 割缝边缘熔化　　B. 后拖量较小　　C. 后拖量较大　　D. 无影响

9. 气焊气割操作中氧气瓶距离乙炔瓶、明火和热源应大于(　　)。

A. 3 m　　B. 5 m　　C. 8 m　　D. 10 m

10. 氧气瓶和乙炔瓶内气体不能全部用尽应留有余压(　　)MPa。

A. 0.05～0.1　　B. 0.1～0.3　　C. 0.3～0.5　　D. 0.5～1

11. 使用乙炔气瓶时，瓶阀开启不要超过(　　)圈。

A. $\frac{1}{2}$　　B. $1\frac{1}{2}$　　C. 2　　D. $2\frac{1}{2}$

12. 瓶阀冻结时可用(　　)热水解冻，严禁火烤。

A. 100 ℃　　B. 80 ℃　　C. 40 ℃　　D. 20 ℃

二、判断题

(　　)1. 氧的化合能力随着压力的增大和温度的升高而增强。

(　　)2. 高压氧与油脂易燃物质接触就会发生剧烈的氧化反应而迅速燃烧，甚至爆炸。

(　　)3. 气焊、气割时，氧气的消耗量比乙炔大。

(　　)4. 乙炔是一种碳氢化合物，比空气重。

(　　)5. 减压器既起降压的作用又起稳压的作用。

(　　)6. 型号 H01-12 的焊炬中，“1”是表示射吸式。

(　　)7. 型号 G01-30 中“30”表示可以焊接的材料最大厚度为 30 mm。

(　　)8. 液化石油气割炬可以直接使用氧-乙炔用的射吸式割炬。

(　　)9. 气焊时，焊嘴孔径越大，火焰能率也就越大。

(　　)10. 焊丝在焊炬的前方，火焰指向焊件金属的待焊部分，这种操作方法叫左焊法。

(　　)11. 所谓左焊法是指焊丝和焊炬从左端向右端移动的操作方法。

(　　)12. 为保证工件能够切透，切割氧的压力越大越好。

(　　)13. 切割速度的正确与否，可以根据割缝的后拖量来判断。

(　　)14. 随着割件厚度的增加，选择的割嘴号码应增大，使用的氧气压力也要相应的增大。

(　　)15. 气割时割嘴向已割方向倾斜，火焰指向已割金属的前方叫割嘴的前倾。

(　　)16. 小于 6 mm 钢板切割时，应采用割嘴前倾的方法。

(　　)17. 钢管气割时，不论哪种管件的气割预热时，火焰均应垂直于钢管的表面。

(　　)18. 钢管在正常气割时，不论割嘴移到何种位置，割嘴均应垂直于钢管的表面。

(　　)19. 若焊炬和割炬无射吸能力则不能使用。

(　　)20. 由于氧气瓶内气体具有压力，因此气动工具可以用氧气作为气源。

(　　)21. 为了改善通风换气的效果，对局部焊接部位可以使用氧气进行通风换气。

(　　)22. 乙炔气瓶一般应在 40 ℃以下使用。

(　　)23. 液化石油气瓶灌装时,满瓶内都是液体。

(　　)24. 液化石油气瓶可不加装减压器,直接用胶管同气瓶阀连接。

(　　)25. 氧气瓶、乙炔瓶、液化石油气瓶的减压器可以互换使用。

(　　)26. 焊嘴和割嘴温度过高时,只能暂停使用而不能放入水中冷却。

(　　)27. 气焊停止时应先关乙炔瓶阀然后关氧气阀。

(　　)28. 氧气胶管和乙炔胶管为了拆卸方便只要能插上即可,不要连接。

三、多项选择题

1. 下列材料中,气焊时须采用中性焰的有(　　)。

A. 低碳钢　　B. 锰钢　　C. 低合金钢

D. 黄铜　　E. 紫铜　　F. 铸铁

2. 气焊时须采用氧化焰的材料有(　　)。

A. 低合金结构钢　　B. 紫铜　　C. 黄铜

D. 铸铁　　E. 高速钢　　F. 镀锌铁皮

3. 目前气焊主要应用在(　　)。

A. 有色金属及铸铁的焊接与修复

B. 难熔金属

C. 大直径管道的安装与制造

D. 自动化焊接

E. 小直径管道的安装与制造

F. 碳钢薄板的焊接

4. 氧乙炔气割主要用于(　　)等材料的切割。

A. 不锈钢　　B. 铸铁　　C. 铜

D. 铝　　E. 低碳钢　　F. 低合金结构钢

5. 气焊时必须使用气焊割剂的有(　　)等材料。

A. 铸铁　　B. 低碳钢　　C. 低合金结构钢

D. 铜　　E. 铝　　F. 不锈钢

6. 焊嘴与焊件间的夹角称焊嘴倾角,当焊嘴倾角小时则(　　)。

A. 火焰分散　　B. 火焰集中　　C. 热量损失小

D. 热量损失大　　E. 工件温升慢　　F. 工件升温快

7. 焊嘴与时件间的夹角称焊嘴倾角,当(　　)焊嘴倾角就要大些。

A. 焊接厚度较小　　B. 焊接厚度较大　　C. 熔点较低的材料

D. 熔点较高的材料　　E. 导热性好的工件时　　F. 导热性差的工件时

8. 气割时,切割氧压力过大会造成(　　)。

A. 浪费氧气　　B. 节省氧气　　C. 割缝表面光滑

D. 割缝表面粗糙　　E. 割缝减小　　F. 割缝增大

9. 随着工件厚度的增加,则气割时(　　)。

A. 切割氧压力加大　　B. 切割氧压力减小　　C. 切割速度减慢

D. 切割速度加快　　E. 预热火焰能率增加　　F. 预热火焰能率减小

10. 气割时预热火焰可以采用(　　)。

A. 轻微碳化焰　B. 碳化焰　C. 中性焰

D. 轻微氧化焰　E. 氧化焰

11. 气焊气割时可能产生爆炸事故的原因有(　　)。

A. 气瓶温度过高

B. 气瓶受到剧烈振动

C. 可燃气体与空气或氧气混合比例不当

D. 氧气与油脂类物质接触

四、名词解释

1. 减压器：

2. 焊炬：

五、简答题

1. 气焊、气割气体种类有哪些？

2. 气焊的基本原理是什么？

3. 气焊的特点及应用有哪些？

4. 气割的特点及应用有哪些？

5. 气焊、气割设备工具有哪些？

6. 减压器的作用是什么？

7. 焊炬、割炬型号的表达。

H01-6

H：

0：

1：

6：

G01-30

G：

0：

1：

30：

8. 气焊材料有哪些？各自的作用是什么？

9. 气焊工艺参数有哪些？

10. 气焊操作左焊法的特点是什么？

11. 气焊操作右焊法的特点是什么？

12. 气割工艺参数有哪些？

六、问答题

1. 氧乙炔火焰种类及特点有哪些？

2. 气焊溶剂的种类及用途有哪些？

3. 气焊工艺参数是如何选择的？

4. 平板气焊定位焊是如何操作的？

5. 气割工艺参数是如何选择的？

七、思考题

1. 如何区分各种气焊、气割中使用的气瓶？

2. 气焊时平焊的操作要点是什么？

3. 中、厚板气割是如何操作的？

4. 气焊、气割操作中的安全事故原因及防护措施是什么？

5. 气瓶使用应遵循哪些安全规定？

6. 焊割炬如何检查射吸能力？

7. 气焊、气割的主要安全操作规程有哪些？

2.2.3　碳弧气刨

知识要点

1. 了解碳弧气刨基本原理及应用；
2. 了解碳弧气刨设备；
3. 了解碳弧气刨工具及材料；
4. 掌握碳弧气刨工艺参数；
5. 掌握气刨操作；
6. 熟知低碳钢和低合金钢的碳弧气刨；
7. 掌握碳弧气刨安全操作规程。

一、单项选择题

1. (　　)不宜采用碳弧气刨。

A. 铸铁　　B. 低碳钢

C. 不锈钢　　D. 冷裂纹敏感的低合金钢厚板

2. 碳弧气刨的碳棒直径应根据(　　)来选择。

A. 金属材料类型和刨削宽度　　B. 金属厚度及刨削宽度

C. 金属结构及刨削深度　　D. 碳棒类型和刨削深度

3. 碳弧气刨压缩空气的压力是由(　　)决定的。

A. 刨削速度　　B. 刨削宽度

C. 刨削深度　　D. 刨削电流

4. 利用碳弧气刨对低碳钢开焊接坡口时应采用(　　)。

A. 直流反接　　B. 直流正接

C. 交流电源　　D. 直流正接或反接

5. 碳弧气刨时的碳棒倾角一般为(　　)。

A. 10°～25°　　B. 25°～60°　　C. 45°～60°　　D. 25°～45°

6. 碳弧气刨时，增大刨削速度，则(　　)。

A. 刨槽深度增大　　B. 刨槽深度减小

C. 刨槽宽度增大　　D. 刨槽尺寸增大

7. 碳弧气刨时，常用的压缩空气压力为(　　)MPa。

A. 0.2～0.4　　B. 0.4～0.6　　C. 0.6～0.8　　D. 0.8～1.0

8. 碳弧气刨的碳棒伸出长度为(　　)时较为合适。

A. 30～50 mm　　B. 50～80 mm　　C. 80～100 mm　　D. 100～120 mm

9. 碳弧气刨当碳棒烧损(　　)后就应调整伸出长度。

A. 10～20 mm　　B. 20～30 mm　　C. 30～40 mm　　D. 40～50 mm

10. 碳弧气刨时选择碳棒的直径应比所要求的刨槽宽度小约(　　)。

A. 2 mm　　B. 4 mm　　C. 5 mm　　D. 6 mm

二、判断题

(　　)1. 禁止在带压力或带电的容器、罐、管道、设备上进行焊接和切割作业。

(　　)2. 为防止水泥爆炸,不要直接在水泥地上进行切割。

(　　)3. 在狭窄和通风不良的地沟、坑道及密闭容器、舱室中进行气焊、气割作业时,焊炬、割炬应随人进出,严禁放在工作地点。

(　　)4. 在没有等离子切割条件下,不锈钢也可使用碳弧气刨进行切割。

(　　)5. 碳弧气刨可以在焊件上加工出 U 形坡口。

(　　)6. 碳弧气刨一般均采用交流电源。

(　　)7. 因为碳弧气刨使用的电流较大,所以应选用功率较大的直流弧焊电源。

(　　)8. 为了提高碳棒的电气性能,所以碳棒表面应镀铜。

(　　)9. 碳弧气刨使用的气体是氧气。

(　　)10. 气刨枪钳口端都钻有小孔,使压缩空气从小孔喷出并集中吹在碳棒电极的前方。

(　　)11. 碳弧气刨刨削电流增加时,刨宽和刨深都增加,其中尤以槽宽增加更为显著。

(　　)12. 为提高生产率,气刨速度越快越好。

(　　)13. 碳棒倾角增加时,刨槽深度也增加。

(　　)14. 碳弧气刨时,碳棒倾角对刨槽深度影响不大。

(　　)15. 碳弧气刨刨削时应先引燃电弧,然后立即打于气阀。

(　　)16. 气刨结束时应先断弧,再关闭压缩空气阀门。

(　　)17. 刨削过程中,为了增加宽度,碳棒应作横向摆动。

(　　)18. 刨削过程中,碳棒不应做前后往复移动,只能沿刨削方向做直线运动。

(　　)19. 由于碳棒气刨后的低碳钢表面有一层硬化层,为了不影响焊接,气刨后的低碳钢不能直接进行焊接。

(　　)20. 对某些强度等级高,对冷裂纹十分敏感的低合金钢厚板同样可以采用碳弧气刨。

(　　)21. 在容器或舱室内进行碳弧气刨时必须加强通风和排除烟尘的措施。

(　　)22. 在垂直位置进行碳弧气刨时应由下向上移动,便于熔渣流出。

三、多项选择题

1. 碳弧气刨可以应用于(　　)。

   A. 焊缝挑焊根

   B. 开坡口

   C. 返修时消除焊接缺陷

   D. 清理铸件表面的毛边、飞刺、浇冒口及铸件中缺陷

   E. 在板材工件上开孔

   F. 刨削焊缝表面的余高

2. 碳弧气刨时,碳棒的直径应根据(　　)来选择。

   A. 金属材料类型　　B. 金属厚度　　C. 刨削深度

   D. 碳棒类型　　E. 金属结构　　F. 刨削宽度

3. 碳弧气刨下列金属材料中需要采用直流反接的有(　　)。
   A. 碳钢　　B. 低合金钢　　C. 铸铁
   D. 不锈钢　　E. 铜及铜合金
4. 碳弧气刨时随着刨削速度的增大则(　　)。
   A. 刨槽深度减小　　B. 刨槽深度增大　　C. 刨槽宽度增大
   D. 刨槽宽度减小　　E. 刨槽尺寸增大　　F. 出现“粘贴”
5. 碳弧气刨当碳棒伸出长度越长时,则会造成(　　)。
   A. 压缩空气的吹力不足　　B. 操作不方便　　C. 碳棒烧损增加
   D. 碳棒烧损减小　　E. 刨槽深度增加　　F. 刨槽宽度增加

四、名词解释

碳弧气刨:

五、简答题

1. 碳弧气刨的基本原理是什么?

2. 碳弧气刨的特点是什么? 应用范围有哪些?

3. 碳弧气刨的工艺参数有哪些?

六、问答题

碳弧气刨的工艺参数怎么选择?

七、思考题

碳弧气刨的基本操作有哪些？

2.3　焊后检查

知识要点

1. 了解焊缝外观缺陷及检查方法；
2. 熟知咬边的产生及防止方法；
3. 熟知错边的产生及防止方法；
4. 熟知焊瘤的产生及防止方法；
5. 熟知焊缝不平直度产生及防止方法；
6. 熟知烧穿的产生及防止方法；
7. 熟知弧坑的产生及防止方法；
8. 掌握焊缝外观缺陷的返修。

2.3.1　外观检查

一、单项选择题

1. 防止咬边的方法不包括(　　)。
   A. 正确的运条方法和角度　　B. 选择合适的焊接电流
   C. 装配间隙不合适　　D. 电弧不能过长
2. 一般结构咬边深度不得超过(　　)。
   A. 0.3 mm　　B. 0.5 mm　　C. 0.8 mm　　D. 1 mm
3. 重要的焊接结构咬边是(　　)。
   A. 允许存在　　B. 允许深度小于 1 mm
   C. 允许深度超过 0.5 mm 的一定数值以下　　D. 不允许存在
4. 防止弧坑的措施不包括(　　)。
   A. 提高焊工操作技能　　B. 适当摆动焊条以填满凹陷部分
   C. 在收弧时作几次环形运条　　D. 适当加快熄弧

二、判断题

(　　)1. 外观检查是一种常用的、简单的检验方法，以肉眼观察为主。
(　　)2. 外观检查之前，要求将焊缝表面的熔渣清理干净。

(　　)3. 咬边作为一种缺陷的主要原因是在咬边处会引起应力集中。

(　　)4. 立焊时焊缝表面不容易产生焊瘤。

(　　)5. 由于对接的两个焊件没有对正,而使板或管的中心线存在平行偏差而形成的缺陷叫错边。

(　　)6. 弧坑仅是焊道末端产生的凹陷,所以是一种没有危害的缺陷。

三、多项选择题

1. 外观检查常用的检查方法有(　　)。

A. 肉眼观摩　　B. 低倍放大镜检查　　C. 焊口检测尺检查
D. 射线探伤检查　　E. 超声波探伤检查

2. 焊口检测尺通过用来测量(　　)。

A. 焊前坡口尺寸　　B. 坡口间隙　　C. 错边
D. 夹渣长度　　E. 裂纹长度　　F. 焊缝余高、宽度

3. 产生咬边的原因有(　　)。

A. 电流过小　　B. 电流过大　　C. 运条速度不当
D. 装配间隙不合适　　E. 焊条角度不当　　F. 电弧过短

4. 产生焊瘤的原因有(　　)。

A. 电流过大　　B. 电流过小　　C. 焊速太快
D. 焊速太慢　　E. 装配不当　　F. 熄弧过快

5. 弧坑中常含有(　　)等缺陷。

A. 裂纹　　B. 缩孔　　C. 焊瘤
D. 错边　　E. 烧穿　　F. 夹渣

四、名词解释

1. 烧穿:

2. 弧坑:

3. 焊瘤:

五、简答题

1. 焊缝外观缺陷种类有哪些?

2. 焊口检测尺可以检查哪些内容?

3. 焊瘤产生的原因是什么？防止措施有哪些？

4. 焊缝平直度产生原因是什么？防止措施有哪些？

5. 烧穿的产生原因是什么？防止措施有哪些？

6. 弧坑的产生原因是什么？防止措施有哪些？

7. 焊缝存在哪些问题时必须返修？

8. 焊缝返修是应遵循哪些规定？

六、问答题

咬边的危害是什么？产生的原因有哪些？防止的方法有哪些？

七、思考题

焊接中如何减少焊接缺陷的产生？

2.3.2　缺陷返修

一、判断题

(　　)1. 外观质量在很大程度上反映了焊工的操作技能水平。

(　　)2. 外观质量在很大程度上取决于焊接工艺参数是否合适，与焊工操作水平无关。

(　　)3. 焊缝返修时不一定需要考试合格的焊工担任。

(　　)4. 要求焊后热处理的工件应在热处理前返修。

(　　)5. 已经进行过热处理的焊件返修后不再要求进行热处理。

二、思考题

缺陷返修时应注意哪些问题？

理论知识模拟试卷一(初级工)

一、判断题(下列判断题中,正确的请打"√",错误的打"×"。每题1分,共30分。)

(　　)1. 焊工职业道德是指从事焊工职业的人员从思想到工作行为所必须遵守的道德规范和行为准则。

(　　)2. 劳动既是为个人谋生,也是为社会服务。

(　　)3. 信誉是企业在市场经济中赖以生存的重要依据。

(　　)4. 焊工在执行焊工工艺文件时,可以根据生产实际情况灵活运用。

(　　)5. 在设计过程中一般是先画出零件图,再根据零件图画出装配图。

(　　)6. 钢材的性能取决于钢材的化学成分,与钢材组织无关。

(　　)7. 金属材料在高温时抵抗氧化性气体腐蚀作用的能力称为耐腐蚀性。

(　　)8. 科学证明通过人体的电流超过0.005 A时,就会危及生命。

(　　)9. 原子是由带正电的质子和不带电的中子构成的。

(　　)10. 要使两部分金属材料达到永久连接的目的,须使金属接触表面达到分子间的结合。

(　　)11. 电流通过人体产生电击危险性最大的是从手到脚的电流途径。

(　　)12. 当空气中的相对湿度超过75%时即属于焊接的危险环境。

(　　)13. 弧光中的红外线可造成对人眼睛的伤害,引起电光性眼炎。

(　　)14. 碱性焊条的工艺性能差,对油、锈及水分很敏感,因此不能用于重要结构的焊接。

(　　)15. 焊缝的基本符号是表示焊缝横截面现状的符号。

(　　)16. 低氢型药皮的焊条只能选用直流弧焊电源。

(　　)17. 动铁式弧焊变压器当手柄顺时针旋转铁芯向里移动时电流减小。

(　　)18. 具有一定电压的电极与母材间在气体介质中产生的强烈而持久的放电现象称为焊接电弧。

(　　)19. 直流焊接时焊条接电源的负极的接法叫正接。

(　　)20. 焊接打底焊道时,为保证焊透,焊接电流要尽量大些。

(　　)21. 焊接时为了看清熔池,尽量采用长弧焊接。

(　　)22. 高压氧与油脂易燃物质接触就会发生剧烈的氧化反应而迅速燃烧,甚至爆炸。

(　　)23. 乙炔是一种碳氢化合物,比空气轻。

(　　)24. 焊丝在焊炬的前方,火焰指向焊件金属的待焊部分,这种操作方法叫作右焊法。

(　　)25. 钢管在正常气割时,不论割嘴移到何种位置,割嘴均应垂直于钢管的表面。

(　　)26. 氧气胶管和乙炔胶管为了拆卸方便只要能插上即可,不要连接过紧。

(　　)27. 碳弧气刨刨削电流增加时,刨宽和刨深都增加,其中尤以槽宽增加更为显著。

(　　)28. 碳弧气刨时，应先打开气阀，然后引燃电弧。

(　　)29. 刨削过程中，碳棒不应作横向摆动，只能沿刨削方向做直线运动。

(　　)30. 弧坑仅是焊道末端产生的凹陷，是一种没有危害的缺陷。

二、单项选择题(下列每题的选项中，只有 1 个是正确的，请将其代号填在括号内。每题 1 分，共 40 分。)

1. 仰视图确定了物体前、后、左、右四个不同部位，反映了物体的(　　)。
   A. 高度和长度　B. 宽度和长度　C. 高度和宽度
2. 低碳钢的室温组织为(　　)。
   A. 铁素体　B. 奥氏体＋铁素体
   C. 渗碳体＋铁素体　D. 珠光体＋铁素体
3. 专用优质碳素钢的焊接用钢牌号用(　　)表示。
   A. H　B. HP　C. R　D. g
4. 16Mn 钢中的“16”代表碳的质量分数的平均值为(　　)。
   A. 0.016%　B. 0.16%　C. 1.6%　D. 16%
5. 碳素结构钢 Q235AF 中，“Q”代表(　　)。
   A. 伸长率的字母　B. 抗拉强度的字母
   C. 屈服点的字母　D. 冲击韧度的字母
6. 电场内任意两点间的电位差称为(　　)。
   A. 电路　B. 电位　C. 电压　D. 电势
7. 锰的化学元素符号是(　　)。
   A. Mg　B. Mn　C. Mo　D. Zn
8. 钎焊时应将焊件和钎料加热到(　　)的温度。
   A. 等于钎料熔点但低于母材熔点　B. 高于钎料熔点但低于母材熔点
   C. 高于钎料熔点且等于母材熔点　D. 高于钎料熔点且高于母材熔点
9. 绝大部分触电死亡事故是由于(　　)造成的。
   A. 电击　B. 电伤　C. 电弧　D. 电磁场生理伤害
10. 对于潮湿而触电危险性又较大的环境，我国规定的安全电压为(　　)。
    A. 2.5 V　B. 12 V　C. 24 V　D. 36 V
11. 国家标准规定，工作企业噪声不应超过(　　)。
    A. 120 dB　B. 100 dB　C. 85 dB　D. 50 dB
12. 新的国家标准规定焊条型号中，“焊条”用字母(　　)表示。
    A. J　B. H　C. A　D. E
13. 牌号 J507 焊条对应的焊条型号为(　　)。
    A. E5003　B. E5015　C. E5016　D. E5048
14. 焊条烘干的目的主要是(　　)。
    A. 保证焊缝金属的抗拉强度　B. 去除药皮中的水分
    C. 降低药皮中的含氧量　D. 改善脱渣性能
15. 对于承受动载荷的接头不宜采用(　　)。
    A. 搭接接头　B. 角接接头　C. 对接接头　D. T 形接头

16. 焊接接头根部预留间隙的作用在于(　　)。

A. 防止烧穿　　B. 保证焊透　　C. 减少应力　　D. 提高效率

17. 焊缝符号标注原则是焊缝横截面上的尺寸标注在基本符号的(　　)。

A. 上侧　　B. 下侧　　C. 左侧　　D. 右侧

18. 表示弧焊整流器的代号为(　　)。

A. A　　B. B　　C. Z　　D. X

19. 根据电焊机有关标准规定,焊条电弧焊电源的工作周期为(　　)。

A. 3 min　　B. 5 min　　C. 10 min　　D. 30 min

20. 弧焊电源配套的电焊钳规格是按照电源的(　　)大小决定。

A. 实际焊接电流　　B. 最大焊接电流

C. 额定焊接电流　　D. 短路电流

21. 焊条电弧焊时,为防止空气的有害作用采用的是(　　)保护。

A. 气体　　B. 熔渣　　C. 气渣联合　　D. 不需要

22. 焊条电弧焊使用的电弧静特性是处于(　　)。

A. 下降段　　B. 水平段　　C. 上升段　　D. 任意段

23. E4315 焊条通常采用的是(　　)。

A. 直流反接　　B. 直流正接　　C. 交流　　D. 任意

24. 中厚板对接接头的打底焊最好采用直径不超过(　　)的焊条。

A. 2.5 mm　　B. 3.2 mm　　C. 4 mm　　D. 5 mm

25. 焊接过程中需要焊工调节的参数是(　　)。

A. 焊接电源　　B. 药皮类型　　C. 焊接位置　　D. 焊接电流

26. 定位焊时焊接电流应比正式焊接时(　　)。

A. 低 5%～10%　　B. 低 10%～15%

C. 高 10%～15%　　D. 高 15%～20%

27. 氧气在气焊气割中是一种(　　)气体。

A. 可燃　　B. 易燃　　C. 辅助　　D. 助燃

28. 氧气和乙炔的混合比值小于 1 时,其火焰为(　　)。

A. 碳化焰　　B. 中性焰　　C. 氧化焰　　D. 混合焰

29. 沿火焰轴线距焰芯末端以外(　　)处的温度最高。

A. 1～2 mm　　B. 2～4 mm　　C. 4～5 mm　　D. 5～6 mm

30. 当(　　)时,表明切割速度过快。

A. 割缝边缘熔化　　B. 后拖量较小

C. 后拖量较大　　D. 垂直度不好

31. 气焊气割操作中氧气瓶距离乙炔瓶和热源应大于(　　)。

A. 3 m　　B. 5 m　　C. 8 m　　D. 10 m

32. 氧气瓶中气体不能全部用尽,应留有余压(　　)MPa。

A. 0.05～0.1　　B. 0.1～0.3　　C. 0.3～0.5　　D. 0.5～1

33. 瓶阀冻结时可用(　　)热水解冻,严禁火烤。

A. 100 ℃　　B. 80 ℃　　C. 40 ℃　　D. 20 ℃

34. 碳弧气刨的碳棒直径应根据(　　)来选择。

A. 金属材料类型和刨削宽度　　B. 金属厚度和刨削宽度

C. 金属结构和刨削深度　　D. 碳棒类型和刨削深度

35. 利用碳弧气刨对低碳钢开焊接坡口时应采用(　　)。

A. 直流反接　　B. 直流正接

C. 交流电源　　D. 直流正接或反接

36. 碳弧气刨时的碳棒倾角一般为(　　)。

A. 10°～25°　　B. 25°～60°　　C. 45°～60°　　D. 25°～45°

37. 碳弧气刨时,减小刨削速度,则(　　)。

A. 刨槽深度增大　　B. 刨槽深度减小

C. 刨槽宽度增大　　D. 刨槽宽度减小

38. 碳弧气刨的碳棒伸出长度为(　　)时较为合适。

A. 30～50 mm　　B. 50～80 mm

C. 80～100 mm　　D. 100～120 mm

39. 重要的焊接结构中咬边是(　　)。

A. 允许存在

B. 允许深度小于 1 mm

C. 允许深度超过 0.5 mm 的一定数值以下

D. 不允许存在

40. 防止咬边的方法不包括(　　)。

A. 掌握正确的运条方法和运条角度　　B. 选择合适的焊接电流

C. 调整装配间隙　　D. 短弧焊接

三、多项选择题(下列每题的选项中,至少有 2 个是正确的,请将其代号填在括号内。每题 1 分,共 30 分。)

1. 焊工职业守则应包含(　　)等内容。

A. 遵守国家法律、法规与政策　　B. 爱岗敬业,忠于职守

C. 工作认真负责　　D. 谦虚谨慎,团结合作

E. 坚持文明生产

2. 金属材料的塑性指标主要有(　　)。

A. 屈服点　　B. 伸长率　　C. 硬度

D. 断面收缩率　　E. 冷弯角　　F. 冲击韧度

3. 碳钢中除含有铁、碳元素外,还有少量的(　　)等杂质。

A. 硅　　B. 锰　　C. 钼

D. 铌　　E. 硫　　F. 磷

4. 在部分电路欧姆定律中,电路中电流的大小与(　　)。

A. 电压成正比　　B. 电压成反比　　C. 电压无关

D. 电阻值成正比　　E. 电阻值成反比　　F. 电阻值无关

5. 元素符号 Nb 的含义有(　　)。

A. 表示铌元素　　B. 表示钠元素　　C. 表示一个铌原子

D. 表示一个钠原子　　E. 表示一个铌离子　　F. 表示一个钠离子

6. 焊接时的焊件可以是(　　)。

A. 同类金属　　B. 不同类金属

C. 非金属　　D. 一种金属与一种非金属

7. 在熔焊过程中,可能产生的对人体有害气体,主要有(　　)。

A. 臭氧　　B. 一氧化碳　　C. 二氧化碳

D. 氮氧化物　　E. 氟化氢

8. 焊工穿工作服要注意(　　)。

A. 工作服不应有口袋　　B. 工作服应系在工作裤里边

C. 工作服不应系在工作裤里边　　D. 工作服要把袖子和衣领扣好

E. 工作服要有一定长度　　F. 工作服要短些

9. 焊条电弧焊常用的焊接夹具有(　　)。

A. 夹紧工具　　B. 压紧夹具　　C. 拉紧工具

D. 回转夹具　　E. 焊接变位机　　F. 撑具

10. 酸性焊条的特点是(　　)。

A. 电弧稳定性较好　　B. 脱渣性好　　C. 对铁锈、油较敏感

D. 抗裂性能好　　E. 抗裂性能不好　　F. 容易掌握施焊技术

11. 碳钢焊条型号中表示焊条用于全位置焊接的代号是(　　)。

A. 5　　B. 4　　C. 3

D. 2　　E. 1　　F. 0

12. 根据"焊缝符号表示方法"规定,焊缝符号包括(　　)等。

A. 焊接顺序符号　　B. 基本符号　　C. 辅助符号

D. 补充符号　　E. 焊缝尺寸符号　　F. 焊接方法代号

13. 对焊条电弧焊电源的要求有(　　)。

A. 适当的空载电压　　B. 陡降的外特性　　C. 合适的静特性

D. 良好的动特性　　E. 良好的调节特性　　F. 合适的负载持续率

14. 焊条电弧焊的优点有(　　)。

A. 工艺灵活,适应性强　　B. 易通过工艺调整控制焊接变形

C. 对焊工技术要求不高　　D. 设备简单,操作方便

E. 劳动条件好　　F. 生产率高

15. 在(　　)焊接方法中,阳极温度大于阴极温度。

A. 焊条电弧焊　　B. 埋弧焊　　C. CO_2气体保护焊

D. 钨极氩弧焊　　E. 熔化极氩弧焊

16. 电弧产生磁偏吹与(　　)无关。

A. 采用交流电源　　B. 采用直流电源　　C. 接地线位置

D. 焊条偏心度过大　　E. 气流的干扰　　F. 铁磁物质存在

17. 焊条直径大小的选择主要取决于(　　)。

A. 药皮类型　　B. 材料的厚度　　C. 焊接位置

D. 电源种类　　E. 焊道层次　　F. 接头形式

18. 定位焊时可以在(　　)进行定位焊。

A. 焊缝交叉处　B. 板的始焊端　C. 板的终焊端

D. 管道的时钟 6 点处　E. 管的上爬坡处　F. 管的立焊部位

19. 目前气焊主要应用在(　　)。

A. 有色金属及铸铁的焊接与修复

B. 难熔金属的焊接

C. 大直径管道的安装与制造

D. 自动化焊接

E. 小直径管道的安装与制造

F. 碳钢薄板的焊接

20. 气焊时须采用中性焰的材料有(　　)。

A. 低碳钢　B. 锰钢　C. 低合金钢

D. 黄铜　E. 紫铜　F. 铸铁

21. 氧-乙炔气割不能用于(　　)等材料的切割。

A. 不锈钢　B. 铸铁　C. 铜

D. 铝　E. 低碳钢　F. 低合金结构钢

22. 焊嘴与焊件间的夹角称为焊嘴倾角,当焊嘴倾角大时则(　　)。

A. 火焰分散　B. 火焰集中　C. 热量损失小

D. 热量损失大　E. 工件升温慢　F. 工件升温快

23. 气割时,切割氧压力过大会造成(　　)。

A. 节省氧气　B. 浪费氧气　C. 割缝表面光滑

D. 割缝表面粗糙　E. 割缝加大　F. 割缝减小

24. 气割时预热火焰不应采用(　　)。

A. 轻微碳化焰　B. 碳化焰　C. 中性焰

D. 轻微氧化焰　E. 氧化焰

25. 碳弧气刨可以应用于(　　)。

A. 焊缝挑焊根　B. 开坡口　C. 返修时消除焊接缺陷

D. 清理铸件表面的毛刺、飞边、浇冒口及铸件中缺陷

E. 在板件工件上开孔

F. 刨削焊缝表面的余高

26. 碳弧气刨下列金属材料中需要采用直流正接的有(　　)。

A. 碳钢　B. 低合金钢　C. 铸铁

D. 不锈钢　E. 铜及铜合金

27. 碳弧气刨时随着刨削速度的减小则(　　)。

A. 刨槽深度减小　B. 刨槽深度增大　C. 刨槽宽度增大

D. 刨槽宽度减小　E. 刨槽尺寸减小　F. 形成“夹碳”

28. 碳弧气刨当碳棒伸出长度过长时,则会造成(　　)。

A. 压缩空气的吹力不足　B. 操作不方便　C. 碳棒烧损增加

D. 碳棒烧损减小　E. 刨槽深度增加　F. 刨槽宽度增加

29. 外观检查常用的检查方法有(　　)。

A. 肉眼观察　　B. 低倍放大镜检查　　C. 射线探伤检查

D. 超声波探伤检查　　E. 焊口检测尺检查

30. 产生焊瘤的原因有(　　)。

A. 电流过小　　B. 电流过大　　C. 焊速太快

D. 焊速太慢　　E. 装配不当　　F. 熄弧过快

理论知识模拟试卷二（初级工）

一、判断题（下列判断题中，正确的请打"√"，错误的打"×"。每题 1 分，共 30 分。）

(　　)1. 职业道德是社会道德要求在职业行为和职业关系中的具体体现。

(　　)2. 劳动是为社会服务，而不是为个人谋业。

(　　)3. 忠于职守就是要把自己职业范围内的工作做好，合乎质量标准和规范要求。

(　　)4. 严格执行焊工工艺文件是焊工职业守则之一。

(　　)5. 装配图是表达机器或部件的工作原理、结构形状和装配关系的图样。

(　　)6. 碳的质量分数大于 2.11%的铁碳合金称为钢。

(　　)7. 金属材料随温度的变化而膨胀收缩的特性称为导热性。

(　　)8. 用电流表测量电路中的电流值，需要将电流表并联在被测电路中。

(　　)9. 钙的化学元素符号是用 Cr 来表示的。

(　　)10. 压焊过程中，除对焊件施加一定压力外，还必须对焊件进行加热才能完成焊接。

(　　)11. 紫外线对眼睛的伤害与电弧至眼睛的距离的平方成反比。

(　　)12. 电击是指电流的热效应、化学效应和机械效应对人体的伤害。

(　　)13. 用酸性焊条焊接时，药皮中的萤石在高温下会产生氟化氢有毒气体。

(　　)14. 拉紧工具是扩大或撑紧装配件用的一种工具。

(　　)15. 焊条电弧焊的焊接方法代号是"111"。

(　　)16. 焊机空载时，由于输出端没有电流，所以不消耗电能。

(　　)17. 弧焊变压器类及弧焊整流器类电源都是以额定焊接电流表示其基本规格。

(　　)18. 电弧静特性是指在弧长一定时，电弧稳定燃烧情况下焊接电流与电弧电压的关系。

(　　)19. 焊接电流是焊条电弧焊中最重要的工艺参数。

(　　)20. 直流焊接时焊条接电源的正极的接法叫作正接。

(　　)21. 定位焊虽然只是为了装配和固定接头位置，但是要求与正式焊接时一样。

(　　)22. 型号 G01-100 中，"100"表示可以焊接的材料最大厚度为 100 mm。

(　　)23. 气割时割嘴向已割方向倾斜，火焰指向已割金属的前方叫作割嘴的后倾。

(　　)24. 钢管气割时，不论哪种管件的气割预热，火焰均应垂直于钢管的表面。

(　　)25. 焊嘴和割嘴温度过高时，只能暂停使用而不能放入冷水中冷却。

(　　)26. 为了防止水泥爆炸，不要直接在水泥地上进行气割。

(　　)27. 碳棒倾角增加时，刨槽深度将减小。

(　　)28. 由于碳弧气刨后的低碳钢表面有一层硬化层，为不影响焊接质量，气刨后的低碳钢能直接进行焊接。

(　　)29. 在垂直位置上进行碳弧气刨时应由上向下移动，便于熔渣流出。

(　　)30. 已经进行过热处理的焊件返修后可不再进行热处理。

二、单项选择题(下列每题的选项中,只有 1 个是正确的,请将其代号填在括号内。每题 1 分,共 40 分。)

1. 左视图确定了物体前、后、上、下四个不同部位,反映了物体的(　　)。

A. 高度和长度　　B. 宽度和长度　　C. 高度和宽度

2. 下列(　　)不是铁-碳合金的基本组织。

A. 铁素体　　B. 渗碳体　　C. 布氏体　　D. 奥氏体

3. 某些钢经过(　　)的连续热处理工艺称为“调质”处理。

A. 淬火+低温回火　　B. 淬火+中温回火

C. 淬火+高温回火　　D. 淬火+退火

4. 材料在拉断前所承受的最大应力称为(　　)。

A. 屈服点　　B. 抗拉强度　　C. 伸长率　　D. 断面收缩率

5. 常用的 16Mn 钢是牌号为(　　)的低合金高强度钢。

A. Q235　　B. Q295　　C. Q345　　D. Q390

6. 在保护接地时,用于接地导线的电阻值一般要小于(　　)。

A. 4 Ω　　B. 5 Ω　　C. 6 Ω　　D. 8 Ω

7. 铬的化学元素符号是(　　)。

A. Cd　　B. Ca　　C. Co　　D. Cr

8. 利用气体导电时产生的电弧热作为热源的熔焊方法叫作(　　)。

A. 电渣焊　　B. 电子束焊　　C. 激光焊　　D. 电弧焊

9. 对于比较干燥而触电危险性较大的环境,我国规定的安全电压为(　　)。

A. 2.5 V　　B. 12 V　　C. 24 V　　D. 36 V

10. 感知电流是指能使人感觉到的最小电流,对于工频交流为(　　)。

A. 0.1 mA　　B. 0.5 mA　　C. 1 mA　　D. 5 mA

11. 焊割场地周围(　　)范围内,各类可燃易爆物品应清理干净。

A. 15 m　　B. 10 m　　C. 5 m　　D. 3 m

12. 焊条的直径是以(　　)来表示的。

A. 焊芯直径　　B. 焊条外径

C. 药皮厚度　　D. 焊芯直径和药皮厚度之和

13. 国家标准规定直径为 3.2 mm 和 4 mm 焊条,偏心度不应大于(　　)。

A. 2%　　B. 4%　　C. 5%　　D. 7%

14. 碱性焊条的烘干温度通常为(　　)。

A. 75～150 ℃　　B. 250～350 ℃

C. 350～400 ℃　　D. 450～500 ℃

15. 受力状况好,应力集中较小的接头是(　　)。

A. 搭接接头　　B. 对接接头　　C. 角接接头　　D. T 形接头

16. 在坡口中留钝边的作用在于(　　)。

A. 防止烧穿　　B. 保证焊透　　C. 减少应力　　D. 提高效率

17. 焊缝符号标注原则是焊缝长度方向的尺寸标注在基本符号的(　　)。

A. 上侧　　B. 下侧　　C. 左侧　　D. 右侧

18. 表示弧焊电源为下降外特性的代号为(　　)。
A. P　B. X　C. D　D. G
19. 电焊机技术标准规定,焊条电弧焊电源的额定负载持续率为(　　)。
A. 80%　B. 60%　C. 40%　D. 20%
20. 电焊钳的钳口材料要求有高的导电性和一定的力学性能,故一般用(　　)制造。
A. 铝合金　B. 青铜　C. 黄铜　D. 紫铜
21. 钨极氩弧焊使用的电弧静特性是处于(　　)。
A. 下降段　B. 水平段　C. 上升段　D. 任意段
22. 电弧长度减小时,电弧电压(　　)。
A. 降低　B. 升高　C. 不变　D. 无规律变化
23. E5515 焊条通常采用的是(　　)。
A. 交流　B. 直流正接　C. 直流反接　D. 任意
24. 完整的电弧静特性曲线呈(　　)。
A. 水平形　B. 上升形　C. 下降形　D. U 形
25. 中厚板对接接头的打底焊最好采用直径不超过(　　)的焊条。
A. 2.5 mm　B. 3.2 mm　C. 4 mm　D. 5 mm
26. 中厚板焊接采用多层焊和多层多道焊有利于提高焊接接头的(　　)。
A. 耐腐蚀性　B. 导电性　C. 强度和硬度　D. 塑性和韧性
27. 乙炔在气焊气割中是一种(　　)气体。
A. 可燃　B. 辅助　C. 杂质　D. 助燃
28. 氧气瓶外涂成(　　)色。
A. 灰　B. 白　C. 蓝　D. 黑
29. 氧气和乙炔的混合比大于 1.2 时,其火焰为(　　)。
A. 碳化焰　B. 中性焰　C. 氧化焰　D. 混合焰
30. 气焊气割操作中氧气瓶距离明火和热源应大于(　　)。
A. 3 m　B. 5 m　C. 8 m　D. 10 m
31. 乙炔瓶内气体不能全部用尽,应留有余压(　　)MPa。
A. 0.05　B. 0.1　C. 0.3　D. 0.5
32. 使用乙炔气瓶时,瓶阀开启不要超过(　　)圈。
A. $\frac{1}{2}$　B. 1　C. $1\frac{1}{2}$　D. $2\frac{1}{2}$
33. 瓶阀冻结时可用(　　)热水解冻,严禁火烤。
A. 100 ℃　B. 80 ℃　C. 40 ℃　D. 20 ℃
34. (　　)不宜采用碳弧气刨。
A. 铸铁　B. 低碳钢
C. 不锈钢　D. 冷裂纹敏感的低合金钢厚板
35. 碳弧气刨压缩空气的压力是由(　　)决定的。
A. 刨削速度　B. 刨削宽度　C. 刨削深度　D. 刨削电流
36. 碳弧气刨时,常用的压缩空气压力为(　　)MPa。

A. 0.2～0.4　　B. 0.4～0.6　　C. 0.6～0.8　　D. 0.8～1.0

37. 碳弧气刨时，当碳棒烧损(　　)后就应调整伸出长度。

A. 10～20 mm　　B. 20～30 mm　　C. 30～40 mm　　D. 40～50 mm

38. 碳弧气刨时选择碳棒的直径应比所要求的刨槽宽度小约(　　)。

A. 2 mm　　B. 4 mm　　C. 5 mm　　D. 6 mm

39. 一般焊接结构咬边深度不得超过(　　)。

A. 0.3 mm　　B. 0.5 mm　　C. 0.8 mm　　D. 1 mm

40. 防止弧坑的措施不包括(　　)。

A. 提高焊工操作技能　　B. 适当摆动焊条以填满凹陷部分

C. 在收弧时作几次环形运条　　D. 适当加快熄弧

三、多项选择题(下列每题的选项中，至少有 2 个是正确的，请将其代号填在括号内。每题 1 分，共 30 分。)

1. (　　)均为焊工职业守则。

A. 遵守国家法律　　B. 爱岗敬业，忠于职守　　C. 吃苦耐劳

D. 刻苦钻研业务　　E. 坚持文明生产

2. 金属材料常用的力学性能指标主要有(　　)。

A. 塑性　　B. 硬度　　C. 强度

D. 密度　　E. 热膨胀性　　F. 冲击韧度

3. 下列牌号的钢，(　　)均属于低合金高强度钢。

A. Q235　　B. Q345　　C. Q390

D. Q255　　E. Q275　　F. Q295

4. 通过退火可以(　　)。

A. 提高钢的硬度　　B. 降低钢的硬度　　C. 提高塑性

D. 降低塑性　　E. 细化晶粒　　F. 消除残余应力

5. 元素符号 Cu 的含义有(　　)。

A. 表示钙元素　　B. 表示铜元素　　C. 表示一个钙原子

D. 表示一个铜原子　　E. 表示一个钙离子　　F. 表示一个铜离子

6. 焊接与铆接相比，它具有(　　)等优点。

A. 节省金属材料　　B. 减轻结构重量

C. 接头密封性好　　D. 不易实现机械化和自动化

E. 制造周期较长　　F. 提高生产率

7. 在焊接过程中，产生的物理有害因素包括(　　)。

A. 焊接弧光　　B. 焊接烟尘　　C. 有害气体

D. 高频电磁波　　E. 热辐射　　F. 噪声

8. 在熔焊过程中，可能产生的对人体有害气体主要有(　　)。

A. 臭氧　　B. 二氧化碳　　C. 一氧化碳

D. 氮氧化物　　E. 氟化氢

9. 为(　　)所采用的夹具叫作焊接夹具。

A. 保证焊接尺寸　　B. 提高焊接效率　　C. 提高装配效率

D. 防止焊接变形　E. 防止焊接应力　F. 防止产生缺陷

10. 碱性焊条的特点是(　　)。

A. 抗裂性能不好　B. 抗裂性能好　C. 脱 S、P 能力强

D. 脱 S、P 能力差　E. 工艺性能差　F. 工艺性能好

11. “E5024”焊条适用的焊接位置为(　　)焊。

A. 平　B. 立　C. 仰

D. 横　E. 平角　F. 立向下

12. 指引线是由(　　)组成的。

A. 箭头线　B. 一条基准线　C. 三条基准线

D. 两条实线　E. 两条虚线　F. 两条基准线

13. BX3 型弧焊电源焊接电流的调节可通过改变(　　)来实现。

A. 一次线圈匝数　B. 二次线圈匝数　C. 一次、二次线圈匝数

D. 一次、二次线圈的距离　E. 活动铁芯的位置

14. 下列(　　)不是焊条电弧焊的优点。

A. 工艺灵活，适应性强　B. 对焊工技术要求高

C. 易通过工艺调整控制焊接变形　D. 劳动条件好

E. 设备简单、操作方便　F. 生产率高

15. 在(　　)焊接方法中，阴极温度大于阳极温度。

A. 焊条电弧焊　B. 埋弧焊　C. CO_2气体保护焊

D. 熔化极氩弧焊　E. 钨极氩弧焊

16. 克服磁偏吹的方法不包括(　　)。

A. 改变地线位置　B. 调整焊条角度　C. 减小焊条偏心

D. 增加焊接电流　E. 减小焊接电流　F. 减小气流干扰

17. 焊条直径大小的选择与(　　)有关。

A. 材料的厚度　B. 药皮类型　C. 电源种类

D. 焊接位置　E. 焊道层次　F. 接头形式

18. 定位焊时不应该在(　　)进行定位焊。

A. 板的始焊端　B. 板的终焊端　C. 焊缝交叉处

D. 管的上爬坡处　E. 管的立焊部位　F. 管道的时钟 6 点处

19. 目前气焊不应用在(　　)。

A. 有色金属及铸铁的焊接与修复

B. 难熔金属的焊接

C. 大直径管道的安装与制造

D. 自动化焊接

E. 小直径管道的安装与制造

F. 碳钢薄板的焊接

20. 气焊时须采用氧化焰的材料有(　　)。

A. 低合金结构钢　B. 紫铜　C. 黄铜

D. 铸铁　E. 高速钢　F. 镀锌铁皮

21. 氧-乙炔气割主要用于(　　)等材料的切割。

A. 不锈钢　B. 铸铁　C. 铜

D. 铝　E. 低碳钢　F. 低合金结构钢

22. 焊嘴与焊件间的夹角称焊嘴倾角,当(　　)时,焊嘴倾角就要小些。

A. 焊件厚度较小　B. 焊件厚度较大　C. 材料的熔点较低

D. 材料的熔点较高　E. 材料导热性较好　F. 材料导热性差

23. 随着工件厚度的减小,则气割时(　　)。

A. 切割氧压力加大　B. 切割氧压力减小　C. 切割速度减慢

D. 切割速度加快　E. 预热火焰能率增加　F. 预热火焰能率减小

24. 气焊气割时可能产生爆炸事故的原因有(　　)。

A. 气瓶温度过高

B. 气瓶受到剧烈振动

C. 可燃气体与空气或氧气混合比例不当

D. 氧气与油脂类物质接触

25. 碳弧气刨时,碳棒的直径应根据(　　)来选择。

A. 金属材料厚度　B. 金属材料类型　C. 刨削深度

D. 碳棒类型　E. 刨削宽度　F. 金属结构

26. 碳弧气刨下列金属材料中须采用直流反接的有(　　)。

A. 碳钢　B. 低合金钢　C. 铸铁

D. 不锈钢　E. 铜及铜合金

27. 碳弧气刨时随着刨削速度的增大则(　　)。

A. 刨槽深度增大　B. 刨槽深度减小　C. 刨槽宽度增大

D. 刨槽宽度减小　E. 刨槽尺寸增大　F. 出现“粘渣”

28. 碳弧气刨当碳棒伸出长度过长时,则会造成(　　)。

A. 压缩空气的吹力不足　B. 操作不方便　C. 碳棒烧损增加

D. 碳棒烧损减小　E. 刨槽深度增加　F. 刨槽宽度增加

29. 产生咬边的原因不包括(　　)。

A. 电流过小　B. 电流过大　C. 运条速度不当

D. 装配间隙不合适　E. 焊条角度不当　F. 电弧过短

30. 弧坑中通常不会有(　　)等缺陷。

A. 裂纹　B. 缩孔　C. 焊瘤

D. 错边　E. 烧穿　F. 夹渣

第3章　中级焊工技能

3.1　焊前准备

知识要点

安全检查(同初级工)。

3.1.1　焊接材料

知识要点

1. 了解焊条药皮的组成及作用；
2. 熟知常用药皮类型及特点；
3. 了解焊接冶金反应；
4. 掌握低合金钢焊条的型号、牌号及选用；
5. 掌握不锈钢焊条的型号、牌号及选用；
6. 了解焊剂的分类；
7. 掌握焊剂的型号及牌号；
8. 掌握焊剂的使用；
9. 熟知保护气体的性质及要求；
10. 熟知焊丝的牌号；
11. 熟知钨极的种类及使用。

一、单项选择题

1. (　　)是一种理想的不熔化极氩弧焊的电极材料，也是我国目前建议尽量采用的钨极。
   A. 纯钨极　　B. 铪钨极　　C. 钍钨极　　D. 铈钨极
2. 下列选项中，(　　)不是焊条药皮的组成物。
   A. 稳弧剂　　B. 造气剂　　C. 造渣剂　　D. 脱氮剂
3. 氩弧焊要求氩气纯度应达到(　　)。
   A. 95%　　B. 99%　　C. 99.9%　　D. 99.99%
4. 氩气瓶工作压力为(　　)MPa。
   A. 15　　B. 18　　C. 20　　D. 22

5. CO_2气瓶瓶体表面漆成（　　）色，并漆有“液态二氧化碳”黑色字样。
A. 银灰　B. 棕　C. 白　D. 铝白
6. 钨极的一端常涂有颜色，以便识别，钍钨极为（　　）色。
A. 绿　B. 蓝　C. 灰　D. 红
7. 瓶体漆成（　　）色并标有深绿色“氩”字。
A. 白　B. 铝白　C. 淡黄　D. 银灰
8. 下列选项中，（　　）不是焊条药皮的组成物。
A. 脱氧剂　B. 合金剂　C. 固化剂　D. 造渣剂
9. 脱氧剂的作用是对熔渣和（　　）脱氧。
A. 黏结剂　B. 稳弧剂　C. 电弧气氛　D. 焊缝
10. CO_2焊用的CO_2气体纯度，一般要求不低于（　　）。
A. 98.0%　B. 98.5%　C. 99.0%　D. 99.5%
11. E4303、E5003 属于（　　）药皮类型的焊条。
A. 钛钙型　B. 钛铁矿型　C. 低氢钠型　D. 低氢钾型
12. E4315、E5015 属于（　　）药皮类型的焊条。
A. 钛钙型　B. 钛铁矿型　C. 低氢钠型　D. 低氢钾型
13. E4316、E5016 属于（　　）药皮类型的焊条。
A. 钛钙型　B. 钛铁矿型　C. 低氢钠型　D. 低氢钾型
14. E4316、E5016 焊条焊接时焊接电源为（　　）。
A. 交流或直流正接、反接　B. 直流正接
C. 交流或直流反接　D. 交流或直流正接
15. 硫会使焊缝形成（　　），所以必须脱硫。
A. 冷裂纹　B. 热裂纹　C. 气孔　D. 夹渣
16. 低合金钢焊条型号 E5515-G 中“G”表示（　　）。
A. 熔敷金属抗拉强度最小值　B. 熔敷金属化学成分分类
C. 焊接位置　D. 药皮类型及电流种类
17. 为了保证低合金钢焊缝与母材有相同的耐热、腐蚀等性能，应选用（　　）相同的焊条。
A. 抗拉强度　B. 屈服点　C. 成分　D. 塑性
18. 选用不锈钢焊条时，主要应遵守与母材（　　）的原则。
A. 等强度　B. 等冲击韧度　C. 等成分　D. 等塑性
19. 常用来焊接 1Cr18Ni9Ti 不锈钢的 A137 不锈钢焊条，根据 GB/T 983—1995 的规定，新型号为（　　）。
A. E308-15　B. E309-15　C. E347-15　D. E410-15
20. 不锈钢焊条型号中数字后的字母“L”表示（　　）。
A. 碳含量较低　B. 碳含量较高　C. 硅含量较高　D. 硫、磷含量较低
21. （　　）种焊剂是目前国内生产中应用最多的一种焊剂。
A. 黏结焊剂　B. 烧结焊剂　C. 熔炼焊剂
22. 常用的牌号为 HJ431 埋弧焊焊剂是（　　）型的焊剂。

A. 低锰低硅低氟　　B. 中锰低硅低氟
C. 中锰中硅中氟　　D. 高锰高硅低氟

23. 在焊剂的型号中第一个字母为(　　)表示焊剂。
A. “E”　　B. “F”　　C. “SJ”　　D. “HJ”

24. 在焊剂的牌号中第一个字母为(　　)表示熔炼焊剂。
A. “E”　　B. “F”　　C. “SJ”　　D. “HJ”

25. 在焊剂的牌号中第一个字母为(　　)表示烧结焊剂。
A. “E”　　B. “F”　　C. “SJ”　　D. “HJ”

26. (　　)气体作为焊接的保护气时，电弧一旦引燃燃烧就很稳定，适合手工焊接。
A. 氩气　　B. CO_2　　C. CO_2＋氧　　D. 氩气＋CO_2

27. 按我国现行规定，氩气的纯度应达到(　　)才能满足焊接的要求。
A. 98.5%　　B. 99.5%　　C. 99.95%　　D. 99.99%

28. 氩气瓶的外表涂成(　　)。
A. 白色　　B. 银灰色　　C. 天蓝色　　D. 铝白色

29. CO_2气瓶的外表涂成(　　)。
A. 白色　　B. 银灰色　　C. 天蓝色　　D. 铝白色

30. 焊接用的 CO_2气体一般纯度要求不低于(　　)。
A. 98.5%　　B. 99.5%　　C. 99.95%　　D. 99.99%

31. 为了防止焊缝产生气孔，要求 CO_2气瓶内的压力不低于(　　)MPa。
A. 0.098　　B. 0.98　　C. 4.8　　D. 9.8

32. 常用的牌号为 H08Mn2SiA 焊丝中的“08”表示(　　)。
A. 含碳量为 0.08%　　B. 含碳量为 0.8%
C. 含碳量为 8%　　D. 含锰量为 0.08%

33. 常用的牌号为 H08Mn2SiA 焊丝中的“Mn2”表示(　　)。
A. 含锰量为 0.02%　　B. 含锰量为 0.2%
C. 含锰量为 2%　　D. 含锰量为 20%

34. (　　)钨极具有微量的放射性。
A. 纯钨极　　B. 钍钨极　　C. 铈钨极　　D. 锆钨极

35. 目前(　　)是一种理想的电极材料，是我国建议尽量采用的钨极。
A. 纯钨极　　B. 钍钨极　　C. 铈钨极　　D. 锆钨极

36. 钨极氩弧焊时(　　)电极端面形状的效果最好，是目前经常采用的。
A. 锥形平端　　B. 平状　　C. 圆球状　　D. 锥形尖端

二、判断题

(　　)1. 钨极氩弧焊的钨极端部形状采用锥形尖端效果最好，电弧稳定，焊缝成形良好。

(　　)2. 管件对接的焊缝长度一般为 25～30 mm，厚度一般为 4～5 mm。

(　　)3. CO_2气瓶瓶体表面漆成银灰色，并标有“液态二氧化碳"黑色字样。

(　　)4. 黏结剂不是焊条药皮的组成物。

(　　)5. CO_2焊用的CO_2气体纯度，一般要求不低于99.99%。

(　　)6. 钍钨极是一种理想的钨极氩弧焊的电极材料，它没有放射性。

(　　)7. 钨极氩弧焊的钨极端部形状采用锥形尖端效果最好，烧损少，焊缝成形良好。

(　　)8. 钨极有纯钨极、钍钨极、铈钨极、锆钨极和镧钨极五种。目前常用的是后三种。

(　　)9. 脱氧剂的主要作用是对熔渣和焊缝脱氧。

(　　)10. 低氢钠型和低氢钾型药皮焊条的熔敷金属都具有良好的抗裂性能和力学性能。

(　　)11. 在焊接化学冶金中，常用的脱硫剂是锰及熔渣中的碱性氧化物。

(　　)12. 低合金钢焊条型号中，在化学成分分类代号后加“L”时，表示含锰低。

(　　)13. E5515焊条中的“55”表示熔敷金属抗拉强度最小值为55 MPa。

(　　)14. 选用低合金钢焊条，首先要遵守等强度原则，有的也要考虑化学成分等因素。

(　　)15. 不锈钢焊条型号中，字母“E”后面的数字表示熔敷金属化学成分分类代号。

(　　)16. 埋弧焊时依靠任何一种焊剂都能向焊缝大量添加合金元素。

(　　)17. 焊剂回收后，只要随时添加新焊剂并充分拌匀就可重新使用。

(　　)18. 氩气比空气轻使用时易漂浮散失，因此焊接时必须加大氩气流量。

(　　)19. CO_2气体中水分的含量与气压有关，气体压力越低，气体中水分的含量越低。

(　　)20. 焊接用CO_2气体和氩气一样，瓶里装的都是气态。

(　　)21. 常用的牌号为H08Mn2SiA焊丝中的“H”表示焊接。

(　　)22. 常用牌号为H08Mn2SiA焊丝中的“A”表示硫、磷含量≤0.03%。

(　　)23. 为了使用方便，钨极的一端常涂有颜色以便识别，铈钨极为灰色。

三、多项选择题

1. 焊条药皮是由(　　)组成物组成的。

A. 稳弧剂　　B. 造渣剂　　C. 造气剂

D. 脱氧剂　　E. 合金剂　　F. 黏结剂

2. 国家标准(GB/T 5117—1995)中规定，常用的焊条药皮类型有(　　)等。

A. 钛铁矿型　　B. 钛钙型　　C. 高纤维钾型

D. 低氢型　　E. 低氢钾型　　F. 铁粉钛型

3. 根据国家标准(GB/T 5118—1995)的规定，低合金钢焊条是按(　　)来划分型号的。

A. 熔敷金属的力学性能　　B. 熔敷金属的组织　　C. 药皮类型

D. 焊接位置　　E. 电流种类　　F. 焊条直径

4. 低合金钢焊条型号E5515-B3-VWB中，“VWB”表示熔敷金属中含有(　　)元素。

A. 铁　　B. 碳　　C. 钒

D. 锰　　E. 钨　　F. 硼

5. 根据国家标准(GB/T 983—1995)的规定，不锈钢焊条是按(　　)来划分型号的。

A. 熔敷金属力学性能　　B. 熔敷金属的化学成分　　C. 药皮类型

D. 焊接位置　　E. 电流种类　　F. 焊条直径

6. 不锈钢焊条型号中，数字后的字母“R”表示(　　)。

A. 碳含量较低　　B. 碳含量较高　　C. 硅含量较低

D. 硫含量较低　　E. 磷含量较低　　F. 锰含量较高

7. 优质碳素结构钢埋弧焊时如采用 HJ431 牌号的焊剂，可配合使用（　　）牌号的焊丝。

A. H08A　　B. H08MnA　　C. H08Mn2SiA

D. H08Mn2MoA　　E. H10MnSiA　　F. H1Cr24Ni10

8. 氩气是一种（　　）的气体。

A. 惰性气体　　B. 氧化性气体　　C. 不与金属起化学反应

D. 不溶解于金属中　　E. 使金属容易氧化　　F. 可溶解于金属中

9. 焊丝为优质或高级优质品，焊丝牌号尾部标有（　　）字母。

A. "F"　　B. "E"　　C. "D"

D. "C"　　E. "B"　　F. "A"

10. 焊丝牌号尾部标有"A""C""E"字母时，表明（　　）的含量更低。

A. 铁　　B. 碳　　C. 硅

D. 锰　　E. 硫　　F. 磷

11. 钨极氩弧焊时，通常要求钨极具有（　　）等特性。

A. 电流容量大　　B. 脱氧　　C. 施焊损耗小

D. 引弧性好　　E. 稳弧性好　　F. 向焊缝渗入合金元素

四、简答题

1. 请标明焊条型号E 55 15 - B_3- VWB 各字母及数字的含义。

E：

55：

B_3：

VWB：

2. 请标明不锈钢焊条E 308L- 15 各字母及数字的含义。

E：

308：

L：

15：

3. 请标明焊剂型号F4A2 - H08A 各字母及数字的含义。

F：

4：

A：

2：

H08A：

4. 请标明焊剂牌号HJ431 各字母及数字的含义。

HJ：

4：

3：

1：

5. 请标明焊丝牌号H08Mn2 - Si - A各字母及数字的含义。

H：

08：

Mn2：

Si：

A：

五、问答题

1. 简要说明焊条药皮的种类及作用。

2. 请介绍常用焊条药皮的种类。

3.1.2 工件准备

知识要点 ……………………………………………………………………

1. 掌握板、管道和管板的组对及定位焊；
2. 熟知焊前预热的作用和目的；
3. 了解预热温度及预热方法。

一、单项选择题

1. 水平固定管对接组装时，按规范和焊工技艺确定组对间隙，而且一般应(　　)。

A. 上大下小　　B. 上小下大　　C. 上下一样　　D. 左大右小

2. 采用碱性焊条，焊前应在坡口及两侧各(　　)mm 范围内，将锈、水、油污等清理干净。

A. 15～20　　B. 25～30　　C. 35～40　　D. 45～60

3. 管件对接的定位焊缝长度一般为 10～15 mm，厚度一般为（　　）mm。

A. 1　　B. 2～3　　C. 4　　D. 5

4. 板件对接组装时，应按规范和焊工技艺确定组对间隙，且要求（　　）。

A. 终焊端比始焊端间隙略大　　B. 终焊端比始焊端间隙略小

C. 终焊端与始焊端间隙一样　　D. 终焊端间隙为零

5. 板件对接组装时，应按（　　）和焊工技艺确定组对间隙，且要求终焊端比始焊端间隙略大。

A. 规范　　B. 位置　　C. 方向　　D. 材料

6. ϕ 159 mm 以上大径管对接件定位焊，一般在坡口内点固（　　）处。

A. 1　　B. 2　　C. 3　　D. 4

7. 直流正接钨极氩弧焊小电流焊接时的钨极端部形状采用（　　）效果最好。

A. 平状　　B. 圆球状　　C. 锥形平端　　D. 锥形尖端

8. 平板对接定位焊时，要求定位焊缝长度为（　　）mm。

A. 10～15　　B. 15～20　　C. 20～25　　D. 25～30

二、判断题

（　　）1. 管件对接的定位焊缝长度一般为 25～30 mm，厚度一般为 4～5 mm。

（　　）2. 板对接时，焊前应在坡口及两侧 20 mm 范围内，将油污、铁锈、氧化物等清理干净。

（　　）3. 定位焊所使用的焊条可和正式焊接的焊条不一致工艺条件也可降低。

（　　）4. 对接板组装时，应确定组对间隙，且终焊端比始焊端间隙略小。

（　　）5. 对接板组装时，应预留一定的反变形。

（　　）6. 管板定位焊焊缝两端尽可能焊出斜坡或修磨出斜坡，以方便接头。

（　　）7. 焊接铬镍奥氏体不锈钢时，为了提高耐腐蚀性焊前应进行预热。

（　　）8. 常用的 16Mn 钢板材，厚度大于 30 mm 时，预热温度为 100～150 ℃。

三、多项选择题

1. 管道或管板定位焊焊缝是正式焊缝的一部分，因此不得有（　　）缺陷。

A. 裂纹　　B. 夹渣　　C. 冷缩孔

D. 焊缝尺寸略宽　　E. 未焊透　　F. 焊缝余高略小

2. 焊前预热的主要目的是（　　）。

A. 减少焊接应力　　B. 提高焊缝强度　　C. 有利于氢的逸出

D. 降低淬硬倾向　　E. 提高耐腐蚀性　　F. 防止冷裂纹

四、简答题

预热方法的种类有哪些？

五、问答题

预热的目的和作用是什么？

3.1.3 设备准备

知识要点

1. 了解埋弧焊机的分类及组成；
2. 熟知埋弧焊机的自动调节原理及型号；
3. 掌握埋弧焊机的操作；
4. 熟知钨极氩弧焊机的组成及型号；
5. 熟知二氧化碳焊机的组成及型号。

一、单项选择题

1.（　　）是一种自动埋弧焊常用的引弧方法。

A. 高频高压引弧法　　B. 高压脉冲引弧法

C. 不接触引弧法　　D. 尖焊丝引弧法

2. 钨极氩弧焊电源外特性应该是（　　）外特性。

A. 上升　　B. 微升　　C. 水平　　D. 陡降

3. 手工钨极氩弧焊设备中没有（　　）。

A. 控制系统　　B. 行走机构　　C. 气路系统　　D. 水路系统

4. 氩弧焊机供气系统没有（　　）。

A. 减压器　　B. 气体流量计　　C. 干燥器　　D. 电磁气阀

5. 埋弧焊电源有直流电源和（　　）电源两大类。

A. 逆变式　　B. 晶体管式　　C. 晶闸管整流　　D. 交流

6. 钨极氩弧焊焊枪的作用是夹持钨极、传导电流、（　　）保护焊接区电弧正常燃烧。

A. 背面通气　　B. 采用拖盒　　C. 输送焊剂　　D. 输送氩气

7. 手工钨极氩弧焊设备中没有（　　）。

A. 气路系统　　B. 预热器　　C. 水路系统　　D. 焊枪

8. 氩弧焊机供气系统没有（　　）。

A. 减压器　　B. 气体流量计　　C. 电磁气阀　　D. 滤清器

9. 钨极氩弧焊电源的外特性为（　　）的。

A. 陡降　　B. 水平　　C. 缓降　　D. 上升

10. WS-250 型焊机是(　　)焊机。
A. 交流钨极氩弧焊　　B. 直流钨极氩弧焊
C. 交直流钨极氩弧焊　　D. 熔化极氩弧焊

11. WSJ-300 型焊机是(　　)焊机。
A. 交流钨极氩弧焊　　B. 直流钨极氩弧焊
C. 交直流钨极氩弧焊　　D. 熔化极氩弧焊

12. CO_2气体保护焊的送丝机中适用于 ϕ 0.8 mm 细丝的是(　　)。
A. 推丝式　　B. 拉丝式
C. 推拉丝式　　D. 拉推丝式

13. 埋弧自动焊的负载持续率通常为(　　)。
A. 50%　　B. 60%　　C. 80%　　D. 100%

二、判断题

(　　)1. 尖焊丝引弧法是埋弧自动焊一种常用的引弧方法。

(　　)2. 氩弧焊机供气系统由氩气瓶、减压器、气体流量计、电磁气阀、气管组成。

(　　)3. 高频振荡器引弧和接触短路引弧是钨极氩弧焊一般采用的两种引弧方法。

(　　)4. 埋弧焊机的调试内容包括电源、控制系统、小车三个组成部分的性能与参数测试和焊接试验。

(　　)5. 焊前预热的方法主要有火焰加热法、工频感应加热法和远红外线加热法等。

(　　)6. 埋弧焊机按焊丝的数目分类可分为单丝和多丝埋弧自动焊机。

(　　)7. 埋弧焊机一般由弧焊电源、控制系统、焊机接头三大部分组成。

(　　)8. 埋弧焊必须使用直流电源。

(　　)9. 埋弧焊必须采用陡降外特性曲线的电源。

(　　)10. 埋弧自动焊调整弧长有电弧自身调节和电弧电压均匀调节两种方法。

(　　)11. 埋弧焊中,送丝速度保持不变,依靠调节焊丝的熔化速度,保持弧长不变的方法称为电弧电压的均匀调节。

(　　)12. 常用的 MZ-1 000 型埋弧焊机送丝方式为等速送丝式。

(　　)13. 埋弧焊的引弧方法有尖焊丝引弧法和焊丝回抽引弧法。

(　　)14. 埋弧焊引弧板和收弧板的大小,必须满足焊剂的堆放和使引弧点与收弧点的弧坑落在正常焊缝之外。

(　　)15. 埋弧焊进行厚度不同板材的对接焊时,焊丝中心线应偏向厚板一定距离。

(　　)16. 钨极氩弧焊比较好的引弧方法有高频振荡器引弧和高压脉冲引弧。

(　　)17. 钨极氩弧焊时,高频振荡器的作用为引弧和稳弧,因此在焊接过程中始终工作。

(　　)18. CO_2焊接电源有直流和交流电源。

(　　)19. CO_2气体保护焊的送丝机有推丝式、拉丝式、推拉丝式三种形式。

(　　)20. 预热器的作用是防止 CO_2从液态变为气态时,由于放热反应使瓶阀及减压器冻结。

(　　)21. NBC-350 型焊机是 CO_2气体保护焊机。

三、多项选择题

1. 手工钨极氩弧焊的基本组成包括(　　)等。

A. 焊接电源　　B. 控制系统　　C. 引弧装置
D. 稳弧装置　　E. 焊枪　　F. 气路系统

2. 钨极氩弧焊当焊接电流较大时,必须用水冷却(　　)。

A. 焊接电源　　B. 控制系统　　C. 引弧装置
D. 稳弧装置　　E. 焊枪　　F. 钨极

3. 半自动 CO_2 气体保护焊机主要由(　　)组成。

A. 焊接电源　　B. 控制系统　　C. 送丝系统
D. 引弧和稳弧装置　　E. 焊枪　　F. 气路系统

4. CO_2 气体保护焊的供气系统由(　　)组成。

A. 气瓶　　B. 预热器　　C. 干燥器
D. 减压阀　　E. 流量计　　F. 电磁气阀

四、简述题

二氧化碳气体保护焊供气系统由哪几部分组成?

3.2　焊接

3.2.1　焊条电弧焊

知识要点

1. 掌握钢板对接立焊单面焊双面成型;
2. 掌握钢板对接横焊单面焊双面成型;
3. 掌握垂直固定管单面焊双面成型;
4. 掌握钢板对接仰焊;
5. 掌握水平固定焊接;
6. 掌握管板焊接。

一、单项选择题

1. 低碳钢 Q235 钢板对接时,焊条应该选(　　)。

A. E7015　　B. E6015　　C. E5515　　D. E4303

2. 厚度 12 mm 钢板对接,焊条电弧焊立焊,单面焊双面成形时,预置反变形量一般为(　　)。

A. 0°～1°　　B. 3°～4°　　C. 5°～6°　　D. 7°～8°

3. 用焊条 E5015 焊接 16Mn 钢板对接时,焊机应选用(　　)。

A. BX1-400　　B. BX3-400　　C. BX3-300　　D. ZX7-400

4. 焊条电弧焊 Y 形坡口的坡口角度一般为(　　)。

A. 30°　　B. 60°　　C. 80°　　D. 90°

5. 焊条电弧焊立焊操作时,发现椭圆形熔池下部边缘由比较平直轮廓变成鼓肚变圆时,表示熔池温度已稍高或过高,应立即灭弧,降低熔池温度,以避免产生(　　)。

A. 裂纹　　B. 烧穿　　C. 咬边　　D. 焊瘤

6. 垂直固定管定位焊时,采用与焊接工件相应型号焊条进行定位焊,焊点长度为 10～15 mm,厚度为(　　)mm,必须焊透且无缺陷。

A. 7～8　　B. 6～7　　C. 5～6　　D. 3～4

7. 管板对接时,焊前应将管孔边缘及管坡口(　　)mm 范围内,将锈、水、油污等清理干净。

A. 5～10　　B. 10～15　　C. 15～20　　D. 25～30

8. 焊条电弧焊立焊操作时,弧长应小于焊条直径,电弧过长易产生(　　)。

A. 烧穿　　B. 裂纹　　C. 气孔　　D. 未熔合

9. 焊接速度增加时,焊缝厚度和宽度都(　　)。

A. 下降　　B. 增大　　C. 不变　　D. 先下降后增大

二、判断题

(　　)1. 焊条电弧焊立焊操作时,发现椭圆形熔池下部边缘由比较平直轮廓变成鼓肚变圆时,表示熔池温度已稍高或过高,应立即灭弧,降低熔池温度,以避免产生咬边。

(　　)2. 焊条电弧焊 Y 形坡口的坡口角度一般为 30°。

(　　)3. 用焊条 E5015 焊接 16Mn 钢板对接时,焊机应选用 BX1-400 或 BX3-300。

(　　)4. 焊条电弧焊钢板厚度为 12 mm 对接横焊时,预置反变形量为 8°。

(　　)5. 焊条电弧焊钢板对接横焊盖面焊时,一般采用连弧多道焊。

(　　)6. 管件对接的定位焊缝长度一般为 25～30 mm,厚度一般为 4～5 mm。

三、问答题

1. 请写出焊条电弧焊钢板对接立焊的打底、填充、盖面时操作要领或注意事项。

2. 请写出焊条电弧焊钢板对接横焊的打底、填充、盖面时操作要领或注意事项。

3. 请写出焊条电弧焊钢板对接仰焊的打底、填充、盖面时操作要领或注意事项。

3.2.2 埋弧焊

知识要点 ……………………………………………………………………

1. 熟知埋弧焊工艺特点及应用范围；
2. 掌握埋弧焊工艺参数；
3. 了解埋弧焊坡口基本形式和尺寸；
4. 掌握埋弧焊中厚板平板对接双面焊技术；
5. 掌握埋弧焊安全操作规程。

一、单项选择题

1. (　　)不是埋弧自动焊最主要的工艺参数。
   A. 焊接电流　　B. 电弧电压　　C. 焊丝熔化速度　　D. 焊接速度
2. (　　)不是埋弧自动焊最主要的工艺参数。
   A. 焊丝倾斜　　B. 焊接电流　　C. 电弧电压　　D. 焊接速度
3. 过低的焊接速度会产生(　　)等缺陷。
   A. 未焊透　　B. 咬边　　C. 气孔　　D. 烧穿
4. 埋弧焊的坡口形式与焊条电弧焊基本相同，但由于埋弧焊的特点应采用(　　)。
   A. 较大的间隙　　B. 较大的钝边
   C. 较小的钝边　　D. 钝边的坡口角度
5. 埋弧自动焊对于厚度(　　)mm以下的板材可以不开坡口(采用I形坡口)，只需采用双面焊接，背面不用清根，也能达到全焊透的要求。
   A. 30　　B. 24　　C. 18　　D. 12

6. 板材对接要求全焊透，采用 I 形坡口双面埋弧自动焊工艺，在进行后焊的正面焊道焊接时，若熔池背面为(　　)色，表示熔深符合要求。

A. 看不见颜色　　B. 暗红　　C. 淡黄　　D. 白亮

7. 与焊条电弧焊相比，(　　)不是自动埋弧焊的优点。

A. 生产率高　　B. 对气孔敏感小

C. 节约焊接材料和电能　　D. 焊工劳动条件好

8. 与焊条电弧焊相比，(　　)不是埋弧自动焊的优点。

A. 生产率高　　B. 可焊不规则的焊缝

C. 节约焊接材料和电能　　D. 焊工劳动条件好

9. 与焊条电弧焊相比，(　　)不是自动埋弧焊的缺点。

A. 不适合焊接薄板　　B. 对气孔敏感性较大

C. 辅助准备工作量大　　D. 焊工劳动强度大

10. 焊接速度过高时会产生(　　)等缺陷。

A. 焊瘤　　B. 热裂纹　　C. 气孔　　D. 烧穿

11. 埋弧自动焊时焊剂堆积高度一般在(　　)范围比较合适。

A. 2.3～3.5 cm　　B. 6.5～7.5 cm

C. 2.5～3.5 mm　　D. 4.5～5.5 mm

12. 板材对接要求全焊透，采用 I 形坡口埋弧自动焊双面焊，要求后焊的正面焊道的熔深(焊道厚度)达到板厚的(　　)。

A. 30%～40%　　B. 40%～50%　　C. 50%～60%　　D. 60%～70%

13. 埋弧自动焊应注意选用容量恰当的(　　)，以满足通常为 100%的满负载持续率的工作需求。

A. 焊接电缆　　B. 一次电源线　　C. 焊接小车　　D. 弧焊电源

14. 埋弧自动焊负载持续率通常为(　　)。

A. 60%　　B. 75%　　C. 85%　　D. 100%

15. 过低的焊接速度会产生(　　)等缺陷。

A. 未焊透　　B. 咬边　　C. 气孔　　D. 烧穿

16. 埋弧自动焊进行上坡焊时焊缝厚度和(　　)增加，焊缝宽度减小。

A. 背面余高　　B. 金属熔敷量　　C. 余高　　D. 坡口角度

17. (　　)不是埋弧自动焊最主要的工艺参数。

A. 焊接电流　　B. 电弧电压　　C. 焊接速度　　D. 焊丝伸出长度

18. 埋弧自动焊焊丝直径主要影响(　　)。

A. 单道焊缝厚度　　B. 单道焊缝宽度

C. 单道焊缝余高　　D. 熔合比

19. 埋弧自动焊焊丝伸出长度加大时，使焊缝(　　)。

A. 熔深增大　　B. 余高增大

C. 宽度增大　　D. 焊缝成形系数增大

20. 焊接速度增加时，焊缝厚度和宽度都(　　)。

A. 下降　　B. 增大　　C. 不变　　D. 先下降后增大

21. 埋弧自动焊进行上坡焊时焊缝(　　)和余高增加,焊缝宽度减小。

A. 厚度　　B. 金属熔敷量　　C. 成形系数　　D. 熔合比

22. 埋弧自动焊进行下坡焊时焊缝(　　)和余高减小,焊缝宽度增加。

A. 变形　　B. 残余应力　　C. 厚度　　D. 硬度

23. 埋弧焊过程中,焊接电弧稳定燃烧时,焊丝的送进速度(　　)焊丝的熔化速度。

A. 等于　　B. 大于　　C. 小于

24. 埋弧自动焊中,使(　　)随着弧长的波动而变化,保持弧长不变的方法称为电弧电压均匀调节。

A. 焊接速度　　B. 焊丝熔化速度　　C. 焊丝送进速度　　D. 弧长调节速度

25. 埋弧焊收弧的顺序应当是(　　)。

A. 先停焊接小车,然后切断电源,同时停止送丝

B. 先停止送丝,然后切断电源,再停止焊接小车

C. 先切断电源,然后停止送丝,再停止焊接小车

D. 先停止送丝,然后停止焊接小车,同时切断电源

26. (　　)是影响焊缝宽度的主要因素。

A. 焊接电流　　B. 电弧电压　　C. 焊接速度　　D. 焊丝直径

二、判断题

(　　)1. 埋弧焊时,焊工看不见电弧,容易产生焊偏。

(　　)2. 埋弧自动焊焊剂颗粒度增加,熔宽增大焊缝厚度减小。

(　　)3. 埋弧自动焊当焊接速度增加时,焊缝厚度和宽度都大为增加。

(　　)4. 板材对接要求全焊透,采用I形接口双面埋弧自动焊工艺,在进行后焊的正面焊道焊接时,若熔池背面为暗红色,表示熔深符合要求。

(　　)5. 埋弧自动焊时焊剂堆积高度一般在2.5～3.5 cm范围比较合适。

(　　)6. 埋弧焊的坡口形式与焊条电弧焊基本相同,但由于埋弧焊的特点,应采用较大的坡口角度。

(　　)7. 焊剂粒度的选择主要依据焊接工艺参数,一般大电流焊接时,应选用粗粒度颗粒;小电流焊接时,选用细粒度颗粒。

(　　)8. 埋弧自动焊只适用于平焊和平角焊。

(　　)9. 埋弧自动焊与焊条电弧焊相比,对气孔敏感性较小。

(　　)10. 熔焊时,焊缝成形系数是在单道焊缝横截面上焊缝计算厚度与焊缝宽度的比值。

(　　)11. 焊缝成形系数小的焊道焊缝宽而浅。不易产生气孔、夹渣和热裂纹。

(　　)12. 电弧电压是决定焊缝厚度的主要因素。

(　　)13. 焊接电流是影响焊缝宽度的主要因素。

(　　)14. 开坡口通常是控制余高和调整焊缝熔合比最好的方法。

(　　)15. 埋弧焊坡口形式与焊条电弧焊基本相同,但应采用较厚的钝边。

(　　)16. 埋弧焊停止焊接后操作工离开岗位时应切断电源开关。

(　　)17. 当埋弧焊机发生电气部分故障时,应立即切断电源并及时通知电工修理。

三、多项选择题

1. 埋弧自动焊与焊条电弧焊相比其优点有(　　)。
A. 生产效率高　B. 焊接接头质量好　C. 对气孔敏感性小
D. 节约焊接材料和电能　E. 降低劳动强度,劳动条件好

2. 埋弧焊可焊接下列(　　)等金属材料。
A. 低碳钢　B. 低合金钢　C. 调质钢
D. 奥氏体不锈钢　E. 铝　F. 钛

3. 埋弧自动焊最主要的工艺参数是(　　)。
A. 焊接电流　B. 电弧电压　C. 焊接速度
D. 焊剂粒度　E. 焊剂层厚度

4. 埋弧焊时应注意选用容量恰当的(　　)。
A. 弧焊电源　B. 电源开关　C. 熔断器
D. 送丝电动机　E. 小车行走马达

四、问答题

请写出埋弧焊时操作要领或注意事项。

3.2.3　钨极氩弧焊

知识要点

1. 熟知手工钨极氩弧焊工艺特点;
2. 掌握手工钨极氩弧焊工艺参数;
3. 掌握平板对接平焊;
4. 掌握管道钨极氩弧焊打底和焊条电弧焊填充盖面;
5. 掌握钨极氩弧焊安全规程。

一、单项选择题

1. 与其他电弧焊相比,(　　)不是手工钨极氩弧焊的优点。
A. 保护效果好,焊缝质量高　B. 易控制熔池尺寸
C. 可焊接的材料范围广　D. 生产率高

2. 易燃物品距离钨极氩弧焊场所不得小于(　　)m。
A. 5　B. 13　C. 15　D. 20

3. (　　)不是手工钨极氩弧焊的工艺参数。
A. 喷嘴直径　B. 气体流量　C. 钨极直径　D. 焊机型号

4. 钨极氩弧焊电弧电压增大时，会使单道焊缝（　　）。
A. 宽度减小，焊缝厚度增加　　B. 宽度减小，余高增加
C. 宽度增加，余高也增加　　D. 宽度增加，熔深减小
5. 钨极氩弧焊焊镁及镁合金时应采用（　　）。
A. 交流电源　　B. 整流电源　　C. 直流正接　　D. 直流反接
6. 要焊钛及钛合金应选用（　　）。
A. 气焊　　B. 焊条电弧焊
C. 埋弧自动焊　　D. 钨极氩弧焊
7.（　　）不是钨极氩弧焊选用钨极直径的主要依据。
A. 焊件厚度　　B. 焊接电流大小
C. 电源种类与极性　　D. 焊工操作技术
8.（　　）不是手工钨极氩弧主要的工艺参数。
A. 焊接电流　　B. 电弧电压
C. 焊丝直径　　D. 气体流量
9. 钨极氩弧焊的钨极直径主要根据（　　），焊接电流大小，电源种类与极性来选择。
A. 焊件厚度　　B. 被焊金属材料种类
C. 坡口角度的大小　　D. 坡口间隙的大小
10. 钨极氩弧焊时，氩气流量根据（　　）来选择。
A. 工件厚度　　B. 钨极直径
C. 喷嘴直径　　D. 焊接位置
11. 钨极氩弧焊焊角焊缝时钨极伸出长度为（　　）mm 较好。
A. 3～5　　B. 5～6　　C. 7～8　　D. 8～10
12. 与其他电弧焊比，（　　）不是手工钨极氩弧焊的优点。
A. 对焊工操作技术要求较低　　B. 保护效果好，焊缝质量高
C. 焊接变形和应力小　　D. 易控制熔池尺寸
13. 钨极氩弧焊焊不锈钢时电源种类和极性应采用（　　）。
A. 交流方波电源　　B. 交流电源
C. 直流正接　　D. 直流反接
14.（　　）不是钨极氩弧焊选择钨极直径的主要依据。
A. 焊件厚度　　B. 焊接电流大小
C. 电源种类与极性　　D. 焊工操作技术
15. 通常焊接对接焊缝时，钨极伸出长度为（　　）mm 较好。
A. 3～6　　B. 6～7　　C. 7～8　　D. 8～10
16. 钨极氩弧焊焊接不锈钢时应采用是（　　）。
A. 直流正接　　B. 直流反接　　C. 交流电源
17. 钨极氩弧焊焊接铝及铝合金时应采用是（　　）。
A. 直流正接　　B. 直流反接　　C. 交流电源
18. 钨极氩弧焊时，氩气流量（L/min）一般为喷嘴直径（mm）的（　　）倍。
A. 0.5～0.8　　B. 0.8～1.2　　C. 1.2～1.5　　D. 1.5～2.0

19. 钨极氩弧焊时，易燃物品距离焊接场所不得小于(　　)m。

A. 5　　B. 8　　C. 10　　D. 15

20. 钨极氩弧焊时，易爆物品距离焊接场所不得小于(　　)m。

A. 5　　B. 8　　C. 10　　D. 15

21. 钨极直径太小、焊接电流太大时，容易产生(　　)焊接缺陷。

A. 冷裂纹　　B. 未焊透　　C. 热裂纹　　D. 夹钨

二、判断题

(　　)1. 管件对接的定位焊缝长度一般为 25～30 mm，厚度一般为 4～5 mm。

(　　)2. 一些化学性质活泼的金属，用其他电弧焊焊接非常困难，而用氩弧焊则可以容易地得到高质量的焊缝。

(　　)3. 钨极氩弧焊的氩气流量太大，不仅浪费氩气，还可能使保护气流形成紊流，将空气卷入保护区，反而降低保护效果。

(　　)4. 管件对接的定位焊缝长度一般为 10～15 mm，厚度一般为 2～3 mm。

(　　)5. 铝、镁及其合金的钨极氩弧焊应采用直流反接。

(　　)6. 钨极氩弧焊的喷嘴直径可根据氩气流量来选择，氩气流量增大，则喷嘴直径也应增大。

(　　)7. 氩弧焊要求氩气纯度应达到 99.9%。

(　　)8. 焊机型号和钨极牌号不是手工钨极氩弧焊的工艺参数。

(　　)9. 钨极氩弧焊的钨极直径主要根据焊件厚度，焊接位置和焊工操作技术来选择。

(　　)10. 低碳钢、低合金钢、不锈钢、铜、钛及其合金的钨极氩弧焊应采用直流正接。

(　　)11. 氩弧焊要求氩气纯度应达到 95%。

(　　)12. 氩气不与金属起化学反应在高温时不溶于液态金属中。

(　　)13. 几乎所有的金属材料都可以用采用氩弧焊。

(　　)14. 钨极氩弧焊时，焊接电流根据焊丝直径来选择。

(　　)15. 通过焊接电流和电弧电压的配合，可以控制焊缝形状。

(　　)16. 钨极氩弧焊时，氩气流量越大保护效果越好。

(　　)17. 钨极氩弧焊时应尽量减少高频振荡器工作时间，引燃电弧后立即切断高频电源。

三、多项选择题

1. 氩弧焊与其他电弧焊相比具有的优点有(　　)。

A. 保护效果好，焊缝质量高　　B. 焊接变形小　　C. 焊接应力大

D. 热影响区大　　E. 易控制熔池尺寸　　F. 焊接应力小

2. 手工钨极氩弧焊的工艺参数有(　　)。

A. 钨极直径　　B. 焊接电流　　C. 电弧电压

D. 焊接速度　　E. 氩气流量　　F. 焊条直径

3. 钨极氩弧焊时，直流正接适用于焊接(　　)。

A. 低碳钢　　B. 低合金钢　　C. 不锈钢

D. 钛及钛合金　　E. 铜及铜合金　　F. 铝及铝合金

4. 钨极氩弧焊时,交流电源适用于焊接(　　)。

A. 低碳钢　　B. 不锈钢　　C. 钛及钛合金

D. 铜及铜合金　　E. 铝及铝合金　　F. 镁及镁合金

5. 钨极氩弧焊时,焊接电流主要根据(　　)选择。

A. 工件厚度　　B. 焊丝直径　　C. 氩气流量

D. 焊接空间位置　　E. 电源极性　　F. 电极材料

6. 钨极氩弧焊时,钨极直径主要根据(　　)来选择。

A. 焊件厚度　　B. 焊接电流大小　　C. 电源极性

D. 焊丝直径　　E. 电弧电压

7. 钨极氩弧焊时,氩气流量应根据(　　)选择。

A. 工件厚度　　B. 焊丝直径　　C. 钨极直径

D. 焊接位置　　E. 焊接速度　　F. 喷嘴直径

四、问答题

请写出钨极氩弧小径管垂直固定焊打底、盖面时操作要领或注意事项。

3.2.4 二氧化碳气体保护焊

知识要点

1. 熟知 CO_2 气体保护焊工艺特点;
2. 了解 CO_2 焊的熔滴过渡;
3. 熟知 CO_2 焊的气孔和飞溅;
4. 掌握 CO_2 气体保护焊工艺参数;
5. 掌握 CO_2 气体保护焊基本操作技术;
6. 掌握 CO_2 焊薄板对接单面焊双面成型操作技术;
7. 掌握 CO_2 焊 T 型接头操作技术;
8. 掌握 CO_2 焊中厚板单面焊双面成型操作技术;
9. 掌握 CO_2 气体保护焊安全操作规程。

一、单项选择题

1. CO_2 气体保护焊有许多优点,但(　　)不是 CO_2 焊的优点。

A. 生产率高,成本低

B. 焊缝含氢量少，抗裂性能和力学性能好

C. 焊接变形和应力小

D. 设备简单，容易维护修理

2. CO_2气体保护焊有一些不足之处，但(　　)不是CO_2焊的缺点。

A. 飞溅较大，焊缝表面成型较差

B. 设备比较复杂，维修工作量大

C. 焊缝抗裂性能较差

D. 氧化性强，不能焊易氧化的有色金属

3. (　　)是一种CO_2焊可能产生的气孔。

A. 氧气孔　B. NO 气孔　C. CO_2气孔　D. CO 气孔

4. (　　)不是CO_2焊氮气孔的产生原因。

A. 喷嘴被飞溅物堵塞　B. 喷嘴与工件距离过大

C. CO_2气体流量过小　D. 焊丝表面有油污未清除

5. (　　)不是CO_2焊时选择焊接电流的根据。

A. 工件厚度　B. 焊丝直径

C. 施焊位置　D. 电源种类与极性

6. (　　)不是选择CO_2焊气体流量的根据。

A. 焊接电流　B. 电弧电压　C. 焊接速度　D. 坡口形式

7. 中厚板 T 形接头船型焊位置(即 T 形接头平焊位置)半自动CO_2焊时，焊接方向通常采用(　　)。

A. 左焊法　B. 右焊法　C. 立向下焊　D. 立向上焊

8. 目前CO_2焊适用于(　　)的焊接。

A. 不锈钢　B. 钛及钛合金

C. 镍及镍合金　D. 低合金钢

9. CO_2焊如果采用含有硅、锰脱氧元素的焊丝，则(　　)飞溅已不显著。

A. 焊接工艺参数不当引起的　B. 由极点压力引起的

C. 熔滴短路时引起的　D. 由冶金反应引起的

10. CO_2焊时焊接速度对(　　)影响最大。

A. 是否产生夹渣　B. 焊缝区的力学性能

C. 是否产生咬边　D. 焊道形状

11. CO_2焊的电源种类与极性应采用(　　)。

A. 交流电源　B. 方波交流电源

C. 直流正接　D. 直流反接

12. 薄板对接仰焊位置半自动CO_2焊时，焊接方向通常采用(　　)。

A. 左焊法　B. 右焊法　C. 立向下焊　D. 立向上焊

13. CO_2气瓶使用CO_2气体电热预热器时，其电压应采用(　　)伏。

A. 36　B. 48　C. 60　D. 90

14. 粗丝CO_2焊中，熔滴过渡往往是以(　　)的形式出现。

A. 喷射过渡　B. 射流过渡　C. 短路过渡　D. 粗滴过渡

15. ( )不是CO_2焊时选择电弧电压的根据。

A. 焊丝直径　　B. 焊接电流
C. 熔滴过渡形式　　D. 坡口形式

16. CO_2焊时，焊丝伸出长度通常取决于焊丝直径，约以焊丝直径的( )倍为宜。

A. 5　　B. 10　　C. 20　　D. 30

17. Q235钢CO_2气体保护焊时，焊丝应选用( )。

A. H10Mn2MoA　　B. H08MnMoA
C. H08CrMoVA　　D. H08Mn2SiA

18. CO_2焊用于焊接低碳钢和低合金高强度钢时，主要采用通过焊丝的( )脱氧方法。

A. 铝钛联合　　B. 铝锰联合　　C. 铝硅联合　　D. 硅锰联合

19. 目前，( )能采用CO_2气体保护焊进行焊接。

A. 1Cr18Ni9Ti　　B. 1Cr13　　C. 16Mn　　D. 0Cr25Ni20

20. 目前，( )能采用CO_2气体保护焊进行焊接。

A. 1Cr18Ni9T　　B. 1Cr13　　C. 0Cr25Ni20　　D. Q235

21. 焊丝CO_2焊时熔滴过渡一般都是( )。

A. 喷射过渡　　B. 短路过渡
C. 粗滴过渡　　D. 短路和粗滴的组合过渡

22. CO_2焊的焊接电流根据工件厚度、焊丝直径、施焊位置以及( )等来选择。

A. 工件成分　　B. 焊丝成分
C. 电源种类与极性　　D. 熔滴过渡形式

23. CO_2焊时，气体流量的大小应根据焊接电流、( )、焊接速度等因素来选择。

A. 工件厚度　　B. 焊件材料种类
C. 坡口形式　　D. 电弧电压

24. CO_2气体保护焊有一些不足之处，但( )不是CO_2焊的缺点。

A. 飞溅较大　　B. 短路过渡
C. 焊缝表面成形较差　　D. 弧光较强

25. CO_2焊用于焊接低碳钢和低合金高强度钢时，主要采用通过焊丝的( )脱氧方法。

A. 碳锰联合　　B. 碳硅联合　　C. 硅锰联合　　D. 铝硅联合

26. 细丝CO_2焊时，小电流时熔滴过渡一般都是( )。

A. 短路过渡　　B. 细颗粒过渡　　C. 粗滴过渡　　D. 喷射过渡

27. CO_2焊可能产生的气孔主要有CO_2气孔、氢气孔、( )。

A. 水蒸气气孔　　B. 氮气孔　　C. CO气孔　　D. NO_2气孔

28. CO_2焊时，( )是氮气孔产生原因之一。

A. CO_2气体流量过小　　B. 工件上有锈未清除
C. 焊丝表面有油污未清除　　D. CO_2气体中有水分

29. CO_2焊的焊丝直径根据( )、施焊空间位置及生产率的要求等来选择。

A. 母材成分　　B. 焊接电压　　C. 焊件厚度　　D. 焊接速度

30. CO_2焊时，焊丝伸出长度通常取决于(　　)。

A. 焊接电源与极性　　B. 焊丝直径

C. 焊接电流　　D. 施焊位置

31. (　　)不是选择 CO_2焊气体流量的根据。

A. 焊接电流　　B. 焊件材料种类

C. 电弧电压　　D. 焊接速度

32. CO_2气体保护焊安全操作规程之一，由于金属飞溅引起火灾的危险性比其他焊接方法大，必须采取(　　)。

A. 通风措施　　B. 防触电措施

C. 室外作业　　D. 防火措施

33. 细丝 CO_2焊时，熔滴过渡形式一般都是(　　)。

A. 短路过渡　　B. 细颗粒过渡

C. 粗滴过渡　　D. 喷射过渡

34. 由于 CO_2焊的 CO_2气体具有氧化性，可以抑制(　　)的产生。

A. CO 气孔　　B. 氢气孔　　C. 氮气孔　　D. NO 气孔

35. CO_2焊的焊丝伸出长度通常取决于(　　)。

A. 焊丝直径　　B. 焊接电流　　C. 电弧电压　　D. 焊接速度

36. CO_2焊用的 CO_2气瓶采用电热预热器时电压应低于(　　)。

A. 60 V　　B. 36 V　　C. 12 V　　D. 6 V

37. 焊接时(　　)气体不会产生气孔。

A. CO　　B. CO_2　　C. H_2　　D. N_2

二、判断题

(　　)1. CO_2焊时，焊接速度对焊缝区的力学性能影响最大，对熔深和焊道形状也有一定影响。

(　　)2. CO_2焊用于焊接低碳钢和低合金高强度钢时，主要采用通过焊丝的锰钛联合脱氧的方法。

(　　)3. CO_2焊时，当焊接电流逐渐增大时，熔深、熔宽和余高都相应地增加。

(　　)4. 目前 CO_2焊不能用于钛及钛合金的焊接。

(　　)5. CO_2气体保护焊安全操作规程之一，由于金属飞溅引起火灾的危险性比其他焊接方法小，不必采取防火措施。

(　　)6. CO_2气体保护焊按焊丝直径可分为细丝 CO_2气体保护焊(焊丝直径≤1.2 mm)和粗丝 CO_2气体保护焊(焊丝直径≥1.6 mm)。

(　　)7. 使用 CO_2气体保护焊要解决好对熔池金属的氧化问题，一般是采用含有脱氧剂的焊丝来进行焊接。

(　　)8. 由于细丝 CO_2焊的工艺比较成熟，因此其应用比粗丝 CO_2焊广泛。

(　　)9. CO_2焊用于焊接低碳钢和低合金钢高强度钢时，主要采用硅锰联合脱氧的方法。

(　　)10. 细丝 CO_2时，熔滴过渡形式一般都是喷射过渡。

(　　)11. 粗丝 CO_2 时，熔滴过渡形式往往都是短路过渡。

(　　)12. CO_2 焊时只要焊丝选择恰当，产生 CO_2 气孔的可能性很小。

(　　)13. 飞溅是 CO_2 焊的主要缺点。

(　　)14. CO_2 焊采用直流反接时，极点压力大，造成大颗粒飞溅。

(　　)15. CO_2 焊的焊接电流增大时，熔深、熔宽和余高都有相应地增加。

(　　)16. CO_2 焊时必须使用直流电源。

(　　)17. CO_2 焊时会产生 CO 有毒气体。

(　　)18. CO_2 焊的金属飞溅引起火灾的危险性比其他焊接方法大。

(　　)19. CO_2 焊结束后，必须切断电源和气源，并检查现场，确认无火种方能离开。

三、多项选择题

1. CO_2 焊主要优点有(　　)。

A. 生产率高　　B. 成本低　　C. 焊缝含氢量少，焊缝质量高
D. 焊接应力大　　E. 飞溅少　　F. 焊接变形和焊接应力小

2. 目前 CO_2 焊主要用于(　　)的焊接。

A. 低碳钢　　B. 低合金钢　　C. 不锈钢
D. 铝及铝合金　　E. 铜及铜合金　　F. 钛及钛合金

3. CO_2 焊时熔滴过渡形式主要有(　　)。

A. 短路过渡　　B. 断路过渡　　C. 粗滴过渡
D. 喷射过渡　　E. 射流过渡

4. CO_2 焊可能产生的气孔主要有(　　)。

A. CO_2 气孔　　B. CO 气孔　　C. 氢气孔
D. 氧气孔　　E. 氮气孔

5. CO_2 焊时产生氮气孔的原因有(　　)。

A. CO_2 气体流量过小　　B. 喷嘴至工件距离过大
C. 工件表面有铁锈　　D. 工件表面有油污
E. CO_2 气体中水分多　　F. 喷嘴被飞溅物堵塞

6. CO_2 气体保护焊的焊接工艺参数有(　　)。

A. 焊丝直径　　B. 焊接电流　　C. 电弧电压
D. 焊接速度　　E. 气体流量

7. CO_2 焊的焊丝直径根据(　　)等条件来选择。

A. 焊件厚度　　B. 焊接直径　　C. 生产率的要求
D. 焊接电流　　E. 电源极性　　F. 操作技术

8. CO_2 焊接焊接电流根据(　　)来选择。

A. 工件厚度　　B. 焊丝直径　　C. 施焊位置
D. 熔滴过渡形式　　E. 电源极性　　F. 焊丝牌号

9. CO_2 焊的电弧电压一般根据(　　)来选择。

A. 焊丝直径　　B. 焊接电流　　C. 熔滴过渡形式
D. 电源极性　　E. 焊接位置　　F. 焊丝牌号

四、简答题

1. 请写出焊接电压对焊接质量的影响。

2. 请写出焊丝伸出长度对焊接质量的影响。

五、问答题

请写出焊接电流与熔深的关系。

3.2.5　电阻焊

知识要点

1. 熟知电阻焊分类、原理及特点；
2. 了解电阻焊机分类及组成；
3. 熟知电焊工艺；
4. 熟知闪光对焊工艺；
5. 掌握薄板电焊操作技术；
6. 掌握钢筋对焊操作技术；
7. 掌握电阻焊安全操作规程。

一、单项选择题

1. 对焊机按(　　)分，有偏心式、杠杆式、螺旋式对焊机。

   A. 工艺方法　　B. 用途　　C. 送进机构　　D. 夹紧机构

2. (　　)不属于闪光对焊的工艺参数。

   A. 闪光电流　　B. 闪光留量　　C. 顶锻压力　　D. 工件厚度

3. 焊件与电极之间的接触电阻对电阻焊过程(　　)。

   A. 没有影响　　B. 很有利　　C. 较为有利　　D. 是不利的

4. 电阻对焊常用于(　　)的焊接。

A. 带蒙皮的骨架结构(如汽车驾驶室)等

B. 要求气密的薄壁容器

C. 受力要求不高的对接件

D. 重要的受力对接件

5. 点焊焊点间距是为(　　)所规定的数值。

A. 满足焊点数量要求　　B. 满足结构强度要求

C. 满足结构刚度要求　　D. 避免点焊产生的分流而影响焊点质量

6. 焊缝主要用于要求气密的薄壁容器,焊件厚度一般不超过(　　)mm。

A. 8　　B. 6　　C. 4　　D. 2

7. (　　)不是固定式点焊机结构的主要部分。

A. 焊接回路　　B. 加压机构　　C. 控制装置　　D. 夹紧机构

8. 薄板点焊前焊件表面必须清理,清理时最好用(　　)清理。

A. 钢丝刷　　B. 钢丝轮　　C. 机械方法　　D. 化学方法

9. (　　)不是电阻焊的优点。

A. 焊接变形小　　B. 生产率高

C. 成本低　　D. 无损检验方法简单可靠

10. (　　)不属于对焊机结构组成的主要部分。

A. 电源变压器　　B. 控制系统

C. 送进和加压机构　　D. 冷却水路系统

11. (　　)不属于点焊工艺参数。

A. 电极端部直径　　B. 焊接电流　　C. 电极压力　　D. 焊件厚度

12. 电阻焊按工艺方法分类分为(　　)、缝焊和对焊三种基本方法。

A. 热压焊　　B. 凸焊　　C. 点焊　　D. 冷压焊

13. 点焊焊件之间接触电阻的大小与(　　)、材料性质、焊件的表面状况及温度有关。

A. 焊件尺寸大小　　B. 通电时间

C. 电极材料　　D. 电极压力

14. 对焊按(　　)分为电阻对焊和闪光对焊。

A. 工艺方法　　B. 加压和通电方式

C. 工件端部形状　　D. 工件接触时间

15. 电极材料应满足(　　)、有足够的高温强度和硬度、具有高的抗氧化能力以及焊件材料形成合金倾向小等性能要求。

A. 常温与高温下具有高的耐腐蚀性

B. 良好的塑性、韧性

C. 热膨胀性小

D. 在高温与常温下都有合适的导电、导热性

16. 不等厚度材料点焊时,为防止熔核偏移造成焊点强度大大下降,一般规定工件厚度比不应超过(　　)。

A. 1∶2　　B. 1∶3　　C. 1∶4　　D. 1∶5

17. 点焊工艺参数包括焊接电流、(　　)、电极压力、电极端部直径等。
A. 焊接时间　B. 焊件厚度　C. 点焊顺序　D. 焊点直径

18. 电阻焊按工艺方法分类分为(　　)、缝焊和对焊三种基本方法。
A. 热压焊　B. 凸焊　C. 点焊　D. 冷压焊

19. 电阻焊与其他焊接方法相比的优点,主要有焊接变形小、(　　)、焊接速度快生产率高、可节省焊接材料成本低等。
A. 无损检验方法简单可靠　B. 易于获得质量较好的焊接接头
C. 工艺灵活方便　D. 消耗电能少

20. 焊缝焊件厚度一般不超过(　　)。
A. 2 mm　B. 4 mm　C. 6 mm　D. 8 mm

21. 不等厚度材料点焊时,一般规定工件厚度比不应超过(　　)。
A. 1∶2　B. 1∶3　C. 1∶4　D. 1∶5

22. 闪光对焊焊件伸出长度(棒材和厚壁管材)一般为直径的(　　)。
A. 0.5 倍　B. 0.7～1 倍　C. 1.5 倍　D. 2 倍

23. 闪光对焊机周围(　　)内应无易燃易爆物品,并备有专用消防器材。
A. 5 m　B. 10 m　C. 15 m　D. 20 m

二、判断题

(　　)1. 焊缝主要用于要求气密的薄壁容器,壁厚一般不超过 4 mm。

(　　)2. 电阻焊因焊接电阻小,焊接电流大,故变压器容量皆大于 50 kW。

(　　)3. 对焊机按工艺方法分有通用对焊和专用对焊机。

(　　)4. 不等厚度材料点焊时,为防止熔核偏移造成焊点强度大大下降。一般规定工件厚度比不应超过 1∶5。

(　　)5. 对焊机送进机构的作用是使焊件同动夹具一起移动,并保证有所需的顶锻力。

(　　)6. 电阻对焊焊件端面加热均匀,接头质量较高,常用于重要的受力对接件。

(　　)7. 对焊按加压和通电方式分为电阻对焊和闪光对焊。

(　　)8. 电阻焊焊件与电极之间的接触电阻对电阻焊过程是有利的。

(　　)9. 电阻焊中电阻对焊是对焊的主要形式。

(　　)10. 点焊时对搭接宽度的要求是以满足焊点强度为前提的,厚度不同的工件所需焊点直径不同,对搭接宽度要求就不同。

(　　)11. 点焊焊点间距是以满足结构强度要求所规定的数值。

(　　)12. 闪光对焊接过程主要由闪光(加热)和随后的顶锻两个阶段组成。

(　　)13. 闪光对焊的顶锻速度越快越好。

三、多项选择题

1. 电阻焊的接触电阻大小与(　　)有关。
A. 焊接电流　B. 焊接电压　C. 电极压力
D. 材料性质　E. 焊件表面状况　F. 焊件温度

2. 电阻焊与其他焊接方法相比的优点主要有(　　)。
A. 变形小　B. 焊接速度快,生产率高　C. 成本较低

D. 焊机容量大　　E. 操作简便　　F. 改善劳动条件

3. 对焊机按工艺方法分有(　　)。

A. 通用对焊机　　B. 专用对焊机　　C. 电阻对焊机

D. 闪光对焊机　　E. 手动对焊机　　F. 自动对焊机

4. 点焊工艺参数主要有(　　)。

A. 焊接电压　　B. 焊接电流　　C. 焊接时间

D. 电极电压　　E. 电极端部直径　　F. 冷却水流量

5. 闪光对焊的工艺参数主要有(　　)。

A. 工件伸出长度　　B. 闪光电流　　C. 闪光流量

D. 顶锻压力　　E. 顶锻速度　　F. 顶锻留量

四、简答题

请写出点焊机的分类有哪些。

五、思考题

请写出电阻焊安全操作规程。

3.2.6　等离子弧焊接与切割

知识要点

1. 熟知等离子弧的产生、分类及特点；
2. 了解等离子弧电源、电极及工作气体；
3. 熟知等离子弧切割基本原理及特点；
4. 了解等离子弧切割设备；
5. 掌握等离子弧切割工艺参数；
6. 掌握等离子弧切割操作技术；
7. 掌握等离子弧切割安全操作规程；
8. 了解等离子弧焊接原理及特点；
9. 熟知等离子弧焊接工艺参数；
10. 掌握等离子弧焊接操作技术及注意事项。

一、单项选择题

1. 等离子弧切割电源的空载电压一般在(　　)V 之间。
   A. 60～80　　B. 90～110　　C. 120～140　　D. 150～400
2. 等离子弧切割时必须通冷却水，用以冷却(　　)和喷嘴。
   A. 变压器　　B. 整流器　　C. 电缆　　D. 电极
3. (　　)不是影响等离子弧压缩程度比较敏感的参数。
   A. 喷嘴孔径和孔道长度　　B. 离子气流量
   C. 焊接电流和焊接速度　　D. 钨极直径
4. 微束等离子弧焊接用的等离子弧型式采用(　　)。
   A. 间接型弧　　B. 非转移型弧
   C. 转移型弧　　D. 联合型弧
5. 目前等离子弧所采用的电源，绝大多数为(　　)。
   A. 陡降外特性的交流电源　　B. 方波交流电源
   C. 逆变交流电源　　D. 陡降外特性的整流电源
6. 等离子弧切割的基本原理是利用等离子弧把被切割的材料局部(　　)，并同时用高速气流吹走。
   A. 熔化及燃烧　　B. 氧化和燃烧　　C. 溶解及氧化　　D. 熔化及蒸发
7. (　　)是等离子弧切割设备的控制箱中没有的。
   A. 程序控制装置　　B. 高频振荡器
   C. 电磁气阀　　D. 高压脉冲稳弧器
8. 等离子弧切割气体的作用不是(　　)的。
   A. 作为等离子弧介质并压缩电弧　　B. 防止钨极氧化烧损
   C. 冷却手把　　D. 形成隔热层，保护喷嘴不被烧坏
9. 无极内缩量是等离子弧一个很重要的参数，它极大地影响着电弧压缩效果及(　　)。
   A. 切割速度　　B. 切割毛刺的产生
   C. 等离子弧功率的充分利用　　D. 电极的烧损
10. 目前等离子弧焊焊接镍基合金常选用(　　)作为保护气体。
    A. 纯氩或氩中加少量的氢的混合气体　　B. 纯氩或氩氮混合气体
    C. 氮气　　D. 氩加 CO_2 混合气体
11. 自由电弧一般经过三种压缩效应成为等离子弧，但(　　)不是这三种压缩效应中的一种。
    A. 机械压缩效应　　B. 热收缩效应
    C. 磁收缩效应　　D. 化学压缩效应
12. 微束等离子弧焊接要求电源具有(　　)外特性。
    A. 水平的　　B. 上升的　　C. 缓降的　　D. 垂直下降的
13. 等离子弧切割工作气体氮气的纯度应不低于(　　)。
    A. 95%　　B. 99%　　C. 99.5%　　D. 99.9%
14. (　　)不是等离子弧切割的优点。
    A. 可切割各种非金属材料　　B. 可切割任何黑色和有色金属

C. 电源空载电压高　　D. 切割质量高

15. 当电弧通过(　　)及其狭小的孔道,受到强烈压缩,弧柱中心部分接近完全电离,形成极明亮的细柱状的离子弧。

A. 保护气流　　B. 钨极　　C. 水冷喷嘴的内腔　D. 冷却焊炬

16. 等离子弧根据电源电极的不同接法和产生的形式不同,可分为转移型、(　　)和联合型三种形式。

A. 非转移型　　B. 机械转移性　　C. 热收缩型　　D. 磁收缩型

17. 离子弧切割的空载电压一般在(　　)V 以上。

A. 200　　B. 150　　C. 110　　D. 80

18. 等离子弧切割不锈钢、铝等厚度可达(　　)mm 以上。

A. 400　　B. 300　　C. 250　　D. 200

19. 等离子弧切割气体的作用不是(　　)。

A. 作为等离子弧介质并压缩电弧　　B. 防止钨极氧化烧损

C. 形成隔热层,保护喷嘴不被烧坏　　D. 冷却电缆

20. 等离子弧的获得是机械压缩效应、(　　)和磁收缩效应三种效应共同作用的结果。

A. 保护气流压缩效应　　B. 高压空气压缩效应

C. 热收缩效应　　D. 水射流压缩效应

21. 切割中厚板金属材料用的等离子弧型式采用(　　)。

A. 非转移型弧　　B. 转移型弧　　C. 直接型弧　　D. 间接型弧

22. 穿透型等离子弧焊接,目前可一次焊透厚度(　　)mm 对接不开坡口的不锈钢。

A. 12　　B. 10　　C. 8　　D. 6

23. (　　)不是影响等离子弧压缩程度比较敏感的参数。

A. 喷嘴孔径和孔道长度　　B. 离子气流量

C. 喷嘴端面到焊件表面的距离　　D. 焊接电流

24. 目前穿透等离子弧焊焊接钛及其合金选用(　　)作为离子气体。

A. 氩中加少量氢　B. 纯氩　　C. 氮气　　D. 氩氦混合气体

25. 目前穿透型等离子弧焊焊接铜可用(　　)作为保护气体。

A. 纯氩或氩中加少量氢的混合气体　　B. 纯氩或氩氦混合气体

C. 氮气　　D. 氩加 CO_2 混合气体

26. 等离子弧切割大厚度割件时的工作气体常用(　　)。

A. 氦气　　B. 氩气　　C. 氢气　　D. 氮＋氢混合气体

27. (　　)不属于等离子弧切割工艺参数。

A. 气体流量　　B. 切割速度

C. 钨极端部到喷嘴的距离　　D. 割炬型号

28. 焊接薄板、多层焊缝的盖面及角焊缝应采用(　　)。

A. 穿透型等离子弧焊　　B. 熔化型等离子弧焊

C. 微束型等离子弧焊　　D. 熔透型等离子弧焊

29. 中厚板以上的金属材料等离子弧切割时均采用(　　)等离子弧。

A. 直接型　　B. 转移型　　C. 非转移型　　D. 联合型

30. 微束等离子弧焊接采用(　　)等离子弧。

A. 直接型　　B. 转移型　　C. 非转移型　　D. 联合型

31. 等离子弧切割要求电源具有(　　)外特性。

A. 水平　　B. 陡降　　C. 上升　　D. 多种

32. 等离子弧切割电源空载电压要求(　　)V。

A. 60～80　　B. 80～100　　C. 100～150　　D. 150～400

33. 等离子弧切割时工作气体应用最广的是(　　)。

A. 氩气　　B. 氦气　　C. 氮气　　D. 氢气

34. 等离子弧切割不锈钢、铝等厚度可达(　　)mm 以上。

A. 50　　B. 100　　C. 200　　D. 300

35. 穿透型等离子弧焊采用(　　)。

A. 正接型弧　　B. 转移型弧　　C. 非转移型弧　　D. 联合型弧

二、判断题

(　　)1. 等离子弧切割工作气体氮气纯度应不低于 99.95%。

(　　)2. 等离子弧切割基本原理是利用等离子弧把被切割的材料局部氧化及燃烧,并同时用高速气流吹走。

(　　)3. 等离子弧切割的主要工艺参数为空载电压,切割电流和工作电压,气体流量,切割速度,喷嘴到工件距离,钨极端部到喷嘴的距离。

(　　)4. 等离子弧要求电源具有水平的外特性。

(　　)5. 等离子弧切割时必须通冷却水,用以冷却喷嘴、整流器和水冷电阻。

(　　)6. 等离子弧切割设备控制箱中的高频振荡器的作用是用来引弧的,等离子割炬接通小气流后,在钨极与喷嘴间加上一个较低电压,当把高频加在钨极与喷嘴之间时,便引燃了电极与喷嘴间的小电弧。

(　　)7. 等离子弧切割需要陡降外特性的直流电源。

(　　)8. 等离子弧切割电源的空载电压一般在 150～400 V 之间。

(　　)9. 等离子弧切割时,用增加等离子弧工作电压来增加功率,往往比增加电流有更好的效果。

(　　)10. 等离子弧切割时,毛刺的形式主要与气体流量和切割速度有关。

(　　)11. 等离子弧切割时,气体流量过大反而会使切割能力减弱。

(　　)12. 等离子弧切割时,钨极内缩量极大地影响着电弧压缩效果及电极的烧损。

(　　)13. 等离子弧切割时,等离子的紫外线辐射强度比一般电弧强烈得多。

(　　)14. 等离子弧切割时,会产生大量的金属蒸气及有害气体。

(　　)15. 凡较长期使用等离子弧切割的工作场地,必须设置强迫抽风或设水工作台。

(　　)16. 等离子弧切割时,电源一定要接地,割炬的手把绝缘要可靠,最好将工作台与地面绝缘起来。

(　　)17. 等离子弧切割的离子气一般是纯氩或加入少量氩气。

(　　)18. 穿透型等离子弧焊最适用于焊接 3～8 mm 厚的不锈钢、2～6 mm 厚的低碳钢或低合金钢的不开坡口一次焊透或多层焊第一道焊缝。

(　　)19. 微束等离子弧焊的两个电弧分别由一个电源来供电。

(　　)20. 微束等离子弧焊有两种引燃非转移弧的方法。

(　　)21. 穿透型等离子弧焊目前可一次焊透 20 mm 对接不开坡口的不锈钢。

(　　)22. 等离子弧焊喷嘴孔径和孔道长度的选定，应根据焊件金属材料的种类和厚度以及需要用的焊接电流值来决定。

(　　)23. 穿透型等离子弧焊时，离子气流量主要影响电弧的穿透能力，焊接电流和焊接速度主要影响焊缝的成型。

(　　)24. 穿透型等离子弧焊在焊接电流一定时，要增加等离子气流量就要相应地减小焊接速度。

三、多项选择题

1. 自由电弧在(　　)的作用下形成等离子弧。

A. 机械压缩效应　B. 热收缩效应　C. 磁收缩效应

D. 水压缩效应　E. 化学压缩效应　F. 电子压缩效应

2. 根据电源电极的不同接法和等离子弧产生的形式不同，等离子弧的形式有(　　)。

A. 正接型弧　B. 反接型弧　C. 直接型弧

D. 转移型弧　E. 非转移型弧　F. 联合型弧

3. 等离子弧切割的优点有(　　)。

A. 可以切割任何黑色和有色金属

B. 可以切割各种非金属材料

C. 切割速度快，生产率高

D. 切割质量高

E. 切割设备简单，投资小

F. 劳动卫生条件好

4. 等离子弧切割设备包括(　　)等几部分组成。

A. 电源　B. 控制箱　C. 气路系统

D. 水路系统　E. 送丝系统　F. 割炬

5. 等离子弧切割的主要工艺参数为(　　)。

A. 空载电压　B. 切割电流与工作电压　C. 气体流量

D. 切割速度　E. 喷嘴到工件距离　F. 钨极端部到喷嘴的距离

四、简答题

等离子弧有哪些特点？

五、问答题

等离子弧焊接有哪些特点？

3.2.7　焊接接头的组织和性能

知识要点

1. 熟知焊接接头的组成；
2. 熟知焊接热循环；
3. 熟知焊缝的组织和性能；
4. 掌握焊缝金属中的气体及其影响；
5. 熟知焊接热影响区的组织和性能；
6. 掌握控制和改善焊接接头性能的方法。

一、单项选择题

1.（　　）不是影响焊接热循环的因素。

A. 预热和层间温度　　B. 焊接工艺参数

C. 母材导热性能　　D. 焊接位置

2.（　　）不是焊接熔池一次结晶的特点。

A. 熔池体积小，冷却速度快　　B. 熔池液态金属温度高

C. 熔池是在运动状态下结晶　　D. 熔池各处同时开始结晶

3. 钢焊缝中夹杂物主要有氧化物和（　　）两种。

A. 氮化物　　B. 氟化物　　C. 磷化物　　D. 硫化物

4.（　　）不是钢电弧焊时氢的危害。

A. 产生气孔　　B. 产生白点　　C. 引起氢脆　　D. 引起热裂纹

5.（　　）不是钢电弧焊时氢的来源。

A. 锈中结晶水　　B. 工件和焊丝表面的油污

C. 焊条药皮和埋弧焊剂中的水分　　D. 母材和焊丝中的氢

6.（　　）几乎是熔焊时氮的唯一来源。

A. 母材中的氮　　B. 焊条药皮中的氮化物

C. 焊剂中的氮化物　　D. 空气中的氮气

7.（　　）是焊缝一次结晶的组织特征。

A. 等轴晶　B. 粒状晶　C. 絮状晶　D. 柱状晶

8.（　　）不是钢焊缝金属中氧的主要来源。

A. 锈中的氧化物和结晶水　B. CO_2气体保护焊时的CO_2气体

C. 焊条药皮和埋弧焊剂中的水分　D. 母材和焊丝中的氧

9. 奥氏体不锈钢焊缝金属中的磷会引起（　　）。

A. 未熔合　B. 冷温脆性　C. 冷裂纹　D. 热裂纹

10.（　　）不是调质状态的调质钢焊接热影响区的组成部分。

A. 淬火区　B. 部分淬火区　C. 回火软化区　D. 退火区

11. 低碳钢的过热区组织为粗大的（　　）。

A. 铁素体　B. 珠光体　C. 奥氏体　D. 魏氏组织

12. 冷却速度是焊接热循环的一个重要参数，通常用起关键作用的（　　）时间表示。

A. 从 1 300 ℃冷却到 1 100 ℃的　B. 从 1 100 ℃冷却到 800 ℃的

C. 从 800 ℃冷却到 500 ℃的　D. 从 500 ℃冷却到 300 ℃的

13.（　　）是钢焊缝金属中的有害气体。

A. CO_2　B. 氢　C. 氟　D. 氦

14. 氧在钢焊缝金属中的存在形式主要是（　　）。

A. 溶解在焊缝金属中　B. SiO_2夹杂物

C. Cr_2O_3夹杂物　D. FeO 夹杂物

15. 焊接工艺参数线能量，又称热输入，它与（　　）无关。

A. 焊接电流　B. 电弧电压　C. 空载电压　D. 焊接速度

16.（　　）不是热轧低碳钢焊接热影响区的组成部分。

A. 过热区　B. 正火区　C. 部分相变区　D. 再结晶区

17.（　　）不是影响焊接接头性能的因素。

A. 焊后热处理　B. 焊接工艺方法

C. 焊接工艺参数　D. 焊接位置

18. 焊接时，由于熔池的结晶速度较快，一般脱氧，脱硫产物来不及聚集溢出就残存在焊缝中形成（　　）。

A. 裂纹　B. 偏析　C. 夹杂　D. 气孔

19. 低碳钢焊接接头中性能最差的是（　　）。

A. 焊缝区　B. 母材　C. 部分相变区　D. 熔合区

20. 钢电弧焊时氢的危害有：（　　）、引起冷裂纹、引起氢脆和产生白点，降低焊缝金属的塑性等。

A. 产生偏析　B. 产生夹杂　C. 产生气孔　D. 产生变形

21. 电弧焊时氢的来源有：焊条药皮中的有机物，焊条药皮和埋弧焊剂中的（　　），工件和焊丝表面的油污，锈中的结晶水和潮湿空气中的水蒸气等。

A. 水分　B. 杂质　C. 引弧剂　D. 稳弧剂

22.（　　）不是低碳钢焊接热影响区的组成部分。

A. 过热区　B. 正火区　C. 回火区　D. 部分相变区

23. 不锈钢焊接时，在 400～600 ℃停留一定时间后，(　　)的硬度显著提高，冲击韧性严重下降，这种现象称为 475 ℃脆性。

A. 奥氏体不锈钢　　B. 铁素体不锈钢

C. 马氏体不锈钢　　D. 双相不锈钢

24. 焊接接头由焊缝区、熔合区和(　　)三部分组成。

A. 母材　B. 再结晶区　C. 部分相变区　D. 热影响区

25. 焊接线能量，又称热输入，其数值等于电流乘电压除以(　　)。

A. 单位焊缝长度　B. 单位焊缝宽度　C. 焊接时间　D. 焊接速度

26. (　　)不是低碳钢焊接热影响区的组成部分。

A. 过热区　B. 部分淬火区　C. 正火区　D. 部分相变区

27. 氧在焊缝金属中的存在形式主要是(　　)。

A. FeO 夹杂物　B. SiO_2 夹杂物　C. MnO 夹杂物　D. CaO 夹杂物

28. 焊缝和热影响区性能最差的是(　　)。

A. 气焊　　B. 焊条电弧焊

C. 埋弧自动焊　　D. 手工钨极氩弧焊

29. 焊缝和热影响区性能最好的是(　　)。

A. 气焊　　B. 焊条电弧焊

C. 埋弧自动焊　　D. 手工钨极氩弧焊

二、判断题

(　　)1. 焊接接头中性能最差的是焊缝区。

(　　)2. 角变形等焊接变形在外载作用下会引起应力集中和附加应力，会引起焊接裂纹。

(　　)3. 冷轧低碳钢焊接热影响区由过热区、正火区和部分相变区三部分组成。

(　　)4. 电弧焊时氢的来源有：焊条药皮中的有机物，焊条药皮和埋弧焊剂中的水分，工件和焊丝表面的油污，锈中的结晶水和潮湿空气中的水蒸气等。

(　　)5. 影响焊接热循环的因素主要有焊接工艺参数、预热和层间温度、焊接方法、焊件厚度、接头型式和母材导热性能等。

(　　)6. 焊接接头包括焊缝区、熔合区和热影响区。

(　　)7. 焊接热影响区的性能变化决定于化学成分和组织的变化。

(　　)8. 焊接热影响区的组织变化决定于焊接热循环。

(　　)9. 线能量(热输入)是一个综合焊接电流、电弧电压和焊接速度的工艺参数。

(　　)10. 焊接速度越大，则线能量(热输入)越大。

(　　)11. 线能量(热输入)相同时，采取焊前预热可降低焊后冷却速度，会增加温停留时间，使晶粒粗化加剧。

(　　)12. 熔池凝固时的低熔点杂质偏析是产生热裂纹的主要原因之一。

(　　)13. 焊缝中的氮会降低焊缝的塑性和韧性，但可提高焊缝的强度。

(　　)14. 空气中的氮气几乎是焊缝中氮的唯一来源。

(　　)15. 易淬火钢焊接热影响区中部分淬火区的组织为细小的马氏体和粗大的铁素体。

(　　)16. 低碳钢焊接接头中性能最差的是熔合区和热影响区中的粗晶区。

(　　)17. 焊接材料只影响焊缝金属化学成分和性能，而不影响焊接热影响区的性能。

(　　)18. 对于耐热钢和不锈钢应按焊缝化学成分类型与母材相同的原则选择焊接材料。

(　　)19. 埋弧自动焊的线能量比焊条电弧焊大，焊缝和热影响区的晶粒较粗，因此埋弧自动焊的冲击韧度比焊条电弧高。

(　　)20. 手工钨极氩弧焊保护效果好，线能量小，因此焊缝金属化学成分好，焊缝和热影响区组织细，焊缝和热影响区的性能好。

(　　)21. 熔合比只在熔敷金属化学成分与母材不相同时才对焊缝金属的化学成分有影响。

三、多项选择题

1. 焊缝中夹杂物主要有(　　)。
   A. 硫化物　B. 磷化物　C. 氧化物
   D. 氮化物　E. 氟化物　F. 氯化物
2. 焊缝中的有害气体元素有(　　)。
   A. 硫　B. 磷　C. 氢
   D. 氧　E. 氮　F. 氟
3. 焊缝金属中氢的危害有(　　)。
   A. 氢脆　B. 白点　C. 产生气孔
   D. 引起冷裂纹　E. 引起飞溅　F. 产生夹杂
4. 电弧焊时氢的来源有(　　)。
   A. 焊条药皮和焊剂中的水分　B. 工件和焊丝锈中结晶水
   C. 空气中的水蒸气　D. 工件和焊丝表面油污
   E. 焊条药皮中的有机物　F. CO_2气中的水分
5. 电弧焊时控制氢的措施有(　　)。
   A. 烘干焊条焊剂　B. 清除工件和焊丝表面的锈、油、水
   C. 选用低氢焊条　D. 焊前预热
   E. 焊后立即消氢处理　F. 采用小线能量
6. 热轧低碳钢焊接热影响区一般分为(　　)。
   A. 过热区　B. 正火区　C. 部分相变区
   D. 回火区　E. 淬火区　F. 部分淬火区
7. 低合金高强度调质钢焊接热影响区一般分为(　　)。
   A. 正火区　B. 部分相变区　C. 再结晶区
   D. 淬火区　E. 部分淬火区　F. 回火软化区
8. 控制和改善焊接接头性能的方法有(　　)。
   A. 材料匹配　B. 选择合适的焊接工艺方法
   C. 控制熔合比　D. 选用合适的焊接工艺参数
   E. 采用合理的焊接操作方法　F. 进行焊后热处理

四、名词解释

焊接热循环：

五、简答题

1. 焊缝中氢的危害有哪些？

2. 控制和改善焊接接头性能的方法有哪些？

3.2.8　焊接应力与变形

知识要点

1. 了解焊接应力与变形的产生；
2. 熟知焊接变形的种类及危害；
3. 掌握焊接变形的影响因素和控制措施；
4. 了解矫正焊接变形的方法；
5. 熟知焊接应力的分类及对结构的影响；
6. 熟知减小焊接应力的措施；
7. 了解消除焊接残余应力的方法。

一、单项选择题

1. 反变形法主要用来减少弯曲变形和(　　)。
A. 收缩变形　B. 扭曲变形　C. 波浪变形　D. 角变形
2. 火焰矫正焊接变形时，加热用火焰一般采用(　　)。
A. 碳化焰　B. 氧化焰　C. 轻微碳化焰　D. 中性焰
3. (　　)不是减小焊接应力的措施。
A. 采用合理的焊接顺序和方向　B. 采用较小的焊接线能量
C. 预热　D. 采用较大的焊接线能量
4. (　　)不是减少氢和减小氢致集中应力的措施。
A. 选用碱性焊条　B. 清除焊丝和工件表面的锈、油、水
C. 烘干焊条、焊剂　D. 选用酸性焊条

5. 消除应力退火一般能消除残余应力(　　)以上。

A. 50%～60%　　B. 60%～70%

C. 80%～90%　　D. 90%～95%

6. 焊接线能量越大,焊接引起的变形(　　)。

A. 一样　　B. 略小　　C. 越小　　D. 越大

7. 火焰矫正焊接变形时,最高加热温度不宜超过(　　)℃。

A. 1 300　　B. 1 100　　C. 900　　D. 800

8. (　　)不是焊接变形造成的危害。

A. 降低结构形状尺寸精度和美观　　B. 降低整体结构组对装配质量

C. 降低结构的承载能力　　D. 引起焊接裂纹

9. 火焰矫正法适用于(　　)构件矫正焊接变形。

A. 奥氏体不锈钢　　B. 珠光体耐热钢　　C. 16Mn 钢　　D. 中碳钢

10. 消除应力退火在保温一段时间后,随炉或冷却到(　　)℃后出炉在空气中冷却。

A. 100～200　　B. 200～300　　C. 300～400　　D. 400～500

11. 对于(　　),焊后可以不必采取消除残余应力的措施。

A. 塑性较差的高强度焊接结构

B. 刚性拘束度大的厚壁压力容器结构

C. 存在较大的三向拉伸残余应力的结构

D. 低碳钢、16Mn 等一般性焊接结构

12. 焊接结构钢性越大,板厚越大,焊接引起的变形(　　)。

A. 一样　　B. 越大　　C. 越小　　D. 略大

13. 反变形法主要用来减小弯曲变形和(　　)。

A. 收缩变形　　B. 扭曲变形　　C. 角变形　　D. 错边变形

14. 消除应力退火的保温时间,随厚度而定,钢按每毫米 1～2 min 计算,但最短不小于(　　)min,最长不必超过 3 h。

A. 20　　B. 30　　C. 40　　D. 50

15. 焊接残余应力按产生原因分有四种,在这四种残余应力中以(　　)为主。

A. 热应力和相变应力　　B. 热应力和拘束应力

C. 相变应力和拘束应力　　D. 相变应力和氢致应力

16. 消除应力退火的保温时间,随厚度而定,钢按每毫米(　　)min 计算,但不小于 30 min,最长不必超过 3 h。

A. 1～2　　B. 3～4　　C. 5　　D. 6

17. 消除应力退火一般能消除残余应力(　　)以上。

A. 40%～50%　　B. 60%～70%　　C. 80%～90%　　D. 90%～95%

18. 消除应力退火的保温时间,随厚度而定,钢按每毫米 1～2 min 计算,但最短不小于 30 min,最长不必超过(　　)h。

A. 1　　B. 2　　C. 3　　D. 4

19. 长件因不均匀加热和冷却于焊后两端翘起的变形称为(　　)。

A. 弯曲变形　　B. 角变形　　C. 扭曲变形　　D. 收缩变形

二、判断题

(　　)1. 消除应力退火的保温时间，随厚度而定，钢按每毫米 1～2 min 计算，但最短不小于 30 min，最长不超过 3 h。

(　　)2. 火焰矫正焊接变形时，加热用火焰一般采用碳化焰。

(　　)3. 对于压力容器壁厚达到规定厚度时和图样注明有应力腐蚀的容器等，焊后要进行消除应力热处理。

(　　)4. 角变形等焊接变形在外力作用下会引起应力集中和附加应力，会引起产生焊接裂纹。

(　　)5. 中厚板单道焊线能量大，焊缝和热影响大，晶粒粗大，塑性和韧性较低。

(　　)6. 焊接变形和焊接应力都是由于焊接是局部的不均匀加热引起的。

(　　)7. 当焊件拘束度较小时，冷却时能够比较自由地收缩，则焊接变形较大，而焊接残余应力较小。

(　　)8. 焊缝偏离结构中性轴越远越不容易产生弯曲变形。

(　　)9. 坡口角度越大则角变形越小。

(　　)10. Y 形坡口比 U 形坡口角变形大。

(　　)11. 焊接线能量越大焊接变形越小。

(　　)12. 在焊件形式尺寸及刚性拘束相同条件下，埋弧自动焊产生的变形比焊条电弧焊小。

(　　)13. CO_2气体保护焊和钨极氩弧焊产生的变形比焊条电弧焊小。

(　　)14. 单道焊产生的焊接变形比多层多道焊小。

(　　)15. 采用合理的焊接方向和顺序是减小焊接变形的有效方法。

(　　)16. 生产中常用矫正焊接变形方法主要有机械矫正和火焰矫正两种。

(　　)17. 机械矫正法矫正变形通常适用于低碳钢、不锈钢等塑性好的金属材料。

(　　)18. 采用小线能量减小焊接变形也能减小焊接应力。

(　　)19. 锤击焊缝金属可以减小焊接变形，还可以减小焊接残余应力。

(　　)20. 采用预热法来减小焊接应力通常用于低合金高强度钢的焊接，不适用于奥氏体不锈钢。

(　　)21. 消除应力退火是生产中应用最广泛且行之有效的消除焊接残余应力的方法。

(　　)22. 压力容器在进行水压试验时，对材料进行了一次机械拉伸，消除了部分焊接残余应力。

三、多项选择题

1. 焊接变形主要有(　　)等几种。

   A. 收缩变形　　B. 弯曲变形(挠曲变形)　　C. 角变形
   D. 波浪变形　　E. 扭曲变形　　F. 残余变形

2. 焊接变形的危害主要有(　　)。

   A. 影响结构形状、尺寸、精度和美观
   B. 降低整体结构的组对装配质量
   C. 矫正变形要降低生产率，增加制造成本

D. 降低结构承载能力
E. 产生焊接应力
F. 引起裂纹

3. 控制焊接变形的工艺措施主要有(　　)。
A. 反变形　　B. 刚性固定
C. 选择合理的装焊顺序　　D. 选择合理的焊接方法和焊接参数
E. 散热法　　F. 焊后热处理

4. 火焰矫正法正变形适用于(　　)。
A. 低碳钢　　B. 中碳钢　　C. 奥氏体不锈钢
D. 耐热钢　　E. 16Mn　　F. 马氏体不锈钢

5. 焊接残余应力按产生原因分主要有(　　)。
A. 热应力　　B. 拘束应力　　C. 相变应力
D. 氢致集中应力　　E. 附加应力　　F. 收缩应力

6. 焊接应力对结构的影响有(　　)。
A. 引起裂纹
B. 促使发生应力腐蚀
C. 降低结构承载能力
D. 产生变形,影响构件机械加工精度和开关尺寸稳定性
E. 降低结构使用寿命,易导致脆断
F. 引起结构内部组织变化

7. 在结构设计和焊接方法确定的情况下,减小焊接应力的工艺措施主要有(　　)。
A. 采用合理的焊接顺序和方向　　B. 采用较小的焊接线能量
C. 采用整体预热　　D. 锤击焊缝金属
E. 刚性固定　　F. 加热减应区

四、名词解释

焊接变形：

五、问答题

1. 焊接变形对焊接结构的制造和使用的影响有哪些?

2. 影响焊接变形大小的因素有哪些？

3. 控制焊接变形的措施有哪些？

4. 减小焊接应力的措施有哪些？

3.2.9　低合金结构钢的焊接

知识要点

1. 掌握焊接性概念；
2. 了解低合金结构钢分类及应用；
3. 掌握低合金结构钢的焊接性；
4. 掌握低合金结构钢焊接工艺特点；
5. 熟知低合金结构钢焊接方法和焊接材料的选择；
6. 熟知常用低合金结构钢的焊接。

一、单项选择题

1. (　　)不是影响焊接性的因素。

A. 金属材料的种类及其化学成分　　B. 焊接方法

C. 构件类型　　D. 焊接操作技术

2. 碳当量(　　)时,钢的淬硬冷裂倾向不大,焊接性优良。

A. 小于0.40%　　B. 小于0.50%

C. 小于0.60%　　D. 小于0.80%

3. 国际焊接学会的碳当量计算公式只考虑了(　　)对焊接性的影响,而没有考虑其他因素对焊接性的影响。

A. 焊缝扩散氢含量　　B. 焊接方法

C. 构件类型　　D. 化学成分

4. 国际焊接学会推荐的碳当量计算公式适用于(　　)。

A. 高合金钢　　B. 奥氏体不锈钢

C. 耐磨钢　　D. 碳钢和低合金钢

5. 影响焊接性的因素有金属材料的种类及其化学成分、(　　)、构件类型和使用要求等。

A. 焊接操作技术　　B. 焊接方法

C. 焊件拘束程度　　D. 焊前预热

6. 低合金强度用钢按热处理状态分类,30CrMnSiA 钢属于(　　)。

A. 非热处理强化钢　　B. 热轧钢

C. 中碳调质钢　　D. 低碳调质钢

7. 低合金高强度结构用钢 15MnVN 属于(　　)类别的钢。

A. Q420　　B. Q390　　C. Q295　　D. Q490

8. (　　)不属于低合金专业用结构钢。

A. 耐蚀钢　　B. 奥氏体耐热钢

C. 低合金低温钢　　D. 珠光体耐热钢

9. (　　)不属于低合金专业用结构钢。

A. 耐蚀钢　　B. 低合金低温钢

C. 珠光体耐热钢　　D. 马氏体不锈钢

10. 低合金强度用钢按热处理状态分类,30CrMnSiA 钢属于(　　)。

A. 正火钢　　B. 热轧钢

C. 非热处理强化钢　　D. 中碳调制钢

11. (　　)不属于低合金专用结构钢。

A. 耐蚀钢　　B. 低合金低温钢

C. 珠光体耐热钢　　D. 马氏体不锈钢

12. 屈服点在(　　)MPa 以上的低合金钢焊接时,一般需要预热。

A. 275　　B. 295　　C. 345　　D. 390

13. (　　)不属于有淬硬冷裂倾向的低合金结构钢焊接工艺特点。

A. 采取预热　　B. 要控制线能量(热输入)

C. 采取降低含氢量的工艺措施　　D. 采用酸性焊条

14. 低合金结构钢采取局部预热时,预热范围为焊缝两侧各不小于焊件厚度的 3 倍,且不小于(　　)mm。

A. 300　　B. 250　　C. 200　　D. 100

15. 焊后正火处理加热温度在 A_{c3} 点以上 30～50 ℃，保温时间按厚度每毫米（ ）min 计算。
A. 1～2 B. 2～3 C. 3～4 D. 4～5

16. （ ）不是厚板窄间隙焊的优点。
A. 生产率高 B. 焊接材料和能源消耗低
C. 热输入量小 D. 不易产生夹渣

17. 我国窄间隙埋弧焊焊接钢板最大厚度可达（ ）mm。
A. 250 B. 300 C. 350 D. 400

18. 16Mn 钢属于（ ）钢。
A. Q275 B. Q295 C. Q345 D. Q390

19. 16MnV 钢属于（ ）钢。
A. Q345 B. Q420 C. Q490 D. Q390

20. 16Mn 钢焊接时，焊条应选用（ ）。
A. E4303 B. E4315 C. E5515-G D. E5015

21. 15MnV 钢属于（ ）钢。
A. Q345 B. Q420 C. Q490 D. Q390

22. 板厚 16 mm 以下的 16Mn 钢焊接环境温度（ ）℃以下预热 100～150 ℃。
A. 5 B. 0 C. −5 D. −10

23. 18MnMoNb 钢的使用状态为（ ）。
A. 正火加回火 B. 退火 C. 热轧 D. 热轧加回火

24. 18MnMoNb 钢是中温厚壁压力容器和锅炉用钢，最高工作温度可达（ ）℃。
A. 300 B. 350 C. 400 D. 450

25. 低合金结构钢焊接时的主要问题是（ ）。
A. 应力腐蚀和接头软化 B. 冷裂纹和接头软化
C. 应力腐蚀和粗晶区脆化 D. 冷裂纹和粗晶区脆化

26. 在高温、高压蒸汽的运行条件下，碳钢的最高工作温度为（ ）℃。
A. 350 B. 450 C. 550 D. 650

27. 18MnMoNb 钢焊条电弧焊或埋弧自动焊焊后，要进行回火或消除应力热处理其加热温度为（ ）℃。
A. 450～500 B. 500～550 C. 550～600 D. 600～650

28. 15MnV 钢焊接时应选用（ ）。
A. E4303 B. E4315 C. E5015 D. E6015-D1

29. 18MnMoNb 钢的焊接性较差，焊前需要预热，预热温度为（ ）。
A. 100～130 B. 130～150 C. 150～180 D. 180～250

30. 板厚 40 mm 以上的 16Mn 钢焊接时（ ）预热 100～150 ℃。
A. 任何环境温度均需要 B. 环境温度 0 ℃以下
C. 环境温度−10 ℃以下 D. 环境温度−20 ℃以下

31. 18MnMoNb 钢埋弧自动焊时，焊丝采用 H08Mn2MoA，焊剂采用（ ）。
A. HJ430 B. HJ350 C. HJ230 D. HJ250

32. 18MnMoNb 钢焊条电弧焊或埋弧自动焊焊后，要进行回火或消除应力热处理，其加热温度为(　　)℃。

A. 400～500　　B. 500～550　　C. 550～600　　D. 600～650

33. 碳钢和低合金高强度钢碳当量(　　)时，焊接性优良。

A. 小于 0.40%　　B. 小于 0.50%　　C. 小于 0.60%　　D. 小于 0.70%

34. 16Mn 属于(　　)。

A. Q295　　B. Q345　　C. Q390　　D. Q420

35. 低合金高强度结构钢焊前预热范围为焊缝两侧各不小于焊件厚度 3 倍，且不小于(　　)mm。

A. 50　　B. 100　　C. 200　　D. 300

36. 16Mn 钢焊接时焊条应选用(　　)。

A. E4315　　B. E5015　　C. E5515-G　　D. E6015-D1

37. 15MnV 钢属于(　　)。

A. Q295　　B. Q345　　C. Q390　　D. Q420

二、判断题

(　　)1. 耐蚀钢可分为化工、石油用耐蚀钢和海水、大气耐蚀用钢(又称耐候钢)及耐海水腐蚀用钢。

(　　)2. 屈服点在 390 MPa 以下的低合金结构钢焊接时，一般仍可以不预热，只有在厚板、刚性大的结构且环境温度低的条件下，需预热 100～150 ℃。

(　　)3. 对于压力容器壁厚达到规定厚度时和图样注明有应力腐蚀的容器等，焊后要进行消除应力热处理。

(　　)4. 碳当量越大，焊接性越好。

(　　)5. 低合金高强度结构钢随着强度等级提高，其淬硬冷裂倾向随之变大，焊接性变差。

(　　)6. 18MnMoNb 钢的焊接性较差，埋弧自动焊时，层间温度应控制在 100～150 ℃。

(　　)7. 18MnMoNb 钢的焊接性较差，埋弧自动焊时，层间温度应控制在 250～300 ℃。

(　　)8. 碳当量小于 0.40%时，钢的淬硬冷裂倾向不大，焊接性优良，碳当量为0.40%～0.60%时，钢的淬硬冷裂倾向增大，焊接时需要采取预热、控制焊接参数等工艺措施，碳当量大于 0.60%时，钢的淬硬冷裂倾向强，属于较难焊的钢。

(　　)9. 国际焊接学会的碳当量计算公式只考虑了化学成分、扩散氢含量、板厚三者对焊接性的影响，还没有考虑焊接方法，构件使用要求等其他因素对焊接性的影响。

(　　)10. 钢的碳当量越大焊接性越好。

(　　)11. 碳当量只考虑了碳钢和低合金高强度钢化学成分对焊接性的影响，而没有考虑其他因素对焊接性的影响。

(　　)12. 低合金高强度结构钢按抗拉强度分有 Q295、Q345 等五种。

(　　)13. 低合金高强度结构钢强度级别增大，淬硬冷裂纹倾向减小。

(　　)14. 低合金高强度结构钢焊接时产生热裂纹的可能性比冷裂纹小得多。

(　　)15. 低合金高强度结构钢焊接时随着碳当量增大，预热温度要相应提高。

(　　)16. 低合金高强度结构钢焊接时随着板厚增加，预热温度要相应降低。

(　　)17. 强度级别较高的低合金高强度结构钢焊前采取预热时，应采用大线能量焊接。

(　　)18. 强度级别较高的低合金高强度结构钢焊后立即消氢处理是防止焊接冷裂纹的有效措施之一。

(　　)19. 强度级别较高的低合金高强度钢焊接时，考虑焊缝的塑性和韧性可选用比母材低一级强度的焊条。

(　　)20. 16Mn 碳当量为 0.32%～0.47%，焊接前一般不必预热。

三、多项选择题

1. 影响焊接性的因素有(　　)。

A. 金属材料的种类及其化学成分　　B. 焊接方法等焊接工艺条件

C. 构件类型　　D. 构件使用要求

E. 焊接操作技术　　F. 焊接检验技术

2. 低合金专业用结构钢按用途可分为(　　)。

A. 耐蚀钢　　B. 不锈钢　　C. 耐磨钢

D. 低温钢　　E. 珠光体耐热钢　　F. 奥氏体耐热钢

3. 低合金高强度结构钢焊接时的主要问题是(　　)。

A. 裂纹　　B. 气孔　　C. 粗晶区脆化

D. 应力腐蚀　　E. 晶间腐蚀　　F. 软化

4. 强度级别较高的低合金高强度结构钢焊接工艺特点有(　　)。

A. 焊前预热　　B. 控制线能量　　C. 采取降低含氢量的工艺措施

D. 长弧焊　　E. 预热和焊后热处理

5. 低合金高强度结构钢焊接时的预热温度决定于(　　)。

A. 化学成分(碳当量)　　B. 电源极性　　C. 操作技术

D. 板厚　　E. 焊件结构、形状和拘束度　　F. 环境温度

6. 将(　　)等合金元素加入钢中能提高钢的室温和高温强度。

A. Mo　　B. W　　C. V

D. Ti　　E. Nb　　F. B

四、名词解释

1. 焊接性：

2. 碳当量：

五、问答题

简述低合金结构钢的焊接工艺特点有哪些？

3.2.10 珠光体耐热钢和低温钢的焊接

知识要点

1. 掌握珠光体耐热钢的特性及其焊接性；
2. 掌握珠光体耐热钢的焊接工艺要点；
3. 了解珠光体耐热钢的焊接方法；
4. 了解低温钢的分类及特性；
5. 熟知低温钢的焊接特点。

一、单项选择题

1. 在高温、高压蒸汽的运行条件下，碳钢的最高温度为(　　)℃。
A. 350　　B. 450　　C. 550　　D. 650
2. 珠光体耐热钢最高使用温度一般为(　　)℃。
A. 350～400　　B. 400～450　　C. 450～500　　D. 500～600
3. (　　)是珠光体耐热钢的主要合金元素。
A. Cr 和 Ni　　B. Cr 和 Mn　　C. Mn 和 Mo　　D. Cr 和 Mo
4. 珠光体耐热钢焊前局部预热必须保证预热宽度，焊缝两侧各大于所焊壁厚的 4 倍，且至少不小于(　　)mm。
A. 50　　B. 100　　C. 150　　D. 200
5. (　　)不是珠光体耐热钢焊后热处理的目的。
A. 改善接头组织，提高组织稳定性　　B. 防止延迟裂纹
C. 防止热裂纹　　D. 提高接头综合力学性能
6. 珠光体耐热钢的焊接性主要是易产生(　　)。
A. 冷裂纹和晶间腐蚀　　B. 再热裂纹和晶间腐蚀
C. 热裂纹和晶间腐蚀　　D. 冷裂纹和再热裂纹
7. 珠光体耐热钢焊条电弧焊焊后应立即进行(　　)。
A. 中温回火　　B. 低温回火　　C. 退火　　D. 高温回火

8. 牌号为 W707 的焊条是(　　)焊条。
A. 结构钢　B. 珠光体耐热钢　C. 奥氏体不锈钢　D. 低温钢

9. 珠光体耐热钢焊前预热温度一般在(　　)℃范围。
A. 100～150　B. 200～300　C. 350～400　D. 400～450

10. 珠光体耐热钢焊条是根据母材的(　　)来选择的。
A. 力学性能　B. 化学成分
C. 高温抗氧化性能　D. 使用温度

11. 牌号为 R317 的焊条是(　　)焊条。
A. 珠光体耐热钢　B. 结构钢
C. 奥氏体不锈钢　D. 奥氏体耐热钢

12. 低温钢埋弧自动焊时,焊接线能量应控制在(　　)kJ/cm。
A. 25～28　B. 28～45　C. 45～50　D. 50～55

13. (　　)是珠光体耐热钢的主要合金元素。
A. Cr 和 Ni　B. Cr 和 Mo
C. Mn 和 Mo　D. Ni 和 Mo

14. 低温钢焊接时,关键是要保证(　　)。
A. 不产生冷裂纹　B. 接头的低温强度
C. 焊缝区和组晶区的低温韧性　D. 接头的低温弯曲性能

15. 铬钼珠光体耐热钢焊接时,采用较小的线能量,有利于减小焊接应力,细化晶粒,改善组织与提高(　　)。
A. 硬度　B. 塑性　C. 冲击韧性　D. 抗氧化性

16. (　　)钢是珠光体耐热钢。
A. 16Mn　B. 1Cr18Ni9　C. 45　D. 15CrMo

17. 低碳钢不能用来制造工作温度大于(　　)℃的容器等设备。
A. 300　B. 400　C. 500　D. 600

18. 珠光体耐热钢在(　　)℃时仍保持有较高的强度。
A. 300～400　B. 400～500　C. 500～600　D. 600～700

19. 珠光体耐热钢焊条电弧焊时,选择焊条是根据母材的(　　)。
A. 力学性能　B. 高温强度
C. 高温抗氧化性能　D. 化学成分

20. 焊条牌号 R317 是(　　)。
A. 碳钢焊条　B. 结构钢焊条
C. 奥氏体不锈钢焊条　D. 珠光体耐热钢焊条

21. 16MnDR 钢最低使用温度为(　　)。
A. －40 ℃　B. －50 ℃　C. －60 ℃　D. －70 ℃

22. 9Ni 钢最低使用温度为(　　)。
A. －40 ℃　B. －100 ℃　C. －196 ℃　D. －253 ℃

23. 16MnDR 焊条电弧焊时焊条采用(　　)。
A. W607　B. W707　C. W107　D. J507RH

二、判断题

(　　)1. 珠光体耐热钢是以铬钼为基础的具有高温强度和抗氧化性的高合金钢。

(　　)2. 珠光体耐热钢焊前局部预热必须保证预热宽度，焊缝两侧各大于所焊壁厚的 4 倍，且至少不小于 250 mm。

(　　)3. 低温压力容器用钢 16MnDR 的最低使用温度为－20 ℃。

(　　)4. 低温钢焊接时，关键是要保证焊缝区和粗晶区的低温韧性。

(　　)5. 珠光体耐热钢焊条是根据母材的高温强度来选择的。

(　　)6. A137 是一种珠光体耐热钢焊条。

(　　)7. 低温钢 9Ni 钢的最低使用温度为－100 ℃。

(　　)8. 珠光体耐热钢焊条电弧焊或埋弧自动焊焊后应立即进行高温回火，以消除焊接残余应力，防止延迟裂纹，改善接头组织，提高接头综合力学性能等。

(　　)9. 珠光体耐热钢的特性通常用高温强度和高温抗氧化性两种指标来表示。

(　　)10. 预热是焊接珠光体耐热钢的重要工艺措施。

(　　)11. 珠光体耐热钢焊接时热影响区有较大的淬硬倾向，焊后常会出现硬脆的马氏体组织。

(　　)12. 铬钼珠光体耐热钢焊后应立即进行高温回火。

(　　)13. 焊接珠光体耐热钢时选用碱性焊条是防止冷裂纹的主要措施之一。

(　　)14. 钨极氩弧焊焊接珠光体耐热钢可以降低预热温度，有时甚至可以不预热。

(　　)15. 低温钢一般以屈服点分级。

(　　)16. 钢号 16MnDR 中，“DR”表示低温压力容器用钢。

(　　)17. 对低温钢性能的要求，主要是要保证在使用温度下具有足够的低温韧度与抗脆性破坏的能力。

(　　)18. －100～－40 ℃的铁素体型低合金低温钢具有良好的焊接性。

(　　)19. 低温钢焊接时要采用小线能量。

(　　)20. 焊条牌号 W607 中，“W”表示低温钢焊条。

三、多项选择题

1. 提高钢抗氧化性能最有效途径是加入(　　)等合金元素。

A. Mn　　B. Si　　C. Cr
D. Al　　E. Ca　　F. Cu

2. (　　)是珠光体耐热钢的主要合金元素。

A. Cr　　B. Mo　　C. Si
D. V　　E. Ti　　F. Nb

3. 珠光体耐热钢的焊接主要存在(　　)问题。

A. 易产生冷裂纹　　B. 易产生热裂纹　　C. 易产生再热裂纹
D. 易产生晶间腐蚀　　E. 易产生应力腐蚀

4. 珠光体耐热钢焊后热处理的目的有(　　)。

A. 消除焊接残余应力　　B. 防止产生延迟裂纹
C. 改善接头组织　　D. 提高接头的综合力学性能

E. 提高组织稳定性　　F. 降低焊缝和热影响区的硬度

5. 下列焊接方法中(　　)可用于焊接珠光体耐热钢。

A. 焊条电弧焊　　B. 埋弧自动焊　　C. CO_2气体保护焊

D. 电渣焊　　E. 钨极氩弧焊

四、简答题

珠光体耐热钢的焊接性主要存在哪两个问题?

五、问答题

1. 珠光体耐热钢的焊接工艺要点有哪些?

2. 请叙述 W607 中的“W”“60”“7”所代表的意思。

“W”:

“60”:

“7”:

3.2.11　奥氏体不锈钢的焊接

知识要点

1. 了解不锈钢的分类;
2. 熟知不锈钢的性能;
3. 掌握奥氏体不锈钢的焊接性;
4. 掌握奥氏体不锈钢焊接工艺特点;
5. 熟知奥氏体不锈钢的焊接方法。

一、单项选择题

1. 奥氏体不锈钢焊接时,如果焊接材料选用不当或焊接工艺不合理时,会产生(　　)等问题。

A. 接头软化和热裂纹

B. 降低接头抗晶间腐蚀能力和冷裂纹

C. 降低接头抗晶间腐蚀能力和再热裂纹

D. 降低接头抗晶间腐蚀能力和热裂纹

2. (　　)不是奥氏体不锈钢的焊接工艺特点。

A. 不能进行预热和后热工艺　　B. 采用小线能量,小电流快速焊

C. 要快速冷却　　D. 焊前预热

3.（　　）不是奥氏体不锈钢合适的焊接方法。

A. 焊条电弧焊　B. 钨极氩弧焊　C. 埋弧自动焊　D. 电渣焊

4.（　　）不是奥氏体不锈钢焊条电弧焊工艺操作必须遵循的原则。

A. 采用小线能量，小电流短弧快速焊　B. 采用多层多道焊

C. 采用焊条摆动的窄道焊　D. 选用碱性焊条，采用直流反接

5. 不锈钢铬的质量分数均大于（　　）。

A. 25%　B. 23%　C. 18%　D. 12%

6. 牌号为 A137 的焊条是（　　）。

A. 碳钢焊条　B. 低合金钢焊条

C. 珠光体耐热钢焊条　D. 奥氏体不锈钢焊条

7. 为防止奥氏体不锈钢焊接热裂纹，希望焊缝金属组织是奥氏体-铁素体双相组织，其中铁素体的质量分数应控制在（　　）左右。

A. 30%　B. 20%　C. 10%　D. 5%

8. 奥氏体不锈钢多层多道焊时，层间温度（即各焊道间温度）应低于（　　）℃。

A. 350　B. 250　C. 150　D. 60

9.（　　）不是奥氏体不锈钢的焊接工艺特点。

A. 不能进行预热和后热工艺　B. 采用小线能量，小电流快速焊

C. 要快速冷却　D. 采用小线能量，大电流快速焊

10. 奥氏体不锈钢焊条电弧焊时，同样直径的焊条焊接电流比低碳钢焊条降低（　　）。

A. 5%　B. 10%　C. 20%　D. 30%

11. 奥氏体不锈钢焊接时应注意的事项之一，与腐蚀介质接触的焊缝（　　）。

A. 最后焊　B. 最先焊

C. 无任何要求　D. 无论先焊或后焊都可以

12. 加热温度（　　）℃是不锈钢晶间腐蚀的危险温度区，或称敏化温度区。

A. 450～850　B. 850～950　C. 950～1 050　D. 1 100～1 300

13. 奥氏体不锈钢焊接工艺特点（　　）；焊后快速冷却；不能进行预热和后热工艺；一般不进行消除焊接残余应力的焊后热处理等。

A. 采用小线能量，大电流快速焊　B. 采用小线能量，小电流快速焊

C. 采用小线能量，小电流摆动焊　D. 采用小线能量，大电流摆动焊

14. 奥氏体不锈钢多层多道焊时，层间温度（即各焊道间温度）应低于（　　）℃。

A. 25　B. 60　C. 150　D. 250

15. 奥氏体不锈钢焊接时应注意的事项之一，对装配好的坡口及两侧（　　）mm 范围内去除油、锈。

A. 40～50　B. 35～40　C. 30～35　D. 20～30

16.（　　）不是奥氏体不锈钢焊接时防止热裂纹的措施。

A. 严格限制焊缝中硫、磷等杂质的质量分数

B. 选用双相组织的焊条

C. 采用小线能量，多层多道焊

D. 选用酸性焊条

17. 奥氏体不锈钢焊条电弧焊时，焊接电流(A)一般取焊条直径(mm)的(　　)倍。

A. 15～20　　B. 25～30　　C. 35～40　　D. 45～50

18. 奥氏体不锈钢熔化极氩弧焊一般采用(　　)富氩混合气体保护。

A. Ar+0.5%～1%O_2

B. Ar+1%～5%O_2

C. Ar+5%～10%O_2

D. Ar+10%～15%O_2

19. 不锈钢铬的质量分数均大于(　　)。

A. 9%　　B. 12%　　C. 15%　　D. 18%

20. 2Cr13 是(　　)型不锈钢。

A. 马氏体　　B. 铁素体　　C. 奥氏体　　D. 奥氏体-铁素体

21. 1Cr17 是(　　)型不锈钢。

A. 马氏体　　B. 铁素体　　C. 奥氏体　　D. 奥氏体-铁素体

22. 1Cr18Ni9Ti 是(　　)型不锈钢。

A. 马氏体　　B. 铁素体　　C. 奥氏体　　D. 奥氏体-铁素体

23. 加热温度(　　)是奥氏体不锈钢晶间腐蚀的危险温度区(或称敏化温度区)。

A. 150～450 ℃　　B. 450～850 ℃　　C. 850～950 ℃　　D. 950～1 050 ℃

24. 超低碳奥氏体不锈钢碳的质量分数为(　　)。

A. ≤0.14%　　B. ≤0.10%　　C. ≤0.06%　　D. ≤0.03%

25. 奥氏体不锈钢焊缝金属组织希望是奥氏体-铁素体双相组织，其中铁素体的数量控制在(　　)左右。

A. 5%　　B. 10%　　C. 15%　　D. 20%

26. 奥氏体不锈钢焊接时，焊接电流比低碳钢降低(　　)左右。

A. 10%　　B. 20%　　C. 30%　　D. 40%

27. 奥氏体不锈钢焊接时，采用多层多道焊，各焊道间温度应低于(　　)。

A. 25 ℃　　B. 60 ℃　　C. 100 ℃　　D. 200 ℃

28. 焊接 00Cr19Ni10 的焊条应选用(　　)。

A. A002　　B. A102　　C. A132　　D. A407

29. 焊接 0Cr18Ni9 的焊条应选用(　　)。

A. A002　　B. A102　　C. A132　　D. A407

30. 焊接 1Cr18Ni9Ti 的焊条应选用(　　)。

A. A002　　B. A102　　C. A132　　D. A407

二、判断题

(　　)1. 不锈钢铬的质量分数均大于 18%。

(　　)2. 选用碱性焊条，采用直流反接是奥氏体不锈钢焊条电弧焊工艺操作必须遵循的原则之一。

(　　)3. 加热温度 450～850 ℃是不锈钢晶间腐蚀的危险温度区，或称敏化温度区。

(　　)4. 磷是奥氏体不锈钢中形成低熔点共晶杂质的元素。

(　　)5. 加热温度 950～1 250 ℃是不锈钢晶间腐蚀的危险温度区，或称敏化温度区。

(　　)6. 为了防止奥氏体不锈钢焊接热裂纹，希望焊缝金属组织是奥氏体-铁素体双相组织，其中铁素体的质量分数应控制 15%左右。

(　　)7. CO_2气体保护焊对奥氏体不锈钢还不适用。

(　　)8. 奥氏体不锈钢常用的焊接方法有焊条电弧焊、钨极氩弧焊、埋弧自动焊、熔化极氩弧焊、等离子弧焊等。

(　　)9. 焊接低温钢结构应注意避免缺陷，并及时修补。

(　　)10. 奥氏体不锈钢的热导率高于低碳钢。

(　　)11. 奥氏体不锈钢的线膨胀系数比碳钢小。

(　　)12. 奥氏体不锈钢没有磁性。

(　　)13. 不锈钢在一定条件下发生晶间腐蚀会导致沿晶界断裂，这是不锈钢最危险的一种破坏形式。

(　　)14. 奥氏体不锈钢加热温度小于 450 ℃时，不会产生晶间腐蚀。

(　　)15. 奥氏体不锈钢加热温度大于 850 ℃时，会导致晶间腐蚀。

(　　)16. 不锈钢产生晶间腐蚀的原因是晶粒边界线形成铬的质量分数降至 12%以下的贫铬区。

(　　)17. 奥氏体不锈钢塑性和韧性很好，具有良好的焊接性，焊接时一般不需要采取特殊的焊接工艺措施。

(　　)18. 焊条电弧焊和氩弧是奥氏体不锈钢常用的焊接方法。

(　　)19. 奥氏体不锈钢焊条的选用，应根据母材的化学成分，选用化学成分类型相同的奥氏体不锈钢焊条。

(　　)20. 为防止晶间腐蚀，与腐蚀介质接触的焊缝应先焊。

(　　)21. 为避免焊条电弧焊的飞溅损伤不锈钢表面，在坡口及两侧刷涂石灰水或专用防飞溅剂。

(　　)22. 奥氏体不锈钢焊接时，不要在坡口之外的焊件上打弧。

(　　)23. 奥氏体不锈钢焊后，矫正焊接变形只能采用机械矫正，不能采用火焰矫正。

三、多项选择题

1. 不锈钢按正火状态下的组织不同分为(　　)。
   A. 珠光体不锈钢　　B. 马氏体不锈钢　　C. 铁素体不锈钢
   D. 奥氏体不锈钢　　E. 莱氏体不锈钢　　F. 奥氏体-铁素体型不锈钢

2. 不锈钢按合金元素的特点分为(　　)。
   A. 铬不锈钢　　B. 钼不锈钢　　C. 镍不锈钢
   D. 钛不锈钢　　E. 铬镍不锈钢　　F. 铬钼不锈钢

3. 防止奥氏体不锈钢晶间腐蚀的主要措施有(　　)。
   A. 采用超低碳不锈钢　　B. 采用双相组织　　C. 添加稳定剂
   D. 进行固溶处理　　E. 进行均匀化处理　　F. 消除应力退火

4. 奥氏体不锈钢焊接时，如果焊接材料选用不当或焊接工艺不合理，会产生(　　)等问题。
   A. 降低焊接接头抗晶间腐蚀能力　　B. 热裂纹
   C. 冷裂纹　　D. 再热裂纹

5. 奥氏体不锈钢焊接时产生热裂纹的原因之一是(　　)等元素形成低熔点共晶杂质偏析比较严重。

A. 碳　　B. 锰　　C. 硅

D. 硫　　E. 磷　　F. 镍

6. 奥氏体不锈钢焊接时防止热裂纹的措施有(　　)。

A. 严格限制焊缝中硫、磷、碳的质量分数　　B. 选用双粗组织的焊条

C. 选用碱性焊条和焊剂　　D. 适当增大焊缝开关系数

E. 采用小线能量,多层多道焊　　F. 填满弧坑

7. 奥氏体不锈钢焊接工艺特点有(　　)。

A. 采用小线能量,小电流快速焊

B. 要快速冷却

C. 焊前预热,焊后缓冷

D. 不进行预热和后热

E. 焊后消除应力退火

F. 一般不进行消除焊接残余应力热处理

8. 奥氏体不锈钢焊接时,采用小线能量、小电流快速焊可(　　)。

A. 防止晶间腐蚀　　B. 减小焊接应力,防止热裂纹和应力腐蚀

C. 减小焊接变形　　D. 防止奥氏体不锈钢焊条药皮发红

E. 防止冷裂纹　　F. 提高生产率

9. 从经济、实用和技术性能方面考虑,用于焊接奥氏体不锈钢的熔焊方法有(　　)。

A. 焊条电弧焊　　B. 钨极氩弧焊　　C. CO_2气体保护焊

D. 埋弧自动焊　　E. 电渣焊　　F. 等离子弧焊

四、简答题

简述不锈钢的分类。

五、问答题

1. 防止晶间腐蚀的主要措施有哪些?

2. 奥氏体不锈钢焊接时防止产生裂纹的措施有哪些？

3. 奥氏体不锈钢的焊接工艺特点有哪些？

3.3 焊后检查

3.3.1 焊接缺陷分析

知识要点

1. 熟知焊接缺陷的种类及危害；
2. 掌握裂纹产生的原因及防止措施；
3. 掌握气孔产生的原因及防止措施；
4. 掌握夹渣产生的原因及防止措施；
5. 掌握未焊透产生的原因及防止措施；
6. 掌握未熔合产生的原因及防止措施；
7. 掌握夹钨产生的原因及防止措施；
8. 掌握焊接缺陷的返修。

一、单项选择题

1. 焊接接头冷却到(　　)时产生的焊接裂纹属于冷裂纹。
   A. 液相线附近　B. 固相线附近　C. A_1 线附近　D. 降低温度
2. 工件表面锈皮未清除干净会引起(　　)。
   A. 气孔　B. 在热裂纹　C. 咬边　D. 弧坑
3. (　　)不是防止气孔的措施。
   A. 清除坡口及两侧的锈、油、水　B. 按规定参数烘干焊条、焊剂
   C. 采用短弧焊　D. 采用小线能量
4. (　　)不是焊接缺陷返修次数增加引起的不利影响。
   A. 引起裂纹等缺陷　B. 接头性能降低

C. 会使金属晶粒粗大　　D. 焊接应力减小

5. (　　)不是危害最大的焊接缺陷。

A. 裂纹　　B. 未熔合　　C. 咬边　　D. 夹渣

6. (　　)不是防止冷裂纹的措施。

A. 焊前预热　　B. 选用碱性焊条

C. 焊后立即后热(消氢处理)　　D. 限制钢材和焊接中硫的质量分数

7. (　　)不是产生未焊透的原因。

A. 坡口角度太小,钝边太大、间隙太小　　B. 焊接电流太小

C. 焊接速度太快　　D. 采用短弧焊

8. (　　)不是防止未熔合的措施。

A. 焊条角度和运条要合适

B. 认真清理坡口和焊缝上的脏物

C. 稍大的焊接电流,焊接速度不过快

D. 按规定参数严格烘干焊条、焊剂

9. (　　)不是焊缝内部缺陷。

A. 未熔合　　B. 未焊透　　C. 夹渣　　D. 焊瘤

10. (　　)不是促成冷裂纹的主要因素。

A. 钢种淬硬倾向大,产生淬硬组织　　B. 接头受到的拘束应力大

C. 较多扩散氢的存在和浓集　　D. 较多氧的存在和聚集

11. 下列缺陷一般除(　　)外,均需进行返修。

A. 焊缝表面有裂纹

B. 焊缝表面有气孔、夹渣

C. 焊缝内部有超过图样和标准规定的缺陷

D. 深度不大于 0.5 mm、连续长度不大于 100 mm 的咬边

12. 适当增大焊缝成形系数,可以防止(　　)。

A. 再热裂纹　　B. 冷裂纹　　C. 未焊透　　D. 热裂纹

13. 钨极直径太小、焊接电流太大是产生(　　)的原因之一。

A. 冷裂纹　　B. 热裂纹　　C. 再热裂纹　　D. 夹钨

14. 焊缝内部缺陷有(　　)、气孔、夹渣、未焊透和未熔合五种。

A. 焊瘤　　B. 咬边　　C. 裂纹　　D. 弧坑

15. 按规定参数烘干焊条、焊剂是防止(　　)的措施之一。

A. 夹渣　　B. 热裂纹　　C. 再热裂纹　　D. 气孔

16. 焊接过程中钨极接触熔池或焊丝是产生(　　)的原因之一。

A. 冷裂纹　　B. 夹渣　　C. 夹钨　　D. 未焊透

17. 在焊接过程中,焊缝和热影响区金属冷却到(　　)附近的高温区进产生的裂纹属于热裂纹。

A. A_3 线　　B. A_{cm} 线　　C. 固相线　　D. 液相线

18. 适当增大焊缝成形系数,可以防止(　　)。

A. 再热裂纹　　B. 冷裂纹　　C. 未焊透　　D. 热裂纹

19. 焊接接头冷却到(　　)时产生的焊接裂纹属于冷裂纹。

A. 液相线附近　B. 固相线附近　C. 较低温度　D. A_3 线附近

20. 防止冷裂纹措施有选用(　　)焊条;焊条、焊剂严格按规定烘干;提高焊缝金属的塑性;选择合理的焊接工艺;改善结构的应力状态,降低焊接应力。

A. 酸性　B. 低氢型　C. 马氏体不锈钢　D. 铁素体不锈钢

21. 焊缝内部缺陷有(　　)、气孔、夹渣、未焊透和未熔合五种。

A. 弧坑　B. 咬边　C. 下塌　D. 裂纹

22. 在焊接过程中,焊缝金属冷却到(　　)附近的高温区时产生的裂纹属于热裂纹。

A. A_3 线　B. A_{cm} 线　C. A_1 线　D. 固相线

23. 防止产生夹渣的主要措施之一是(　　)。

A. 按规定参数烘干焊条、焊剂　B. 保证焊缝熔深大、熔宽小

C. 严格控制层间温度　D. 焊层、焊道之间仔细清渣

24. 在焊接过程中,焊缝和热影响区金属冷却到(　　)附近的高温区时产生的裂纹属于热裂纹。

A. 液相线　B. A_3 线　C. A_1 线　D. 固相线

25. 焊接接头冷却到(　　)时产生的焊接裂纹属于冷裂纹。

A. 液相线附近　B. A_3 线　C. 较低温度　D. 固相线附近

26. (　　)缺陷对焊接接头危害性最严重。

A. 气孔　B. 夹渣　C. 夹钨　D. 氢致裂纹

27. 适当提高焊缝成形系数,可以防止(　　)缺陷。

A. 再热裂纹　B. 未焊透　C. 热裂纹　D. 氢致裂纹

28. (　　)不是产生未焊透的原因。

A. 焊接坡口钝边太大,装配间隙太小　B. 焊条熔化太快

C. 焊条角度不合适,电弧偏吹　D. 焊接时采用短弧焊

29. 焊缝缺陷返修要求挖除缺陷时,一般每侧不应超过板厚的(　　)。

A. 1/3　B. 2/3　C. 1/2　D. 3/4

二、判断题

(　　)1. 钨极直径太小、焊接电流太大是产生未焊透的原因之一。

(　　)2. 低熔点共晶的存在是产生冷裂纹主要因素之一。

(　　)3. 焊接缺陷在焊缝中的位置不同,可分为外部缺陷和内部缺陷。

(　　)4. 内部缺陷位于焊缝内部,可用破坏性试验、无损探伤方法和焊缝检测尺来发现。

(　　)5. 脆断总是从焊接接头中的缺陷开始。

(　　)6. 在不重要的焊接结构中,存在少量的短裂纹是允许的。

(　　)7. 焊接接头中存在较多的氢、淬硬组织或较大的拘束应力三个因素中,只要存在一个就可以产生冷裂纹。

(　　)8. 再热裂纹是焊后焊件在一定温度范围内再次加热而产生的裂纹。

(　　)9. 焊条烘干温度过高而使药皮中部分成分变质失效,会使焊缝产生气孔。

(　　)10. 夹渣会引起应力集中,因此焊接结构不允许有夹渣存在。

(　　)11. 焊接缺陷进行返修前，必须对焊接缺陷进行彻底的清除。

(　　)12. 焊缝返修时，如已挖到板厚的 2/3 仍有缺陷，或者没有发现缺陷应继续挖找直到找到缺陷为止。

(　　)13. 缺陷的焊补工艺中必须采用单道焊。

(　　)14. 缺陷返修部位的焊缝表面，应修磨使之与原焊缝基本一致，做到圆滑过渡，以减少应力集中提高抗裂性能。

三、多项选择题

1. 焊接过程中在焊接接头中产生的(　　)现象称为焊接缺陷。
   A. 焊接变形　　B. 金属不连续　　C. 强度降低
   D. 金属不致密　　E. 金属连接不良　　F. 不耐腐蚀
2. 焊接外部缺陷位于焊缝外表面用肉眼或低倍放大镜就可看到如(　　)等。
   A. 焊缝尺寸不符合要求　　B. 咬边　　C. 弧坑缺陷
   D. 表面气孔　　E. 表面裂纹
3. 在焊缝中存在的焊接缺陷引起的危害是(　　)。
   A. 减小了焊缝有效承载截面积　　B. 削弱焊缝的强度
   C. 产生很大的应力集中　　D. 造成材料开裂
   E. 产品破裂　　F. 结构产生脆性断裂
4. 根据破坏事故的现场分析，焊接缺陷中危害最大的是(　　)。
   A. 气孔　　B. 咬边　　C. 夹渣
   D. 未焊透　　E. 未熔合　　F. 裂纹
5. 在焊接过程中，热裂纹可看成是(　　)联合作用而形成的。
   A. 氢　　B. 淬硬组织　　C. 拉应力
   D. 低熔点共晶　　E. 白铸铁组织　　F. 氮
6. 防止热裂纹的主要措施有(　　)。
   A. 限制钢材和焊材中的硫、磷等元素　　B. 改善熔池金属的一次结晶
   C. 控制焊接工艺参数　　D. 采用碱性焊条和焊剂
   E. 填满弧坑　　F. 降低焊接应力
7. 钢中冷裂纹产生的主要因素有(　　)。
   A. 较多扩散氢的存在和聚集　　B. 钢种的淬硬组织倾向大
   C. 焊接接头存在较大的拘束应力　　D. 低熔点共晶的存在
   E. 白铸铁组织的存在　　F. 较多氮的存在和聚集
8. 防止冷裂纹的主要措施有(　　)。
   A. 选用优质的低氢型焊条
   B. 焊条和焊剂严格烘干
   C. 严格清理焊丝和工件坡口两侧的油、锈、水分，控制环境湿度
   D. 改善焊缝金属的性能
   E. 选择合理的焊接工艺
   F. 改善结构的应力状态
9. 按规定烘干焊条可防止(　　)焊接缺陷。

A. 气孔　B. 热裂纹　C. 再热裂纹
D. 冷裂纹　E. 夹渣　F. 未焊透

10. 铁锈没清除干净会引起(　　)焊接缺陷。
A. 气孔　B. 热裂纹　C. 再热裂纹
D. 冷裂纹　E. 夹渣　F. 未焊透

11. (　　)是防止气孔的措施。
A. 碱性焊条施焊时采用短弧
B. 焊条和焊剂严格烘干
C. 严格清理焊丝和工件坡口两侧的油、锈、水分
D. 焊后热处理
E. 焊接电流和焊接速度要合适
F. 改善结构的应力状态

12. 焊条电弧焊时产生夹渣的原因有(　　)。
A. 碱性焊条施焊时弧长短　B. 焊条和焊剂未严格烘干
C. 焊件边缘及焊层、焊道之间清理不干净　D. 焊条角度和运条方法不当
E. 焊接电流太小,焊接速度过快　F. 坡口角度小

13. 防止未熔合的措施主要有(　　)。
A. 焊条和焊炬的角度要合适　B. 焊条和焊剂严格烘干
C. 认真清理工件坡口和焊缝上的脏物　D. 防止电弧偏吹
E. 用稍大的焊接电流和合适的焊接速度　F. 改善结构的应力状态

14. 焊接结构经过检验,当(　　)时,均需进行返修。
A. 焊缝内部有超过无损探伤标准的缺陷
B. 焊缝表面有裂纹
C. 焊缝表面有气孔
D. 焊缝收尾处有大于 0.5 mm 深的坑
E. 焊缝表面有大于 0.5 mm 的咬边
F. 焊接接头存在较大的焊接应力

15. 焊接结构返修次数增加,会使(　　)。
A. 焊接应力减小　B. 金属晶粒粗大　C. 金属硬化
D. 引起裂纹等缺陷　E. 提高焊接接头强度　F. 降低接头的性能

四、问答题

1. 焊接缺陷的种类有哪些?

2. 热裂纹的防止措施有哪些？

3. 冷裂纹的防止措施有哪些？

4. 再热裂纹的防止措施有哪些？

5. 气孔的防止措施有哪些？

6. 未焊透产生的原因有哪些？

7. 未熔合产生的原因有哪些？

3.3.2　焊接检验

知识要点

1. 了解焊接检验方法分类；
2. 熟知力学性能试验；
3. 了解其他破坏性试验；
4. 掌握非破坏性检验方法；
5. 熟知X射线探伤的评定。

一、单项选择题

1.（　　）不是焊接检验的目的。

A. 发现焊接缺陷　　B. 测定焊接残余应力

C. 确保产品的焊接质量　　D. 确保产品的安全使用

2.（　　）不是拉伸试验的目的。

A. 测定焊接残余应力　　B. 测定屈服点

C. 测定伸长率　　D. 测定断面收缩率

3. 弯曲试验的目的是测定焊接接头的（　　）。

A. 强度　　B. 硬度　　C. 韧性　　D. 塑性

4.（　　）不属于破坏性试验。

A. 拉伸试验　　B. 弯曲试验　　C. 冲击试验　　D. 水压试验

5.（　　）不是超声波探伤的缺点。

A. 判断缺陷性质直观性差　　B. 对缺陷尺寸判断不够准确

C. 近表面缺陷不易发现　　D. 要求探伤零件表面粗糙度较高

6. 在射线探伤胶片上呈宽而短的粗线条状，宽度不太一致的缺陷是（　　）。

A. 裂纹　　B. 气孔　　C. 未焊透　　D. 条状夹渣

7.（　　）不是超声波探伤的优点。

A. 灵敏度较高　　B. 探伤周期短

C. 成本低　　D. 判断缺陷性质准确

8. 超声波探伤较射线探伤具有（　　）、探伤周期短、成本低、安全等优点。

A. 判断缺陷性质准确　　B. 较高的灵敏度

C. 判断缺陷位置直观　　D. 要求探头表面光洁度低

9. 我国射线探伤标准规定，焊缝质量分为四个等级，（　　）是2级焊缝内允许存在的缺陷。

A. 裂纹　　B. 未熔合

C. 条状夹渣　　D. 未焊透

10. 在射线探伤胶片上多呈略带曲折的、有时也呈直线状，轮廓较分明，两端较尖细中部稍宽，不大有分枝，两端黑度较浅的缺陷是（　　）。

A. 气孔　　B. 夹渣　　C. 未焊透　　D. 裂纹

11. 我国射线探伤标准规定，焊缝质量分为四个等级，(　　)是 1 级焊缝内允许存在缺陷。

A. 裂纹　　B. 未熔合　　C. 未焊透　　D. 气孔

12. 在射线探伤胶片上多呈略带曲折的、波浪状的黑色细条纹，有时也呈直线状，轮廓较分明，两端较尖细中部稍宽，不大有分枝，两端黑度较浅的缺陷是(　　)。

A. 气孔　　B. 夹渣　　C. 未焊透　　D. 裂纹

13. 我国射线探伤标准规定，焊缝质量分为四个等级，3 级焊缝内不允许有(　　)。

A. 气孔　　B. 夹渣

C. 夹钨　　D. 加垫板单面焊的未焊透

14. 射线探伤焊缝质量评定时的条状夹渣是指长度比大于(　　)的夹渣。

A. 6　　B. 5　　C. 4　　D. 3

15. 在射线探伤胶片上呈一条断续的或连续的黑直线(其宽窄取决于对接焊缝坡口根部间隙的大小)的缺陷是(　　)。

A. 裂纹　　B. 未熔合　　C. 气孔　　D. 未焊透

16. 下列焊接检验方法中，(　　)不属于破坏性检验。

A. 拉伸试验　　B. 致密性试验

C. 弯曲试验　　D. 金相试验

17. 弯曲试验的目的是测定焊接接头的(　　)。

A. 强度　　B. 塑性　　C. 韧性　　D. 硬度

18. 背弯容易发现焊缝(　　)缺陷。

A. 表面　　B. 根部　　C. 内部

19. (　　)不是硬度试验的目的。

A. 测定焊接接头的硬度分布　　B. 测定焊接接头的强度

C. 了解区域偏析　　D. 了解近缝区的淬硬倾向

20. 磁粉探伤方法不能检测(　　)的缺陷。

A. 材料表面　　B. 材料近表面

C. 奥氏体不锈钢　　D. 碳钢

21. 在胶片上显示出呈略带曲折的、波浪状的黑色细条纹，有时也呈直线状，轮廓较分明，两端较尖细中部稍宽的缺陷属于(　　)焊接缺陷。

A. 气孔　　B. 裂纹　　C. 夹渣　　D. 未焊透

22. 在胶片上显示出呈圆形或椭圆形黑点的缺陷属于(　　)焊接缺陷。

A. 气孔　　B. 裂纹　　C. 未熔合　　D. 未焊透

23. 在胶片上显示出呈不同形状的点和条状，黑度较均匀的缺陷属于(　　)焊接缺陷。

A. 未熔合　　B. 裂纹　　C. 夹渣　　D. 未焊透

24. 胶片上显示出呈一条断续的或连续的黑直线，其宽窄取决于对接焊缝间隙的大小或呈一条很细黑线的缺陷属于(　　)焊接缺陷。

A. 气孔　　B. 裂纹　　C. 夹渣　　D. 未焊透

25. 根据 GB 3323—87 的规定，焊缝质量分为(　　)个等级。

A. 2　　B. 3　　C. 4　　D. 5

二、判断题

( )1. 冲击试验的目的是测定焊接接头和焊缝金属的塑性。

( )2. 超声波探伤的缺点是判断缺陷性质直观性差，对缺陷尺寸判断不够准确。近表面缺陷不易发现，且要求操作人员具有较高的技术水平和工作经验。

( )3. 磁粉探伤适用于检测非导磁性材料的表面和近表面的缺陷。

( )4. 我国射线探伤标准规定，焊缝质量分为四个等级，1 级焊缝内允许有少量的气孔和夹渣。

( )5. 超声波探伤较射线探伤具有较高的灵敏度，因此对缺陷性质判断准确。

( )6. 在射线探伤胶片上多呈略带曲折的、波浪状的黑色细条纹，有时也呈直线状，轮廓较分明，两端较尖细中部稍宽，两端黑度较浅的缺陷是夹渣。

( )7. 我国射线探伤标准规定，焊缝质量分为四个等级，2 级焊缝内允许有未焊透。

( )8. 在射线探伤胶片上呈宽而短的粗线条状，宽度不太一致的缺陷是条状夹渣。

( )9. 焊接检验应包括焊前检验、焊接生产中的检验和成品检验。

( )10. 常用的焊接检验方法很多，主要可分为破坏性检验和非破坏性检验两大类。

( )11. 弯曲试验分正弯、背弯和侧弯三种。

( )12. 冲击试验是用来测定焊接接头和焊缝金属在受冲击载荷时抗折断的能力。

( )13. 超声波探伤是检验焊缝内部缺陷的一种准确而可靠的方法，它可以显示出缺陷的种类、形状和大小，并可作永久的记录。

( )14. 超声波探伤可以发现焊接接头表面的焊接缺陷。

( )15. X 射线检验后，在照相胶片上深色影像的焊缝中所显示较白的斑点和条纹即是缺陷。

三、多项选择题

1. 焊接检验的目的在于( )。

A. 检查焊接应力大小　　B. 发现焊接缺陷
C. 确保产品的焊接质量　　D. 确保产品的安全使用
E. 提高焊接接头强度　　F. 检验焊接接头的性能

2. 下列焊接检验方法中( )属于非破坏性检验。

A. 拉伸试验　　B. 致密性试验　　C. 射线探伤
D. 水压试验　　E. 超声波探伤　　F. 外观检验

3. 拉伸试验可用来( )。

A. 测定金属的抗拉强度　　B. 测定金属的屈服点
C. 测定金属的伸长率　　D. 测定金属的断面收缩率
E. 测定金属的耐腐蚀性　　F. 发现试样断口中的焊接缺陷

4. 化学分析试验在检查焊缝金属的化学成分时经常分析的元素有( )。

A. C　　B. Mn　　C. W
D. Si　　E. S　　F. P

5. 根据 X 射线探伤胶片评定焊缝质量时，1 级焊缝表示焊缝内无( )焊接缺陷。

A. 裂纹　　B. 未焊透　　C. 未熔合

D. 气孔　　E. 条形夹渣　　F. 夹钨

6. 根据 X 射线探伤胶片评定焊缝质量时，2 级焊缝表示焊缝内无(　　)焊接缺陷。

A. 裂纹　　B. 未焊透　　C. 未熔合

D. 气孔　　E. 条形夹渣　　F. 夹钨

四、画图题

画出焊接检验的网络图。

五、简答题

1. 焊接缺陷中裂纹在胶片上显示出的特征是什么？

2. 焊接缺陷中未焊透在胶片上显示出的特征是什么？

3. 焊接缺陷中气孔在胶片上显示出的特征是什么？

4. 焊接缺陷中夹渣纹在胶片上显示出的特征是什么？

5. 焊接缺陷中未熔合在胶片上显示出的特征是什么？

6. 焊接缺陷中夹钨在胶片上显示出的特征是什么？

理论知识模拟试卷一(中级工)

一、判断题(下列判断题中,正确的请打"√",错误的打"×"。每题 1 分,共 30 分。)

(　　)1. 焊工职业道德是指从事焊工职业的人员从思想到工作行为所必须遵守的道德规范和行为准则。

(　　)2. 钢材的性能取决于钢材的化学成分,与钢材的组织无关。

(　　)3. 钢和铸铁都是铁碳合金。

(　　)4. 凡方向不随时间变化的电流就是直流电。

(　　)5. 用电流表测量电路中的电流值,需要将电流表并联在被测电路中。

(　　)6. 焊接时,弧光中的紫外线会造成焊工患电光性眼炎。

(　　)7. 用碱性焊条焊接时,药皮中的萤石在高温下会产生氟化氢有毒气体。

(　　)8. 焊条型号 E5515 中的"55"表示熔敷金属抗拉强度最小值为 55 MPa。

(　　)9. 板对接时,焊前应在坡口及两侧 20 mm 范围内,将油污、铁锈、水等清理干净。

(　　)10. 焊接铬镍奥氏体不锈钢时,为了提高耐腐蚀性,焊前应进行预热。

(　　)11. 埋弧自动焊必须使用直流电源。

(　　)12. 埋弧自动焊只适用于平焊和平角焊。

(　　)13. 焊缝成型系数小的单道焊缝宽而浅,不易产生气孔和热裂纹。

(　　)14. 氩气不与金属起化学反应,在高温时不溶于液态金属中。

(　　)15. 钨极氩弧焊时,氩气流量越大,保护效果越好。

(　　)16. CO_2 焊的焊接电流增大时,熔深、熔宽和余高都相应增加。

(　　)17. 电阻焊中电阻对焊是对焊的主要形式。

(　　)18. 凡较长期使用等离子弧切割的工作场地,必须设置强迫抽风或设水工作台。

(　　)19. 焊接热影响区的组织变化决定于焊接热循环。

(　　)20. 空气中的氮气几乎是焊缝中氮的唯一来源。

(　　)21. 焊接材料是影响焊接接头热影响区性能的因素之一。

(　　)22. Y 形坡口的角变形比 U 形坡口小。

(　　)23. 采用小线能量焊接既能减小焊接变形,又能减小焊接应力。

(　　)24. 低合金高强度钢的碳当量越大,焊接性越好。

(　　)25. 强度级别较高的低合金高强度钢焊接时,考虑焊缝的塑性和韧性,可选用强度级别比母材低一级的焊条。

(　　)26. 珠光体耐热钢焊后应立即进行高温回火。

(　　)27. 奥氏体不锈钢产生晶间腐蚀的原因是晶粒边界形成铬的质量分数降至 12% 以下的贫铬区。

(　　)28. 焊接结构的脆断总是从焊接接头中的缺陷开始。

(　　)29. 焊条烘干温度越高,防止冷裂纹和气孔的效果越好。

(　　)30. 超声波探伤可以发现焊接接头近表面的焊接缺陷。

二、单项选择题(下列每题的选项中,只有 1 个是正确的,请将其代号填在括号内。每题 1 分,共 40 分。)

1. 三视图的投影规律是(　　)与俯视图长对正。
A. 左视图　　B. 右视图　　C. 仰视图　　D. 主视图
2. 力学性能指标中符号 σ_b 表示(　　)。
A. 屈服点　　B. 抗拉强度　　C. 伸长率　　D. 冲击韧度
3. 通过人体的电流超过(　　)时,就会危及生命。
A. 0.005 A　　B. 0.05 A　　C. 0.5 A　　D. 5 A
4. 钼的化学元素符号是(　　)。
A. Mg　　B. Mn　　C. Mo　　D. M
5. 对于潮湿而触电危险性又较大的环境,我国规定安全电压为(　　)。
A. 6 V　　B. 12 V　　C. 24 V　　D. 36 V
6. 焊接场地应保持必要的通道,车辆通道宽度不小于(　　)。
A. 1 m　　B. 2 m　　C. 3 m　　D. 5 m
7. 焊工应有足够的作业面积,一般不应小于(　　)。
A. 2 m^2　　B. 4 m^2　　C. 6 m^2　　D. 8 m^2
8. E4303、E5003 属于(　　)药皮类型的焊条。
A. 钛钙型　　B. 钛铁矿型　　C. 低氢钠型　　D. 低氢钾型
9. 焊丝牌号 H08Mn2SiA 中的"08"表示(　　)。
A. 平均含碳量为 0.08%　　B. 平均含碳量为 0.8%
C. 平均含锰量为 8%　　D. 平均含锰量为 0.8%
10. 水平固定管道组对时,应特别注意间隙尺寸,一般应(　　)。
A. 上大下小　　B. 上小下大
C. 左大右小　　D. 左小右大
11. 埋弧自动焊电源外特性是(　　)的。
A. 下降　　B. 水平　　C. 上升
12. WS-250 型焊机是(　　)焊机。
A. 交流手工钨极氩弧焊　　B. 直流手工钨极氩弧焊
C. 交直流两用手工钨极氩弧焊　　D. 熔化极氩弧焊
13. (　　)是影响焊缝宽度的主要因素。
A. 焊接电流　　B. 电弧电压　　C. 焊接速度　　D. 焊丝直径
14. 钨极氩弧焊时,氩气流量(L/min)一般为喷嘴直径(mm)的(　　)。
A. 0.5～0.8　　B. 0.8～1.2　　C. 1.2～1.5　　D. 1.5～2.0
15. 钨极氩弧焊时,易燃物品距离焊接场所不得小于(　　)m。
A. 5　　B. 8　　C. 10　　D. 15
16. 粗丝 CO_2 焊时,熔滴过渡形式往往是(　　)。
A. 短路过渡　　B. 射流过渡　　C. 粗滴过渡　　D. 喷射过渡
17. CO_2 焊的 CO_2 气体具有氧化性,可以抑制(　　)气孔的产生。
A. CO　　B. H_2　　C. N_2　　D. NO

18. CO_2焊的焊丝伸出长度通常取决于（　　）。
A. 焊接电流　B. 电弧电压　C. 焊接速度　D. 焊丝直径

19. 缝焊焊件厚度一般不超过（　　）。
A. 1 mm　B. 2 mm　C. 4 mm　D. 6 mm

20. 中厚板以上的金属材料等离子弧切割时，均采用（　　）等离子弧。
A. 直接型　B. 转移型　C. 非转移型　D. 联合型

21. 等离子弧切割要求电源具有（　　）外特性。
A. 水平　B. 陡降　C. 上升　D. 多种

22. 等离子弧切割时，工作气体应用最广的是（　　）。
A. 氩气　B. 氦气　C. 氮气　D. 氢气

23. 氧在焊缝金属中的存在形式主要是（　　）。
A. FeO 夹杂物　B. SiO_2夹杂物　C. MnO 夹杂物　D. CaO 夹杂物

24. 焊缝和热影响区性能最好的是（　　）。
A. 气焊　B. 焊条电弧焊
C. 埋弧自动焊　D. 手工钨极氩弧焊

25. 长构件因不均匀加热和冷却于焊后两端翘起的变形称为（　　）。
A. 弯曲变形　B. 角变形　C. 扭曲变形　D. 收缩变形

26. 16Mn 钢属于（　　）。
A. Q295　B. Q345　C. Q390　D. Q235

27. 低合金高强度钢和碳钢的碳当量（　　）时，焊接性优良。
A. 小于 0.70%　B. 小于 0.60%　C. 小于 0.50%　D. 小于 0.40%

28. 低碳钢的过热组织为粗大的（　　）。
A. 铁素体　B. 奥氏体　C. 珠光体　D. 魏氏组织

29. 低碳钢不能用来制造工作温度大于（　　）℃的容器等设备。
A. 300　B. 400　C. 500　D. 600

30. 珠光体耐热钢焊条电弧焊时，选择焊条主要根据母材的（　　）。
A. 力学性能　B. 高温强度　C. 高温抗氧化性能　D. 化学成分

31. 焊条牌号 R317 是（　　）焊条。
A. 碳钢　B. 结构钢　C. 奥氏体不锈钢　D. 珠光体耐热钢

32. 16MnDR 最低使用温度为（　　）。
A. −40°C　B. −50°C　C. −60°C　D. −70°C

33. 不锈钢中铬的质量分数均大于（　　）。
A. 9%　B. 12%　C. 15%　D. 18%

34. 1Cr17 是（　　）型不锈钢。
A. 马氏体　B. 奥氏体　C. 铁素体　D. 奥氏体-铁素体

35. 加热温度（　　）是奥氏体不锈钢晶间腐蚀的危险温度区（或称敏化温度区）。
A. 150～450 ℃　B. 450～850 ℃　C. 850～950 ℃　D. 950～1050 ℃

36. 奥氏体不锈钢焊接时，焊接电流比低碳钢降低（　　）左右。
A. 10%　B. 20%　C. 30%　D. 40%

37. 焊接 1Cr18Ni9Ti 的焊条应选用(　　)。

A. A002　　B. A102　　C. A132　　D. A407

38. 在焊接过程中,焊缝和热影响区金属冷却到(　　)附近的高温区时产生的裂纹属于热裂纹。

A. 液相线　　B. 固相线　　C. A_3 线　　D. A_1 线

39. 焊缝缺陷返修要求挖除缺陷时,一般每侧不应超过板厚的(　　)。

A. 1/3　　B. 1/2　　C. 2/3　　D. 3/4

40. 弯曲试验的目的是测定焊接接头的(　　)。

A. 强度　　B. 塑性　　C. 韧性　　D. 硬度

三、多项选择题(下列每题的选项中,至少有 2 个是正确的,请将其代号填在括号内。每题 1.5 分,共 30 分。)

1. 焊工的职业守则应包含(　　)等内容。

A. 遵守国家法律、法规　　B. 爱岗敬业,忠于职守

C. 工作认真负责　　D. 谦虚谨慎,团结合作

E. 坚持文明生产

2. 碳钢中除含有铁、碳元素外,还有少量的(　　)等杂质。

A. 硅　　B. 锰　　C. 钼

D. 铌　　E. 硫　　F. 磷

3. 在部分电路欧姆定律中,电路中电流的大小(　　)。

A. 与电压成正比　　B. 与电压成反比

C. 与电阻值成正比　　D. 与电阻值成反比

4. 在熔焊过程中可能产生对人体有害的气体主要有(　　)。

A. 臭氧　　B. 一氧化碳　　C. 二氧化碳

D. 氮氧化物　　E. 氟化氢

5. 埋弧自动焊与焊条电弧焊相比,其优点有(　　)。

A. 生产效率高　　B. 焊接接头质量好　　C. 对气孔敏感性小

D. 节约焊接材料和电能　　E. 降低劳动强度,劳动条件好

6. 埋弧自动焊最主要的工艺参数是(　　)。

A. 焊接电流　　B. 电弧电压　　C. 焊接速度

D. 焊剂粒度　　E. 焊剂层厚度

7. 钨极氩弧焊时,直流正接适用于焊接(　　)。

A. 低碳钢　　B. 低合金钢　　C. 不锈钢

D. 钛及钛合金　　E. 铜及铜合金　　F. 铝及铝合金

8. 钨极氩弧焊时,焊接电流主要根据(　　)选择。

A. 工件厚度　　B. 焊丝直径　　C. 氩气流量

D. 空间位置　　E. 电源极性　　F. 电极材料

9. 钨极氩弧焊时,氩气流量应根据(　　)来选择。

A. 工件厚度　　B. 焊丝直径　　C. 焊接电流

D. 焊接位置　　E. 喷嘴直径　　F. 焊接速度

10. CO_2焊主要优点有(　　)。
A. 生产率高　B. 成本低　C. 焊缝含氢量少,焊缝质量好
D. 焊接应力大　E. 飞溅少　F. 焊接变形和焊接应力小

11. CO_2焊可能产生的气孔主要有(　　)气孔。
A. CO_2　B. CO　C. H_2
D. O_2　E. N_2

12. CO_2焊的电弧电压一般根据(　　)来选择。
A. 焊丝直径　B. 焊接电流　C. 熔滴过渡形式
D. 电源极性　E. 焊接速度　F. 操作技术

13. 电阻焊的接触电阻大小与(　　)有关。
A. 焊接电流　B. 焊接电压　C. 电极压力
D. 材料性质　E. 焊件表面状况　F. 焊件温度

14. 等离子弧切割设备由(　　)几部分组成。
A. 电源　B. 控制箱　C. 气路系统
D. 水路系统　E. 送丝系统　F. 割炬

15. 焊缝金属中有害的气体元素有(　　)。
A. 硫　B. 磷　C. 氢
D. 氧　E. 氮　F. 氟

16. 低碳钢焊接热影响区一般分为(　　)。
A. 过热区　B. 正火区　C. 部分相变区
D. 回火区　E. 淬火区　F. 部分淬火区

17. 影响焊接性的因素有(　　)。
A. 金属材料的种类及其化学成分
B. 焊接方法等焊接工艺条件
C. 构件类型　D. 构件使用要求
E. 焊接操作技术　F. 焊接检验技术

18. 珠光体耐热钢焊接主要存在(　　)问题。
A. 易产生冷裂纹　B. 易产生热裂纹　C. 易产生再热裂纹
D. 易产生晶间腐蚀　E. 易产生应力腐蚀

19. 根据破坏事故现场分析,焊接缺陷中危害最大的是(　　)。
A. 气孔　B. 咬边　C. 夹渣
D. 未焊透　E. 未熔合　F. 裂纹

20. 钢焊接接头中冷裂纹产生的主要因素有(　　)。
A. 较多扩散氢的存在和聚集
B. 钢种的淬硬组织倾向大
C. 低熔点共晶偏析
D. 氮的存在与聚集
E. 焊接接头存在较大的拘束应力

理论知识模拟试卷二(中级工)

一、判断题(下列判断题中,正确的请打"√",错误的打"×"。每题1分,共30分。)

(　　)1. 焊工执行焊工工艺文件时,可以根据生产情况灵活运用。

(　　)2. 钢材的性能取决于钢材的化学成分和组织结构。

(　　)3. 碳的质量分数大于2.11%的铁碳合金称为钢。

(　　)4. 电流和电压的大小和方向都随时间做周期性的变化时简称为交流电。

(　　)5. 用电压表测量电路中的电压值,需要将电压表串联在被测电路中。

(　　)6. 焊接时,弧光中的红外线会造成焊工患电光性眼炎。

(　　)7. 电焊机的安装应由电工进行,检查、修理则由焊工自己进行。

(　　)8. 不锈钢焊条型号中,字母E后面的数字表示熔敷金属化学成分分类代号。

(　　)9. 定位焊所用的焊条可和正式焊接的焊条不一致,工艺条件可降低。

(　　)10. 焊接16Mn钢板,厚度大于30 mm时,预热温度为100～150 ℃。

(　　)11. CO_2焊接电源有直流和交流两种。

(　　)12. 埋弧自动焊与焊条电弧焊相比,对气孔敏感性较小。

(　　)13. 开坡口通常是控制余高和调整焊缝熔合比最好的方法。

(　　)14. 钨极氩弧焊时,应尽量减少高频振荡器工作时间,引燃电弧后立即切断高频电源。

(　　)15. 飞溅是CO_2焊的主要缺点。

(　　)16. CO_2焊时会产生CO有毒气体。

(　　)17. 点焊焊点间距应满足结构强度要求所规定的数值。

(　　)18. 目前,穿透型等离子弧焊可一次焊透20 mm对接不开坡口的不锈钢。

(　　)19. 低合金高强度结构钢随着强度级别增大,淬硬倾向减小。

(　　)20. 预热是焊接珠光体耐热钢的重要工艺措施。

(　　)21. 焊接珠光体耐热钢时,选用酸性焊条是防止冷裂纹的主要措施之一。

(　　)22. 为防止晶间腐蚀,与腐蚀介质接触的焊缝应先焊。

(　　)23. 焊接速度越大,则线能量(热输入)越大。

(　　)24. 低碳钢焊接接头中性能最差的是熔合区和热影响区中的粗晶区。

(　　)25. 焊接线能量越大,则焊接变形越小。

(　　)26. 单道焊产生的焊接变形比多层多道焊小。

(　　)27. 锤击焊缝既可以减小焊接变形,还可以减小焊接残余应力。

(　　)28. 在不重要的焊接结构中,存在少量的短的裂纹是允许的。

(　　)29. 焊缝返修时,如已挖到板厚的2/3仍有缺陷,或者还没有发现缺陷,应继续挖下去,直到缺陷挖完为止。

(　　)30. X射线探伤照相胶片上,在深色影像的焊缝中所显示较白的斑点或条纹即是缺陷。

二、单项选择题(下列每题的选项中,只有 1 个是正确的,请将其代号填在括号内。每题 1 分,共 40 分。)

1. 零件图中尺寸数字前面有符号 Φ,表示此数字是(　　)的尺寸。
   A. 半径　　B. 直径　　C. 长度　　D. 宽度
2. 力学性能指标中符号 σ_s 表示(　　)。
   A. 屈服点　　B. 抗拉强度　　C. 伸长率　　D. 冲击韧度
3. 在保护接地时,用于接地导线的电阻值一般要小于(　　)。
   A. 4 Ω　　B. 5 Ω　　C. 6 Ω　　D. 8 Ω
4. 锰的化学元素符号是(　　)。
   A. Mg　　B. Mn　　C. Mo　　D. M
5. 对于干燥而触电危险性又较大的环境,我国规定安全电压为(　　)。
   A. 6 V　　B. 12 V　　C. 24 V　　D. 36 V
6. 焊接场地应保持必要的通道,人行通道宽度不小于(　　)。
   A. 1 m　　B. 1.5 m　　C. 3 m　　D. 5 m
7. 焊割场地周围(　　)范围内,各类可燃易爆物品应清理干净。
   A. 3 m　　B. 5 m　　C. 10 m　　D. 15 m
8. E4315、E5015 属于(　　)药皮类型的焊条。
   A. 钛钙型　　B. 钛铁矿型　　C. 低氢钠型　　D. 低氢钾型
9. 焊丝牌号 H08Mn2SiA 中的"Mn2"表示(　　)。
   A. 平均含锰量 0.2%左右　　B. 平均含锰量 2%左右
   C. 平均含硅量 0.2%左右　　D. 平均含硅量 2%左右
10. 水平固定管道组对时,应特别注意间隙尺寸,一般应(　　)。
    A. 上大下小　　B. 上小下大　　C. 左大右小　　D. 左小右大
11. 钨极氩弧焊电源外特性是(　　)的。
    A. 陡降　　B. 水平　　C. 缓降　　D. 上升
12. WSJ-300 型焊机是(　　)焊机。
    A. 交流手工钨极氩弧焊　　B. 直流手工钨极氩弧焊
    C. 交直流两用钨极氩弧焊　　D. 熔化极氩弧焊
13. (　　)是影响焊缝厚度的主要因素。
    A. 焊接电流　　B. 电弧电压　　C. 焊接速度　　D. 焊丝直径
14. 钨极氩弧焊时,易爆物品距离焊接场所不得小于(　　)。
    A. 5 m　　B. 8 m　　C. 10 m　　D. 15 m
15. 细丝 CO_2 焊时,熔滴过渡形式一般都是(　　)。
    A. 短路过渡　　B. 射流过渡　　C. 粗滴过渡　　D. 喷射过渡
16. 由于 CO_2 焊的 CO_2 气体具有氧化性,可以抑制(　　)气孔的产生。
    A. CO　　B. H_2　　C. N_2　　D. NO
17. CO_2 焊的焊丝伸出长度通常取决于(　　)。
    A. 焊丝直径　　B. 焊接电流　　C. 电弧电压　　D. 焊接速度
18. CO_2 焊用的 CO_2 气瓶采用电热预热器时,电压应低于(　　)。

A. 80 V　　B. 60 V　　C. 36 V　　D. 12 V

19. 闪光对焊焊件伸出长度(棒材和厚壁管材)一般为直径的(　　)。

A. 0.5 倍　　B. (0.7～1)倍　　C. 1.5 倍　　D. 2 倍

20. 微束等离子弧焊接采用(　　)等离子弧。

A. 直接型　　B. 转移型　　C. 非转移型　　D. 联合型

21. 等离子弧切割电源空载电压要求(　　)。

A. 60～80 V　　B. 80～100 V　　C. 100～150 V　　D. 150～400 V

22. 等离子弧切割不锈钢、铝等时,厚度可达(　　) mm 以上。

A. 50　　B. 100　　C. 200　　D. 300

23. 氧在焊缝中的存在形式主要是(　　)。

A. FeO 夹杂物　　B. SiO_2夹杂物　　C. MnO 夹杂物　　D. CaO 夹杂物

24. 低碳钢焊接接头过热区的过热组织为粗大的(　　)。

A. 铁素体　　B. 珠光体　　C. 奥氏体　　D. 魏氏组织

25. 焊缝和热影响区性能最差的是(　　)。

A. 气焊　　B. 焊条电弧焊　　C. 埋弧自动焊　　D. 手工钨极氩弧焊

26. 长构件因不均匀加热和冷却于焊后两端翘起的变形称为(　　)。

A. 弯曲变形　　B. 角变形　　C. 扭曲变形　　D. 收缩变形

27. 16 MnR 钢焊接时,焊条应选用(　　)。

A. E4315　　B. E5015　　C. E5515-G　　D. E6015-D1

28. 15MnV 钢属于(　　)。

A. Q295　　B. Q345　　C. Q390　　D. Q420

29. 珠光体耐热钢在(　　)℃时仍保持较高的强度。

A. 300～400　　B. 400～500　　C. 500～600　　D. 600～700

30. 奥氏体不锈钢焊条电弧焊时,选用焊条主要根据母材的(　　)。

A. 力学性能　　B. 高温强度　　C. 抗晶间腐蚀性能　　D. 化学成分

31. 焊条牌号 A132 是(　　)。

A. 碳钢焊条　　B. 结构钢焊条

C. 奥氏体不锈钢焊条　　D. 珠光体耐热钢焊条

32. 9Ni 钢最低使用温度为(　　)。

A. −40 ℃　　B. −100 ℃　　C. −196 ℃　　D. −253 ℃

33. 1Cr18Ni9Ti 是(　　)型不锈钢。

A. 马氏体　　B. 铁素体　　C. 奥氏体　　D. 珠光体

34. 超低碳奥氏体不锈钢中碳的质量分数为(　　)。

A. ≤0.14%　　B. ≤0.10%　　C. ≤0.06%　　D. ≤0.03%

35. 奥氏体不锈钢焊接时,采用多层多道焊,焊道间温度应低于(　　)。

A. 30 ℃　　B. 60 ℃　　C. 100 ℃　　D. 150 ℃

36. 奥氏体不锈钢焊缝金属组织希望是奥氏体-铁素体双相组织,其中铁素体的数量控制在(　　)左右。

A. 5%　　B. 10%　　C. 15%　　D. 20%

37. 焊接 0Cr18Ni9 钢的焊条应选用(　　)。

A. A002　　B. A102　　C. A132　　D. A307

38. (　　)缺陷对焊接接头危害性最严重。

A. 气孔　　B. 夹渣　　C. 夹钨　　D. 氢致裂纹

39. (　　)不是产生未焊透的原因。

A. 焊缝坡口钝边太大　　B. 接头装配间隙太小

C. 电弧偏吹　　D. 采用短弧焊

40. 磁粉探伤不能检测(　　)焊接接头表面微裂纹。

A. 低碳钢　　B. 低合金高强度钢

C. 奥氏体不锈钢　　D. 珠光体耐热钢

三、多项选择题(下列每题的选项中，至少有 2 个是正确的，请将其代号填在括号内。每题 1.5 分，共 30 分。)

1. 焊工的职业守则应包含(　　　)等内容。

A. 遵守企业的有关规章制度　　B. 爱岗敬业，忠于职守

C. 认真学习专业知识　　D. 团结合作，主动配合工作

E. 严格执行焊工工艺文件

2. 下列牌号的钢中(　　)均属于低碳钢。

A. 08　　B. 10　　C. 20

D. 30　　E. 35　　F. 45

3. 导电体电阻的大小与(　　)。

A. 电阻率成正比　　B. 电阻率成反比

C. 导电体的长度成正比　　D. 导电体的长度成反比

E. 导电体的截面积成正比　　F. 导电体的截面积成反比

4. 焊接时对焊工呼吸系统有影响的因素有(　　)。

A. 粉尘　　B. 氮氧化物　　C. 臭氧

D. 弧光　　E. 噪声　　F. 高频电磁场

5. 埋弧焊可焊接下列(　　)等金属材料。

A. 低碳钢　　B. 低合金钢　　C. 调质钢

D. 奥氏体不锈钢　　E. 铝及铝合金　　F. 钛及钛合金

6. 氩弧焊与其他电弧焊相比具有的优点有(　　)。

A. 保护效果好，焊缝质量高　　B. 焊接变形小

C. 焊接应力大　　D. 热影响区大

E. 易控制熔池尺寸　　F. 焊接应力小

7. 手工钨极氩弧焊的工艺参数有(　　)。

A. 钨极直径　　B. 焊接电流　　C. 电弧电压

D. 焊接速度　　E. 氩气流量　　F. 焊条直径

8. 钨极氩弧焊时，交流电源适用于焊接(　　)。

A. 低碳钢　　B. 不锈钢　　C. 钛及钛合金

D. 铜及铜合金　　E. 铝及铝合金　　F. 镁及镁合金

9. 钨极氩弧焊时,钨极直径主要根据(　　)来选择。

A. 焊件厚度　B. 焊接电流大小　C. 电源极性
D. 焊丝直径　E. 焊接速度　F. 电弧电压

10. 目前 CO_2 焊主要用于(　　)的焊接。

A. 低碳钢　B. 低合金钢　C. 不锈钢
D. 铝及铝合金　E. 铜及铜合金　F. 钛及钛合金

11. CO_2 焊时产生 N_2 气孔的原因有(　　)。

A. CO_2 气体流量过小　B. 喷嘴至工件距离过大
C. 工件表面有铁锈　D. 工件表面有油污
E. CO_2 气体中水分多　F. 喷嘴被飞溅物堵塞

12. CO_2 焊时焊接电流根据(　　)来选择。

A. 工件厚度　B. 焊丝直径　C. 施焊位置
D. 熔滴过渡形式　E. 电源极性　F. 焊丝牌号

13. 点焊工艺参数主要有(　　)。

A. 电源极性　B. 焊接电流　C. 焊接时间
D. 电极压力　E. 电极端部直径　F. 冷却水流量

14. 自由电弧在(　　)的作用下形成等离子弧。

A. 机械压缩效应　B. 热收缩效应　C. 磁收缩效应
D. 水压缩效应　E. 电子压缩效应　F. 化学压缩效应

15. 焊缝金属中氢的危害有(　　)。

A. 氢脆　B. 产生白点　C. 产生气孔
D. 引起冷裂纹　E. 引起热裂纹　F. 产生夹杂

16. 火焰矫正法矫正焊接残余变形适用于(　　)。

A. 低碳钢　B. 高碳钢　C. 奥氏体不锈钢
D. 珠光体耐热钢　E. 16Mn　F. 2Cr13

17. 低合金高强度结构钢焊接时的主要问题是(　　)。

A. 裂纹　B. 软化　C. 粗晶区脆化
D. 应力腐蚀　E. 晶间腐蚀

18. 奥氏体不锈钢焊接工艺特点有(　　)。

A. 采用小线能量,小电流快速焊　B. 要快速冷却
C. 焊前预热,焊后缓冷　D. 不进行预热和后热
E. 焊后消除应力退火　F. 一般不进行消除焊接残余应力热处理

19. 按规定烘干焊条可以防止(　　)。

A. 气孔　B. 热裂纹　C. 再热裂纹
D. 冷裂纹　E. 夹渣　F. 未焊透

20. 根据 X 射线探伤胶片评定焊缝质量时,1 级焊缝表示焊缝内无(　　)。

A. 裂纹　B. 未焊透　C. 未熔合
D. 气孔　E. 条形夹渣　F. 夹钨

第 4 章　高级焊工技能

4.1　焊前准备

知识要点

安全检查(同初级工)。

4.1.1　焊接材料

知识要点

1. 了解铸铁焊条种类；
2. 掌握铸铁焊条的型号及其选用；
3. 熟知铸铁焊丝的型号及其选用；
4. 了解有色金属焊条选用；
5. 掌握有色金属焊丝型号及其选用。

一、单项选择题

1. 下列焊条中，(　　)不是镍基铸铁焊条。
   A. 镍铁铸铁焊条　　B. 灰铸铁焊条
   C. 纯镍铸铁焊条　　D. 镍铜铸铁焊条
2. (　　)是铁基铸铁焊条。
   A. 灰铸铁焊条　　B. 纯镍铸铁焊条
   C. 高钒铸铁焊条　　D. 镍铜铸铁焊条
3. 补焊机床床面，焊后需要加工，应选用(　　)冷焊铸铁焊条。
   A. Z208　　B. Z308　　C. Z248　　D. Z116
4. 用于铸铁气焊时的焊剂是(　　)。
   A. HJ260　　B. HJ431　　C. CJ101　　D. CJ201
5. 气焊铸铁时用的熔剂是(　　)。
   A. CJ201　　B. HJ431　　C. HJ250`　　D. CJ401
6. 型号为 SAlMg-1 的焊丝是(　　)。
   A. 铝铜焊丝　　B. 铝镁焊丝　　C. 铝锰焊丝　　D. 铝硅焊丝
7. (　　)可以用来焊接纯铝或要求不高的铝合金。
   A. SAlMg-5　　B. SAlMn　　C. SAl-3　　D. SAlCu

8. 下列焊丝中,(　　)是铝硅焊丝。

A. SAl-3　　B. SiMn　　C. SAlMg-5　　D. SAlSi-1

9. 铜及铜合金焊丝牌号中,元素符号后面的数字表示(　　),并用短划“-”与前面的元素符号分开。

A. 不同的合金含量　　B. 不同的用途

C. 不同的组织　　D. 不同的品种

10. (　　)是黄铜焊丝。

A. HSCu　　B. HSCuNi

C. HSCuZn-1　　D. HSCuAl

11. 牌号为 HSCuZn-1 的焊丝是(　　)。

A. 紫铜焊丝　　B. 黄铜焊丝

C. 青铜焊丝　　D. 白铜焊丝

12. 气焊铝及铝合金用的熔剂是(　　)。

A. CJ401　　B. HJ431　　C. HJ250　　D. CJ101

13. 为了抑制锌的蒸发,焊接黄铜时,可选用含硅量高的黄铜或(　　)焊丝。

A. 铝青铜　　B. 镍铝青铜　　C. 锡青铜　　D. 硅青铜

14. 铜及铜合金用的熔剂是(　　)。

A. CJ301　　B. HJ431　　C. HJ250　　D. CJ101

15. 气焊铜及铜合金用的熔剂是(　　)。

A. CJ301　　B. HJ431　　C. HJ250　　D. CJ101

16. CJ301 是(　　)气焊用熔剂。

A. 不锈钢　　B. 铝及铝合金

C. 铸铁　　D. 铜及铜合金

17. 焊接黄铜时,为了抑制(　　)的蒸发,可选用含硅量高的黄铜或硅青铜焊丝。

A. 铜　　B. 锰　　C. 锌　　D. 硅

18. 有色金属气焊时,焊剂的作用主要是(　　)。

A. 向焊缝渗入合金元素　　B. 对熔池金属起到一定保护作用

C. 脱硫脱磷　　D. 防止焊件烧穿

19. 气焊有色金属时,(　　)不是熔剂所起的作用。

A. 改善液体的流动性　　B. 清除焊件表面的氧化物

C. 向焊缝渗入合金元素　　D. 对熔池金属起到一定保护作用

20. 常用来焊接除铝镁合金以外的铝合金的通用焊丝是(　　)。

A. 纯铝焊丝　　B. 铝镁焊丝　　C. 铝硅焊丝　　D. 铝锰焊丝

21. 常用来焊接除铝镁合金以外的铝合金的通用焊丝型号是(　　)。

A. SAl-3　　B. SAlSi-3　　C. SAlMn　　D. SAlMg-5

22. 用来焊接铝镁合金的焊丝型号是(　　)。

A. SAl-3　　B. SAlSi-3　　C. SAlMn　　D. SAlMg-5

23. 焊接黄铜时,为了抑制(　　)的蒸发,可选用含硅量高的黄铜或硅青铜焊丝。

A. 铝　　B. 镁　　C. 锰　　D. 锌

24. 焊接黄铜时，为了抑制锌的蒸发，可选用含(　　)量高的黄铜或硅青铜焊丝。

A. 铝　　B. 镁　　C. 锰　　D. 硅

25. 铝气焊用熔剂的牌号是(　　)。

A. CJ101　　B. CJ201

C. CJ301　　D. CJ401

二、判断题

(　　)1. 高钒铸铁焊条是铁基焊条。

(　　)2. 铝及铝合金气焊熔剂是 CJ201。

(　　)3. CJ301 是铜及铜合金气焊用熔剂。

(　　)4. 铜及铜合金气焊熔剂是 CJ401。

(　　)5. 铸铁焊条分为铁基焊条、镍基焊条和其他焊条三大类。

(　　)6. 焊条牌号为 Z408 的铸铁焊条是纯镍铸铁焊条。

(　　)7. 铸铁焊丝的型号是根据焊丝本身的化学成分及用途来划分的。

(　　)8. 铸铁焊丝可分为灰铸铁焊丝、合金铸铁焊丝和球墨铸铁焊丝。

(　　)9. RZCQ 型焊丝中含有一定质量分数的合金元素，焊缝强度较高，适用于高强度灰铸铁及合金铸铁的气焊。

(　　)10. RZCQ 型焊丝中含有一定质量分数的球化剂，焊缝中的石墨呈球状，具有较好的塑性和韧性。

(　　)11. 铝及铝合金焊条在实际生产中使用极少。

(　　)12. 铝及铝合金焊丝是根据化学成分来分类并确定型号的。

(　　)13. 常用来焊接除铝镁合金以外的铝合金的通用焊丝牌号是 HS331。

三、多项选择题

1. 下列焊条型号中(　　)是铸铁焊条。

A. EZC　　B. E4303　　C. EZNi

D. EZV　　E. E5015　　F. EZCQ

2. 下列焊丝型号中(　　)是铸铁焊丝。

A. EZC　　B. RZCH　　C. EZNi

D. RZC-1　　E. RZCQ-2　　F. EZCQ

3. RZC 型铸铁焊丝的使用特点是(　　)。

A. 适用于气焊　　B. 采用热焊

C. 采用不预热焊　　D. 配合焊粉使用

E. 焊缝可加工　　F. 焊缝硬度、强度和颜色与母材基本相同

4. 下列型号的焊丝中，(　　)是铝及铝合金焊丝。

A. SAl-1　　B. SAlMg-1　　C. HSCuAl

D. HSCuZn-1　　E. HSCu　　F. SAlSi-1

5. 下列型号的焊丝中，(　　)是铜及铜合金焊丝。

A. SAl-1　　B. SAlMg-1　　C. HSCuAl

D. HSCuZn-1　　E. HSCu　　F. SAlSi-1

四、简述题

1. 请标明铸铁焊条型号E Z Ni - 1各字母及数字的含义。

E：

Z：

Ni：

1：

2. 请标明铸铁焊丝型号E Z C - H各字母及数字的含义。

E：

Z：

C：

H：

4.1.2 工件准备

知识要点

1. 熟知铸铁焊前准备；
2. 熟知铝及铝合金焊前准备；
3. 熟知铜及铜合金焊前准备；
4. 熟知异种金属概念及特点；
6. 熟知异种金属的焊前准备。

一、单项选择题

1. 为了准确确定缺陷位置、形状和性质，铸铁焊补前可采用(　　)进行检查。

A. 超声波探伤法　　B. 力学性能检验法

C. 金相检验法　　D. 磁粉探伤法

2. 为了保证焊补质量，在焊补前，应清除干净缺陷部位及附近的(　　)。

A. 金属及组织　　B. 球状石墨

C. 片状石墨　　D. 油脂及脏物

3. 铸件待补焊处简单造型的目的，是使铸铁热焊时(　　)。

A. 不产生烧穿　　B. 不产生热裂纹

C. 不使热量丧失　　D. 不使熔融金属外流

4. 铸铁采用半热焊法补焊时，预热温度为(　　)。

A. 150 ℃左右　　B. 200 ℃左右　　C. 300 ℃左右　　D. 400 ℃左右

5. (　　)不是由于铝及铝合金表面存在氧化膜而形成的。

A. 气孔　　B. 夹渣　　C. 未熔合　　D. 热裂纹

6. 铸铁开深坡口焊补时，为了防止焊缝与母材剥离，常采用(　　)。

A. 刚性固定法　　B. 加热减应区法

C. 向焊缝渗入合金法　　D. 栽螺钉法

7. 铝及铝合金坡口进行化学清洗时，坡口上如有裂纹和刀痕，则(　　)，影响焊接质量。
A. 裂纹易扩展　B. 刀痕被洗掉　C. 清洗时间长　D. 易存清洗液
8. 采用砂轮打磨铝及铝合金表面的氧化膜时，因为(　　)，焊接时会产生缺陷。
A. 不能彻底清除氧化膜　B. 坡口表面过于光滑
C. 坡口表面过于粗糙　D. 砂粒留在金属表面
9. 铝及铝合金工件及焊丝表面清理后，在存放过程中会产生(　　)，所以存放时间越短越好。
A. 气孔　B. 热裂纹　C. 氧化膜　D. 冷裂纹
10. 铝及铝合金工件及焊丝表面清理后，在(　　)，存放时间一般不超过 24 h。
A. 氩气中　B. 碱、酸蒸气污染的环境中
C. 潮湿的环境下　D. 干燥的空气中
11. 铝及铝合金厚度超过 5～10 mm 时，焊前应(　　)。
A. 不预热　B. 预热　C. 热处理　D. 刚性固定
12. 厚度超过 5～10 mm 的厚大铝件，如不预热，将产生(　　)缺陷。
A. 夹渣　B. 冷裂纹　C. 未焊透　D. 咬边
13. 一般情况下，铜及铜合金不宜采用立焊和仰焊的原因是由于其(　　)。
A. 导热性好　B. 塑性好　C. 易氧化　D. 液态流动性好
14. 铜及铜合金开坡口单面焊时，为保证良好的焊缝成形，接头背面应(　　)。
A. 采用气保护　B. 采用渣保护　C. 采用气冷　D. 采用垫板
15. 铜及铜合金单面焊双面成型时，为保证焊缝成型，接头背面应(　　)。
A. 采用气保护　B. 采用渣保护　C. 采用水冷　D. 采用垫板
16. 为了防止产生未熔合，焊前常需要预热到 300～700 ℃的材料是(　　)。
A. 铜及铜合金　B. 灰铸铁　C. Q235 和不锈钢　D. 低碳钢
17. 为了防止铜及铜合金焊接时产生未熔合，焊前常(　　)。
A. 不预热　B. 预热到 100～150 ℃
C. 预热到 300～700 ℃　D. 预热到 700～800 ℃
18. 两种不同的金属进行直接焊接时，由于(　　)不同，使焊接电弧不稳定，将使焊缝成型变坏。
A. 熔点　B. 导热性　C. 线膨胀系数　D. 电磁性能
19. 异种金属焊接时，为了减小熔化的母材对焊缝的稀释作用，原则上希望熔合比(　　)。
A. 适中　B. 偏大　C. 越大越好　D. 越小越好

二、判断题

(　　)1. 采用气焊或氩弧焊焊接铜及铜合金时，应该选用不同成分的焊丝。
(　　)2. 常采用砂轮打磨铝及铝合金坡口，以便彻底清除氧化膜。
(　　)3. 铝及铝合金工件和焊丝清理后，存放时间越短越好，在干燥的空气中，一般存放时间不超过 24 h。
(　　)4. 清理后的铝及铝合金工件及焊丝，在干燥的空气中，一般存放时间不超过 4 h。
(　　)5. 铝及铝合金的熔点低，所以焊前一律不预热。

(　　)6. 铜及铜合金易采用全位置焊接。

(　　)7. 铜及铜合金的导热性非常好，因此焊前不需要预热。

(　　)8. Q235 钢与低碳钢的焊接属于异种钢焊接。

(　　)9. 铸铁焊补前应准确确定缺陷的位置、性质和形状。

(　　)10. 铸件焊补与钢板焊接不同，焊前可不必将焊补处认真清理到露出金属光泽。

(　　)11. 铸铁焊补时，为了防止裂纹扩展，应在裂纹端部钻止裂孔。

(　　)12. 铝及铝合金用等离子切割下料后，即可进行焊接。

(　　)13. 铝和铝合金的化学清洗法效率高，质量稳定，适用于清洗焊丝及尺寸不大、成批生产的工件。

(　　)14. 铝和铝合金采用机械清理时，一般都用砂轮打磨，直至露出金属光泽。

(　　)15. 铝及铝合金的熔点低，焊前一律不能预热。

(　　)16. 铜及铜合金采用开坡口的单面焊时，必须在背面加成型垫板才能获得所要求的焊缝形状。

(　　)17. 为了防止铜及铜合金焊接时产生冷裂纹，焊前工件常需要预热。

(　　)18. 由于异种金属之间性能上的差别很大，所以焊接异种金属比焊接同种金属困难得多。

三、多项选择题

1. 有色金属气焊时一般都采用熔剂，熔剂的作用是(　　)。
   A. 清除焊件表面的氧化物
   B. 使脱氧产物和其他非金属杂质过渡到渣中去
   C. 脱硫
   D. 脱磷
   E. 改善液体金属的流动性
   F. 对熔池金属起保护作用
2. 铸铁开深坡口焊补时，由于(　　)，因此常采用栽丝法。
   A. 缺陷体积大　　B. 焊接层数多
   C. 焊接应力大　　D. 容易引起气孔
   E. 容易引起夹渣　　F. 容易引起焊缝与母材剥离
3. 铝及铝合金焊前应清理氧化膜的原因是由于氧化膜(　　)。
   A. 使电弧不稳　　B. 熔点高，易造成夹渣　　C. 易形成未熔合
   D. 使焊缝生成气孔　　E. 容易引起热裂纹

四、简答题

简述铝及铝合金的焊前准备。

五、问答题

异种钢焊接时存在的主要困难有哪些?

4.1.3　设备准备

知识要点

1. 熟知埋弧焊机调试内容及方法;
2. 熟知钨极氩弧焊机调试内容及方法。

一、单项选择题

1. 埋弧焊机的调试内容应包括(　　)的测试。
   A. 脉冲参数　　B. 送气送水送电程序
   C. 高频引弧性能　　D. 电源的性能和参数
2. (　　)属于埋弧焊机电源参数的测试内容。
   A. 焊丝的送丝速度　　B. 各控制按钮的动作
   C. 小车的行走速度　　D. 输出电流和电压的调节范围
3. 埋弧焊机电源的测试包括(　　)。
   A. 送丝速度　　B. 引弧性能
   C. 电源的技术参数　　D. 小车的行走速度
4. 埋弧焊机电源的测试不包括(　　)。
   A. 引弧操作的有效和可靠性　　B. 电流和电压变化的均匀性
   C. 输出电流和电压的调节范围　　D. 电源的技术参数
5. (　　)属于埋弧焊机控制系统的测试内容。
   A. 引弧操作性能　　B. 焊丝的送进和校直
   C. 车行走的平稳和均匀性　　D. 输出电流和电压的调节范围
6. (　　)属于埋弧焊机控制系统的测试内容。
   A. 焊丝的送丝速度　　B. 各控制按钮的动作
   C. 小车的行走速度　　D. 输出电流和电压的调节范围
7. 埋弧焊机控制系统的调试不包括测试(　　)。
   A. 小车行走速度　　B. 焊剂的铺撒和回收
   C. 引弧操作性能　　D. 焊丝的送丝速度

8. 埋弧焊机控制系统的调试不包括(　　)的测试。
A. 各控制按钮动作　　B. 送丝速度
C. 小车行走速度　　D. 焊接试验

9. (　　)属于埋弧焊机小车性能的检测内容。
A. 各控制按钮的动作　　B. 引弧操作性能
C. 焊丝送进速度　　D. 驱动电动机和减速系统的运行状态

10. (　　)属于钨极氩弧焊机的调试内容。
A. 供气系统的完好性　　B. 焊丝的校直
C. 小车的行走速度　　D. 钨极的直径

11. 钨极氩弧焊机控制系统的调试包括测试(　　)。
A. 小车性能检测　　B. 引弧性能
C. 交流电源阴极雾化作用　　D. 输入电压变化时,输出电流的变化

12. (　　)属于钨极氩弧焊机控制系统的调试内容。
A. 电弧的稳定性　　B. 焊枪的发热情况
C. 引弧、焊接、断电程序　　D. 输出电流和电压的调节范围

13. (　　)属于钨极氩弧焊机电源参数的调试内容。
A. 小电流段电弧的稳定性
B. 脉冲参数
C. 引弧、焊接、断电程序
D. 提前送气和滞后停气程序

14. (　　)属于钨极氩弧焊枪的试验内容。
A. 焊丝的送丝速度
B. 输出电流和电压的调节范围
C. 电弧的稳定性
D. 在额定电流和额定负载持续率情况下使用时,焊枪发热情况

15. 钨极氩弧焊枪试验包括(　　)。
A. 焊丝送进速度　　B. 稳弧性能
C. 焊枪有无漏气,漏水现象　　D. 小车行走速度

16. 铜气焊用熔剂的牌号是(　　)。
A. CJ101　　B. CJ201　　C. CJ301　　D. CJ401

二、判断题

(　　)1. 焊接试验是埋弧焊机的调试内容。

(　　)2. 焊接试验不是埋弧焊机的调试内容。

(　　)3. 引弧性能是钨极氩弧焊枪的试验内容之一。

(　　)4. 对气、电各程序的设置能否满足工艺需要是钨极氩弧焊机电源的调试内容。

(　　)5. 焊接低碳钢 Q235 和不锈钢 1Cr18Ni9 时,可先在不锈钢表面堆焊一层奥氏体过渡层,然后再焊接。

(　　)6. 钨极氩弧焊机的调试内容主要是对电源参数调整、控制系统的功能及其精度、供气系统完好性、焊枪的发热情况等进行调试。

三、多项选择题

1. 埋弧焊机控制系统测试的主要内容是(　　)。

A. 测试送丝速度　　B. 测试引弧操作是否有效和可靠

C. 电流和电压的调节范围　　D. 测试小车行走速度

E. 电源的调节特性试验　　F. 检查各控制按钮是否灵活和有效

2. 钨极氩弧焊控制系统性能调试中，主要测试各程序的设置能否满足工艺需要，对(　　)进行测试和调节。

A. 提前送气　　B. 引弧　　C. 焊接

D. 断电　　E. 滞后停气　　F. 脉冲参数

四、简述题

1. 埋弧焊机的调试内容有哪些？

2. 钨极氩弧焊机的调试内容有哪些？

4.2　焊接

4.2.1　焊接接头试验

知识要点

1. 熟知焊接接头的拉伸试验；
2. 熟知焊接接头的弯曲试验；
3. 熟知焊接接头的冲击试验；
4. 熟知焊接接头的硬度试验；
5. 熟知焊接性试验。

一、单项选择题

1. 焊接接头力学性能试验可以用来测定(　　)。

A. 焊缝的化学成分　　B. 焊缝的金相组织

C. 焊缝的耐腐蚀性　　D. 焊缝的韧性

2. (　　)是否符合设计要求是焊接接头力学性能试验的目的。

A. 焊接接头的形式　　B. 焊接接头的性能

C. 焊接接头的变形　　D. 焊接接头的抗裂性

3. 焊接接头的(　　)是焊接接头拉伸试验所测定的。

A. 硬度　　B. 抗拉强度　　C. 冲击韧度　　D. 耐腐蚀性

4. (　　)是焊接接头力学性能试验测定的内容。

A. 焊件的韧性　　B. 母材的强度

C. 焊接接头的塑性　　D. 母材的塑性

5. 焊接接头拉伸试验试样从焊接试件上(　　)方向截取。

A. 垂直于焊缝轴线　　B. 平行于焊缝轴线

C. 垂直于试件中心线　　D. 平行于试件中心线

6. 焊接接头拉伸试样表面应(　　)。

A. 有划痕　　B. 硬化　　C. 过热　　D. 无横向刀痕

7. 对外径小于等于(　　)的管接头,可取整管做焊接接头的拉伸试样。

A. 28 mm　　B. 38 mm　　C. 48 mm　　D. 58 mm

8. 为使试验顺利进行,整管焊接接头拉伸试样可(　　),以利夹持。

A. 外加卡环　　B. 制作夹头　　C. 焊接挡板　　D. 制作塞头

9. 焊接接头弯曲试验国家标准(GB 2653—1989)不适用于(　　)的对接接头。

A. 埋弧自动焊　　B. 真空钎焊　　C. 电阻焊　　D. 焊条电弧焊

10. (　　)的对接接头的弯曲试验不能用焊接接头弯曲试验国家标准进行。

A. 电阻焊　　B. CO_2气体保护焊　　C. 烙铁钎焊　　D. 钨极氩弧焊

11. (　　)可以检验焊接接头拉伸面上的塑性和显示缺陷。

A. 小铁研试验　　B. 超声波探伤　　C. X 射线探伤　　D. 弯曲试验

12. 焊接接头的弯曲试验不能检验接头的(　　)。

A. 抗拉强度　　B. 显示缺陷　　C. 塑性　　D. 弯曲角度

13. 背弯试样是指试样受拉面为(　　)的弯曲试样。

A. 焊缝横剖面　　B. 焊缝背面　　C. 焊缝纵剖面　　D. 焊缝正面

14. 焊接接头的弯曲试样按试样受拉面在焊缝中的位置分类时,没有(　　)。

A. 正弯　　B. 背弯　　C. 侧弯　　D. 直弯

15. (　　)不是按弯曲试验受拉面在焊缝中的位置分的弯曲试验类型。

A. 背弯　　B. 侧弯　　C. 直弯　　D. 正弯

16. 弯曲试样中没有(　　)。

A. 背弯试样　　B. 直弯试样　　C. 侧弯试样　　D. 正弯试样

17. 试样受拉面为焊缝背面的弯曲试样称为(　　)。

A. 直弯试样　　B. 侧弯试样　　C. 正弯试样　　D. 背弯试样

18. 弯曲试验时,(　　)的试验数量不少于 2 个。

A. 正弯　　B. 背弯　　C. 纵弯　　D. 侧弯

19. JB4708—2000 规定碳素钢、奥氏体钢双面焊时,焊接接头弯曲角的合格标准为(　　)。

A. 50° B. 90° C. 100° D. 180°

20. 焊接接头的( )属于夏比冲击试验测试内容。
A. 屈服强度 B. 抗拉强度 C. 弯曲角 D. 冲击吸收功

21. 焊接接头夏比冲击试样的缺口按试验要求不能开在( )上。
A. 焊缝 B. 熔合线 C. 热影响区 D. 母材

22. 焊接接头冲击试样的数量,按缺口所在位置应( )3 个。
A. 各自不少于 B. 总共不少于 C. 平均不大于 D. 平均不少于

23. 焊接接头硬度试验的测定内容不包括( )硬度。
A. 魏氏 B. 维氏 C. 布氏 D. 洛氏

24. 应在( )于焊缝轴线方向的相应区段截取焊接接头硬度试样的样坯。
A. 平行 B. 45° C. 垂直 D. 60°

25. 焊机接头硬度试样的测试面与支撑面应经加工磨平并( )。
A. 保持垂直 B. 保持平行 C. 保持 30°角 D. 保持 60°角

26. ( )是焊接接头硬度试验规定的试样数量。
A. 不多于 1 个 B. 不多于 3 个 C. 不少于 1 个 D. 不少于 3 个

27. 斜 Y 形坡口对接的试验焊缝坡口形状是( )。
A. 斜 Y 形 B. 斜 U 形 C. 斜 V 形 D. 斜 I 形

28. 斜 Y 形坡口对接裂纹试件两端的拘束焊缝应采用( )。
A. 钛钙型焊条 B. 低氢型焊条
C. 钛铁矿型焊条 D. 高纤维钾型焊条

29. 斜 Y 形坡口对接裂纹试验规定:试件数量为( )取 2 件。
A. 每次试验 B. 每种母材
C. 每种焊条 D. 每种焊接工艺参数

30. 斜 Y 形坡口对接裂纹试验适用于碳素钢和低合金钢( )的抗裂性能试验。
A. 热裂纹 B. 再热裂纹 C. 弧坑裂纹 D. 冷裂纹

31. 采用机械切削加工斜 Y 形坡口对接裂纹试样坡口,目的之一是为了( )。
A. 避免试件间隙波动 B. 防止坡口表面产生夹渣
C. 避免坡口表面存在水分 D. 防止坡口表面产生裂纹

32. 斜 Y 形坡口对接的试验焊缝坡口形状是( )。
A. 斜 Y 形 B. 斜 U 形 C. 斜 V 形 D. 斜 I 形

33. 斜 Y 形坡口对接裂纹试件坡口表面加工应采用机械切削加工方法的原因之一是( )。
A. 避免产生表面裂纹 B. 避免产生表面夹渣
C. 避免产生表面气孔 D. 避免气割表面硬化

34. 斜 Y 形坡口对接裂纹试样两端的拘束焊缝应( )。
A. 先焊,采用双面焊 B. 先焊,采用单面焊
C. 后焊,采用双面焊 D. 后焊,采用单面焊

35. 斜 Y 形坡口对接裂纹试件中间的试验焊缝的道数( )。
A. 应根据板厚选择 B. 应根据焊条直径选择

C. 不论板厚多少，只焊一道　　D. 不论板厚多少，只焊正反面两道

36. 斜Y形坡口对接裂纹试件焊完后，应（　　）开始进行裂纹的检测和解剖。

A. 经48小时以后　　B. 立即

C. 经外观检验以后　　D. 经X射线探伤以后

37. 解剖斜Y形坡口对接裂纹试件时，不得采用气割方法切去试样，要用机械切割，要避免因切割振动（　　）。

A. 引起试件的变形　　B. 引起试件的断裂

C. 引起裂纹的愈合　　D. 引起裂纹的扩展

38. 斜Y形坡口对接裂纹试验后，对表面和端面分别计算的裂纹率中不包括（　　）裂纹率。

A. 弧坑　　B. 根部　　C. 表面　　D. 断面

39. 将斜Y形坡口对接裂纹试件采用适当的方法着色后拉断或弯断，然后检测并进行计算的是（　　）。

A. 中心裂纹率　　B. 弧坑裂纹率　　C. 断面裂纹率　　D. 根部裂纹率

40. 斜Y形坡口对接裂纹试件中间的试验焊缝应焊（　　）。

A. 4道　　B. 3道　　C. 2道　　D. 1道

41. 斜Y形坡口对接裂纹试件焊完后，经（　　）才能开始进行裂纹的检测和解剖。

A. 退火处理以后　　B. 正火处理以后　　C. 48小时以后　　D. 12小时以后

42. 将斜Y形坡口对接裂纹试件采用适当的方法（　　）后拉断或弯断，然后检测根部裂纹，计算出根部裂纹率。

A. 着色　　B. 外观检验

C. 超声波探伤　　D. X射线探伤

43. 对斜Y形坡口对接裂纹试样5个横断面分别计算出其裂纹率，然后求出平均值的是（　　）裂纹率。

A. 根部　　B. 断面　　C. 弧坑　　D. 表面

44. 一般认为斜Y形坡口对接裂纹试验方法，裂纹总长小于试验焊缝长度的（　　），在实际生产中就不致发生裂纹。

A. 5%　　B. 10%　　C. 15%　　D. 20%

45. 对外径小于等于（　　）mm的管接头，在做拉伸试验时，可取整管作拉伸试样，并可制作塞头，以利夹持。

A. 28　　B. 38　　C. 48　　D. 58

46. 焊接接头拉伸试验接头拉伸试件的数量应不少于（　　）个。

A. 1　　B. 2　　C. 3　　D. 4

47. 焊接接头拉伸试验整管接头拉伸试件的数量应不少于（　　）个。

A. 1　　B. 2　　C. 3　　D. 4

48. 焊接接头正弯、背弯和侧弯试样各不少于（　　）个。

A. 1　　B. 2　　C. 3　　D. 4

49. 碳素钢、奥氏体钢双面焊的焊接接头弯曲试验合格标准是弯曲角度为（　　）。

A. 180°　　B. 100°　　C. 90°　　D. 50°

50. 碳素钢、奥氏体钢单面焊的焊接接头弯曲试验合格标准是弯曲角度为(　　)。

A. 180°　　B. 100°　　C. 90°　　D. 50°

51. 弯曲试样弯曲到规定的角度后,其拉伸面上如有长度大于(　　)mm 的横向裂纹或缺陷,或出现长度大于 3 mm 的纵向裂纹或缺陷,则评为不合格。

A. 1　　B. 1.5　　C. 2　　D. 3

52. 焊接接头冲击试验的标准试样一般带有(　　)缺口。

A. V 形　　B. Y 形　　C. X 形　　D. K 形

53. 焊接接头冲击试样的缺口不能开在(　　)位置。

A. 焊缝　　B. 熔合线　　C. 热影响区　　D. 母材

54. 焊接接头冲击试验的试样,按缺口所在位置各自不少于(　　)个。

A. 1　　B. 2　　C. 3　　D. 4

55. 斜 Y 形坡口对接裂纹试验适用于焊接接头的(　　)抗裂性能试验。

A. 热裂纹　　B. 冷裂纹　　C. 弧坑裂纹　　D. 层状撕裂

56. 斜 Y 形坡口对接裂纹试验方法的试件两端开(　　)坡口。

A. X 形　　B. U 形　　C. V 形　　D. 斜 Y 形

57. 斜 Y 形坡口对接裂纹试验方法的试件中间开(　　)坡口。

A. X 形　　B. U 形　　C. V 形　　D. 斜 Y 形

58. 斜 Y 形坡口对接裂纹试验规定试件数量为:每次试验应取(　　)个。

A. 1　　B. 2　　C. 3　　D. 4

59. 斜 Y 形坡口对接裂纹试验焊完的试件应经(　　)小时以后,才能开始进行裂纹的检测和解剖。

A. 12　　B. 24　　C. 36　　D. 48

二、判断题

(　　)1. 焊接接头拉伸试验国家标准适用于熔焊和压焊的任何接头。

(　　)2. 焊接接头拉伸试验国家标准(GB 2651—1989)适用于熔焊和压焊的任何接头。

(　　)3. 焊接接头的弯曲试样按试样受拉面在焊缝中的位置可分为正弯、背弯和侧弯。

(　　)4. 弯曲试样的样坯从试件上截取时,横弯试样应垂直于焊缝轴线。

(　　)5. 碳素钢、奥氏体钢单面焊,焊接接头弯曲角的合格标准为 180°。

(　　)6. 应在平行于焊缝轴线方向的相应区域截取焊接接头硬度试样的样坯,截取的样坯应包括焊接接头的所有区域。

(　　)7. 焊接性实验的目的是用来评定焊接接头力学性能的好坏。

(　　)8. 斜 Y 形坡口对接裂纹试验适用于碳素钢和低合金钢焊接接头的冷裂纹抗裂性能试验。

(　　)9. 斜 Y 形坡口对接裂纹试验的试件坡口加工可采用气割完成。

(　　)10. 斜 Y 坡口对接裂纹试验的试样坡口形状均为斜 Y 形。

(　　)11. 斜 Y 形坡口对接裂纹试验规定试件数量为:每种母材应取 3 件。

(　　)12. 斜 Y 形坡口对接裂纹试验后,检测和解剖试件,并分别计算出表面裂纹率、中心裂纹率、断面裂纹率和根部裂纹率。

(　　)13. 焊接接头的拉伸试验是用以测定焊接接头屈服点的。

(　　)14. 焊接接头拉伸试验用的样坯应从焊接试件上平行于焊缝轴线方向截取。

(　　)15. 焊接接头拉伸试验用的试样应保留焊后原始状态,不应加工掉焊缝余高。

(　　)16. 焊接接头常温拉伸试验的合格标准是焊接接头的抗拉强度不低于母材抗拉强度规定值的上限。

(　　)17. 异种钢焊接接头的抗拉强度按抗拉强度规定值下限较高一侧的母材规定值进行评定。

(　　)18. 焊接接头的弯曲试验是用以检验接头拉伸面上的塑性及显示缺陷。

(　　)19. 焊接接头的弯曲试样按弯曲试样受拉面在焊缝中的位置可分为正弯、背弯和侧弯。

(　　)20. 焊接接头试样受拉面为焊缝背面的弯曲称为正弯试样。

(　　)21. 双面不对称焊缝,正弯试样的受拉面为焊缝最大宽度面。

(　　)22. 双面对称焊缝,正弯试样的受拉面为焊缝后焊面。

(　　)23. 制备弯曲试样时,横弯试样应平行焊缝轴线截取。

(　　)24. 制备弯曲试样时,纵弯试样应平行焊缝轴线截取。

(　　)25. 焊接接头弯曲试验结果的合格标准按钢种而定。

(　　)26. 焊接接头冲击试验的目的是用以测定焊接接头各区域的冲击吸收功。

(　　)27. 焊接接头冲击试验的缺口只能开在焊缝上。

(　　)28. 焊接接头常温冲击试验的合格标准为:每个部位的 3 个试样冲击功的算术平均值不应低于母材标准规定的最高值。

(　　)29. 焊接接头的硬度试验是用以测定焊接接头的洛氏、布氏、维氏硬度。

(　　)30. 焊接接头硬度试验的样坯,应在垂直于焊缝方向的相应区段截取,截取的样坯应包括焊接接头的所有区域。

(　　)31. 斜 Y 形坡口对接裂纹试验又称小铁研法。

(　　)32. 斜 Y 形坡口对接裂纹试验的试件上有试验焊缝和拘束焊缝。

(　　)33. 斜 Y 形坡口对接裂纹试件的拘束焊缝采用单面焊接。

(　　)34. 斜 Y 形坡口对接裂纹试验焊接试验焊缝,试验所用焊条原则上采用与试验钢材相匹配的焊条。

(　　)35. 斜 Y 形坡口对接裂纹试验的试验焊缝应根据板厚确定焊接道数。

(　　)36. 斜 Y 形坡口对接裂纹试验焊完的试件应立即用气割方法切取试样,进行检查。

三、多项选择题

1. 焊接接头的弯曲试验标准规定了金属材料焊接接头的(　　),用以检验接头拉伸面上的塑性及显示缺陷。

A. 横向正弯试验　　B. 横向侧弯试验　　C. 横向背弯试验
D. 纵向正弯试验　　E. 纵向背弯试验　　F. 管材的压扁试验

2. 通过焊接性试验,可以(　　)。

A. 选定适合母材的焊接材料　　B. 确定合适的焊接工艺参数
C. 确定焊接接头的抗拉强度　　D. 确定合适的热处理工艺参数
E. 研制新的焊接材料

3. 斜 Y 形坡口对接裂纹试验适合于（　　）焊接接头的冷裂纹抗裂性能试验。

A. 不锈钢　　B. 碳素钢　　C. 铸铁
D. 低合金钢　　E. 铝　　F. 铜

4. 小铁研法试验焊完的试件应进行焊接接头表面或断面的检测，并分别计算出（　　）。

A. 表面气孔率　　B. 断面气孔率　　C. 表面裂纹率
D. 断面裂纹率　　E. 断面夹渣率　　F. 根部裂纹率

四、简答题

1. 焊接力学性能试验目的是什么？

2. 弯曲试验的目的是什么？

3. 焊接试验的目的是什么？

4.2.2 铸铁焊接

知识要点

1. 熟知铸铁的分类、牌号及特性；
2. 掌握灰铸铁的焊接性；
3. 掌握灰铸铁的焊条电弧焊；
4. 熟知灰铸铁的其他焊接方法；
5. 熟知球墨铸铁的焊补。

一、单项选择题

1. 铸铁按（　　）不同，主要可分为白口铸铁、灰铸铁、可锻铸铁和球墨铸铁。

A. 碳存在的状态和形式　　B. 铁存在的状态和形态
C. 硫、磷的含量　　D. 合金元素的含量

2. 铸铁按碳存在的状态和形式不同，主要可分为白口铸铁、灰铸铁、球墨铸铁及(　　)等。

A. 白球铸铁　B. 灰球铸铁　C. 可浇铸铁　D. 可锻铸铁

3. 铸铁的分类中不包括(　　)。

A. 白口铸铁　B. 灰铸铁　C. 可浇铸铁　D. 球墨铸铁

4. (　　)中的碳几乎全部以渗碳体(Fe_3C)形式存在。

A. 低碳钢　B. 不锈钢　C. 白口铸铁　D. 低合金钢

5. 白口铸铁中的碳几乎全部以渗碳体(Fe_3C)形式存在，性质(　　)。

A. 不软不韧　B. 又硬又韧　C. 不软不硬　D. 又硬又脆

6. (　　)中的碳几乎全部以渗碳体(Fe_3C)形式存在。

A. 低碳钢　B. 不锈钢　C. 白口铸铁　D. 低合金钢

7. 碳以(　　)形式分布于金属基体中的铸铁是灰铸铁。

A. 片状石墨　B. 团絮状石墨　C. 球状石墨　D. Fe_3C

8. 碳是以片状石墨的形式分布于金属基体中的铸铁是(　　)。

A. 白口铸铁　B. 球墨铸铁　C. 可锻铸铁　D. 灰铸铁

9. 以下(　　)不是灰铸铁具有的优点。

A. 成本低　B. 吸振、耐磨、切削性能好

C. 铸造性能好　D. 高的强度、塑性和韧性

10. 灰铸铁具有(　　)、铸造性能好、容易切削加工、吸振、耐磨等优点，因此应用广泛。

A. 高的强度　B. 有一定的塑性变形能力

C. 低成本　D. 高的韧性

11. 由于球墨铸铁中的碳以(　　)存在，因此具有比灰铸铁高的强度、塑性和韧性。

A. 片状石墨　B. 团絮状石墨　C. 球状石墨　D. 渗碳体

12. 铸铁牌号 HT1OO 中，"HT"为(　　)的牌号。

A. 球墨铸铁　B. 灰铸铁　C. 白口铸铁　D. 可锻铸铁

13. 由于球墨铸铁中的碳以球状石墨存在，因此具有(　　)的特性。

A. 抗拉强度低　B. 很高的硬度

C. 伸长率几乎等于零　D. 较高的强度、塑性和韧性

14. (　　)中的碳以球状石墨存在，因此有较高的强度、塑性和韧性。

A. 可锻铸铁　B. 球墨铸铁　C. 白口铸铁　D. 灰铸铁

15. QT400-17 为(　　)的牌号。

A. 灰铸铁　B. 不锈钢　C. 黄铜　D. 球墨铸铁

16. 灰铸铁焊接时，焊接接头容易产生(　　)，是灰铸铁焊接性较差的原因。

A. 未熔合　B. 夹渣　C. 塌陷　D. 裂纹

17. 灰铸铁焊补，当焊接接头存在白口铸铁组织时，裂纹倾向(　　)。

A. 降低　B. 大大降低　C. 不变　D. 加剧

18. 灰铸铁焊补时，由于(　　)等原因，焊缝和半熔化区容易产生白口铸铁组织。

A. 含氢太多　B. 含碳太高

C. 石墨化元素不足　D. 石墨化元素太多

19. 灰铸铁补焊时，由于(　　)不足等原因，焊缝和半熔化区容易产生白口铸铁组织。

A. 脱氧　　B. 脱氢

C. 石墨化元素　　D. 锰元素

20. 由于石墨化元素不足和(　　)太快，灰铸铁补焊时，焊缝和半熔化区容易产生白口铸铁组织。

A. 电流增长速度　　B. 合金元素烧损速度

C. 加热速度　　D. 冷却速度

21. 焊补灰铸铁时，(　　)不是为了防止裂纹而采用的措施。

A. 焊前预热，焊后缓冷　　B. 增加阻碍石墨化元素

C. 加热减应区　　D. 采用栽螺钉法

22. 焊补铸铁时，采用加热减应区法的目的是为了(　　)。

A. 减小焊接应力，防止产生裂纹　　B. 防止产生白口铸铁组织

C. 得到高强度的焊缝　　D. 得到高塑性的焊缝

23. 铸铁焊补前，在坡口上栽螺钉的目的是为了防止(　　)。

A. 焊接接头产生白口组织　　B. 焊缝与母材剥离

C. 焊缝产生气孔　　D. 熔融金属外流

24. 采用非铸铁型焊接材料焊补铸铁，是为了(　　)的说法是错误的。

A. 得到塑性好，强度高的焊缝　　B. 松弛焊接应力

C. 得到性能和母材相同的焊缝　　D. 避免裂纹

25. 铸铁采用半热焊法焊补时，预热温度为(　　)。

A. 150 ℃左右　　B. 200 ℃左右　　C. 300 ℃左右　　D. 400 ℃左右

26. 铸铁焊条不预热焊接方法不适用于焊补(　　)铸件。

A. 中、小型　　B. 壁厚比较均匀的

C. 结构应力较小的　　D. 大型

27. 焊条电弧焊热焊法焊接灰铸铁时，可得到(　　)焊缝。

A. 铸铁组织　　B. 钢组织

C. 白口铸铁组织　　D. 有色金属组织

28. 采用焊条电弧焊热焊法时，不能用(　　)的操作方法，焊补灰铸铁缺陷。

A. 焊接电弧适当拉长　　B. 焊后保温缓冷

C. 粗焊条连续焊　　D. 细焊条小电流

29. (　　)是铸铁焊条不预热焊接方法的特点。

A. 焊缝高出母材一块　　B. 焊缝为钢焊缝

C. 需焊前预热焊后缓冷　　D. 焊接接头不能进行加工

30. 灰铸铁的(　　)缺陷不适用于采用铸铁芯焊条不预热焊接方法焊补。

A. 砂眼　　B. 不穿透气孔

C. 铸件的边、角处缺肉　　D. 焊补处刚性较大

31. 对坡口较大、工件受力大的灰铸铁电弧冷焊时，不能采用(　　)的焊接工艺方法。

A. 多层焊　　B. 栽螺钉焊法

C. 合理安排焊接顺序　　D. 焊缝高出母材一块

32. 采用黄铜焊丝作为钎料钎焊灰铸铁时，火焰应采用（　　）。
A. 中性焰　B. 弱碳化焰　C. 碳化焰　D. 氧化焰
33. 采用黄铜焊丝作为钎料钎焊灰铸铁时，应采用（　　）进行钎焊。
A. 中性焰　B. 弱碳化焰　C. 碳化焰　D. 氧化焰
34. 由于球化剂具有阻碍石墨化作用，因此球墨铸铁产生白口铸铁组织的倾向（　　）。
A. 与灰铸铁相同　B. 比灰铸铁小
C. 比灰铸铁小得多　D. 比灰铸铁大
35. 细丝 CO_2 气体保护焊补焊灰铸铁时不应采用（　　）的焊接工艺。
A. 小电流　B. 高电压　C. 焊后锤击　D. 断续焊
36. 手工电渣焊的电极材料是（　　）。
A. 铈钨电极　B. 石墨电极　C. 纯钨电极　D. 钍钨电极
37. 由于球化剂具有阻碍石墨化作用，因此球墨铸铁产生白口铸铁组织的倾向（　　）。
A. 与灰铸铁相同　B. 比灰铸铁小
C. 比灰铸铁小得多　D. 比灰铸铁大
38. 下列焊条型号中（　　）是灰铸铁焊条。
A. EZCQ　B. EZC　C. EZV　D. EZNi
39. 下列焊条型号中（　　）是常用的纯镍铸铁焊条。
A. EZCQ　B. EZC　C. EZV　D. EZNi
40. 常用的型号为 EZNi-1 的纯镍铸铁焊条，牌号是（　　）。
A. Z208　B. Z308　C. Z408　D. Z508
41. 牌号为 Z248、Z208 的铸铁焊条是（　　）。
A. 灰铸铁焊条　B. 纯镍铸铁焊条
C. 高钒铸铁焊条　D. 球墨铸铁焊条
42. 要求焊后加工的机床床面、汽缸加工面的重要灰铸铁焊接时，应选用（　　）焊条。
A. 灰铸铁焊条　B. 纯镍铸铁焊条
C. 高钒铸铁焊条　D. 球墨铸铁焊条
43. 下列焊丝型号中（　　）是灰铸铁焊丝。
A. RZC-1　B. RZCH　C. RZCQ-1　D. RZCQ-2
44. 铸铁焊丝 RZCH 型号中的“H”表示（　　）。
A. 熔敷金属的力学性能高　B. 熔敷金属中含有合金元素
C. 熔敷金属中含碳高　D. 熔敷金属中含硫和磷高
45. 铸铁气焊用熔剂的牌号是（　　）。
A. CJ101　B. CJ201　C. CJ301　D. CJ401
46. 铸铁焊补时，热焊法的预热温度为（　　）。
A. 100～150 ℃　B. 400 ℃左右　C. 250～300 ℃　D. 600～700 ℃
47. 铸铁焊补时，半热焊法的预热温度为（　　）。
A. 100～150 ℃　B. 400 ℃左右　C. 250～300 ℃　D. 600～700 ℃
48. 灰铸铁中的碳是以（　　）形式分布于金属基体中。
A. 片状石墨　B. 团絮状石墨　C. 球状石墨　D. Fe_3C

49. 白铸铁中的碳是以(　　)形式分布于金属基体中。
A. 片状石墨　B. 团絮状石墨　C. 球状石墨　D. Fe_3C

50. 球墨铸铁中的碳是以(　　)形式分布于金属基体中。
A. 片状石墨　B. 团絮状石墨　C. 球状石墨　D. Fe_3C

51. 灰铸铁焊接时存在的主要问题是:焊接接头容易(　　)。
A. 产生白铸铁组织和裂纹　B. 耐腐蚀性降低
C. 未熔合、易变形　D. 产生夹渣和气孔

52. 采用非铸铁型焊接材料焊接灰铸铁时,在(　　)极易形成白铸铁组织。
A. 焊缝　B. 半熔化区　C. 焊趾　D. 热影响区

53. 灰铸铁焊接时,采用栽螺钉法的目的是(　　)。
A. 防止焊缝产生白铸铁　B. 防止焊缝产生气孔
C. 防止焊缝剥离　D. 防止焊缝产生夹渣

54. 灰铸铁采用火焰钎焊时,一般采用(　　)作为钎料。
A. 铸铁焊丝　B. 铝焊丝　C. 钢焊丝　D. 黄铜焊丝

二、判断题

(　　)1. HT100 是球墨铸铁的牌号。

(　　)2. 可锻铸铁中的碳以球状存在,因此有较高的强度和塑性,并有一定的塑性变形能力。

(　　)3. 焊补灰铸铁时,由于灰铸铁焊缝中含有较多的氢,因此焊接接头容易产生裂纹。

(　　)4. 焊前预热,焊后缓冷可以防止产生白口铸铁组织,但对防止裂纹不起作用。

(　　)5. 灰铸铁焊补时,由于灰铸铁本身强度低,塑性极差,焊接时加热不均匀,因而容易产生白口铸铁组织。

(　　)6. 焊条电弧焊热焊法焊补灰铸铁的操作方法是:应尽量选择较大直径的焊条,电弧适当拉长,连续焊,焊后保温缓冷。

(　　)7. 电弧冷焊灰铸铁时,应增加焊接热输入,以减小焊接应力,防止裂纹,使半熔化区的白口铸铁组织变薄,有利于加工。

(　　)8. 灰铸铁电弧冷焊应采用细焊条、小电流、快速焊、短段断续焊、焊后立即锤击焊缝的焊接工艺方法。

(　　)9. 气焊火焰钎焊灰铸铁时,可得到铸铁焊缝,易于切削加工。

(　　)10. 铸铁的细丝 CO_2 气体保护焊不利于减少半熔化区白口铸铁组织。

(　　)11. 由于铸件在生产中往往产生铸造缺陷,在使用过程中常出现裂纹等缺陷,因此铸铁的焊补应用很多,而焊接用的很少。

(　　)12. 球墨铸铁中的碳以球状石墨存在,因此具有比灰铸铁高的强度、塑性和韧性。

(　　)13. 灰铸铁焊接时不容易产生白铸铁组织。

(　　)14. 灰铸铁焊接时产生的白铸铁组织,很难机械加工,而且容易引起裂纹。

(　　)15. 铸铁焊接时采用加热焊补处,以减小应力的方法称为加热减应区法。

(　　)16. 采用镍基铸铁型焊条不但避免焊缝产生白铸铁组织,而且可以避免裂纹。

(　　)17. 铸铁电弧冷焊采用非铸铁型焊接材料时,应用较大的熔合比,以减少铸铁母

材的熔化量。

(　　)18. 气焊对防止灰铸铁在焊接时产生白铸铁组织和裂纹都不利。

(　　)19. 灰铸铁焊补采用火焰钎焊时，由于母材不熔化，所以焊接接头产生的白铸铁组织较少。

(　　)20. 手工电渣焊焊补灰铸铁只适用于大型铸件上的大缺陷或巨大缺陷的焊补。

(　　)21. 灰铸铁的细丝 CO_2 气体保护焊与焊条电弧焊冷焊工艺基本相同。

(　　)22. 由于球墨铸铁中的球化剂有促进石墨化的作用，因此球墨铸铁的白铸铁组织倾向比灰铸铁小。

(　　)23. 球墨铸铁焊条电弧焊热焊时，一般可采用 EZCQ 球墨铸铁焊条焊补，焊前应预热 500～700 ℃。

三、多项选择题

1. 铸铁焊条中的铁基焊条主要有(　　)。

A. 纯镍铸铁焊条　　B. 镍铁铸铁焊条　　C. 灰铸铁焊条
D. 镍铜铸铁焊条　　E. 球墨铸铁焊条　　F. 高钒铸铁焊条

2. 铸铁焊条中的镍基焊条主要有(　　)。

A. 纯镍铸铁焊条　　B. 镍铁铸铁焊条　　C. 灰铸铁焊条
D. 镍铜铸铁焊条　　E. 球墨铸铁焊条　　F. 高钒铸铁焊条

3. 铸铁焊条是根据(　　)来划分型号的。

A. 熔敷金属的力学性能　　B. 熔敷金属的化学成分
C. 药皮类型　　D. 焊接位置
E. 电流种类　　F. 用途

4. 按碳存在的状态和形式不同，铸铁主要分为(　　)。

A. 白铸铁　　B. 灰铸铁　　C. 可锻铸铁
D. 可浇铸铁　　E. 球墨铸铁　　F. 白球铸铁

5. 灰铸铁由于具有(　　)性能，因此应用最广泛。

A. 塑性好　　B. 成本低　　C. 铸造性能好
D. 容易切削加工　　E. 吸振　　F. 耐磨

6. 下列牌号的铸铁中，(　　)为灰铸铁。

A. HT100　　B. HT250　　C. QT400-15
D. SQT　　E. QT600-03　　F. HT400

7. 在铸铁焊补时，为了得到灰铸铁焊缝，可在焊缝中加入促进石墨化元素，如(　　)等。

A. 镍　　B. 铜　　C. 钒
D. 碳　　E. 硅　　F. 硫

8. 铸铁焊接时，焊接接头容易产生裂纹的原因主要是(　　)。

A. 铸铁强度低　　B. 铸铁塑性极差　　C. 工件受热不均匀
D. 焊接应力大　　E. 冷却速度慢　　F. 铸铁液态流动性不好

9. 铸铁焊补时，防止裂纹的措施主要有(　　)等。

A. 工件焊前预热，焊后缓冷　　B. 采用加热减应区法
C. 调整焊缝化学成分　　D. 采用合理的焊补工艺

E. 采用栽螺钉法　　F. 焊缝中加入阻碍石墨化元素

10. 铸铁冷焊时，为了减小焊接应力，防止裂纹，采取的工艺措施主要有(　　)。

A. 分散焊　　B. 断续焊　　C. 选用细焊条

D. 小电流　　E. 浅熔深　　F. 焊后立即锤击焊缝

11. 灰铸铁的焊接方法主要有(　　)。

A. 焊条电弧焊　　B. 气焊　　C. 钎焊

D. 埋弧焊　　E. 手工电渣焊　　F. 细丝 CO_2 气体保护焊

12. 焊条电弧焊热焊法焊接灰铸铁一般用于(　　)的铸件。

A. 焊缝强度要求高　　B. 焊后需要加工

C. 要求颜色一致　　D. 结构复杂

E. 焊补处刚性较大易产生裂纹　　F. 焊缝塑性要求高

13. 铸铁焊条电弧焊采用冷焊接方法比热焊接方法具有(　　)等优点。

A. 劳动条件好　　B. 工艺过程简单

C. 生产效率高　　D. 成本低

E. 减小焊件变形　　F. 焊缝与母材性能一致

14. 铸铁电弧冷焊时，为得到钢焊缝和有色金属焊缝，应采用(　　)焊条。

A. 灰铸铁　　B. 纯镍铸铁　　C. 镍铁铸铁

D. 铜镍铸铁　　E. 高钒铸铁　　F. 普通低碳钢

15. 细丝 CO_2 气体保护焊焊补灰铸铁，由于(　　)等原因，有利于减少裂纹和白铸铁组织。

A. 小电流　　B. 熔深浅

C. 焊道窄　　D. 热影响区窄

E. CO_2 气体具有氧化性，可烧损焊缝中的碳

F. 大大提高了焊缝金属的强度

16. 当铸铁焊缝中存在白铸铁组织时，由于白铸铁(　　)，所以焊缝更容易产生裂纹。

A. 塑性好　　B. 硬而脆　　C. 收缩率比灰铸铁大

D. 熔点高　　E. 使焊接应力更大　　F. 流动性更差

17. 铸铁冷焊时，焊后立即锤击焊缝的目的是(　　)。

A. 提高焊缝塑性　　B. 提高焊缝强度　　C. 减小焊接应力

D. 消除焊缝夹渣　　E. 防止裂纹　　F. 消除白铸铁组织

四、简答题

防止产生白铸铁组织的措施有哪些？

五、问答题

灰铸铁焊接防止裂纹的措施主要有哪些？

4.2.3 有色金属的焊接

知识要点

1. 熟知铝及铝合金的分类及特性；
2. 掌握铝及铝合金的焊接性；
3. 掌握铝及铝合金的焊接；
4. 熟知铜及铜合金的分类及性能；
5. 掌握铜及铜合金的焊接性；
6. 掌握铜及铜合金的焊接；
7. 了解钛及钛合金的分类及性能；
8. 熟知钛及钛合金的焊接性；
9. 熟知钛及钛合金的焊接。

一、单项选择题

1. (　　)的牌号是 L4。

A. 超硬铝合金　　B. 铝镁合金　　C. 铝铜合金　　D. 纯铝

2. 热处理强化铝合金不包括(　　)。

A. 硬铝合金　　B. 超硬铝合金　　C. 锻铝合金　　D. 铝镁合金

3. 以下(　　)是防锈铝合金。

A. 硬铝合金　　B. 铝镁合金　　C. 超硬铝合金　　D. 锻铝合金

4. 常用的铝镁合金属于(　　)。

A. 非热处理强化铝合金　　B. 超硬铝合金

C. 热处理强化铝合金　　D. 铸造铝合金

5. 铝在气焊过程中，破坏和清除氧化膜的措施是(　　)。

A. 提高焊接速度　　B. 对焊件进行顶热

C. 加气焊粉　　D. 提高火焰能率

6. 非热处理强化铝合金不具备(　　)性能。
A. 强度中等　　B. 焊接性较好
C. 硬度高　　D. 塑性和耐腐蚀性较好
7. 由于铝的热膨胀系数大,凝固收缩率大,因此焊接时(　　),容易产生热裂纹。
A. 熔池含氢量高　　B. 熔化时没有显著的颜色变化
C. 高温强度低　　D. 产生较大的焊接应力
8. (　　)不是由于铝及铝合金表面存在氧化膜而形成的。
A. 气孔　　B. 夹渣　　C. 未熔合　　D. 热裂纹
9. 在 TIG 焊过程中,破坏和清除氧化膜的措施是(　　)。
A. 焊丝中加锰和硅脱氧　　B. 采用直流正接焊
C. 提高焊接电流　　D. 采用交流焊
10. 焊接铝及铝合金时,(　　)焊件变形大、焊接质量差、多用于焊接厚度不大的不重要结构,薄板和铸件补焊。
A. 钨极脉冲氩弧焊　　B. 熔化极氩弧焊
C. 气焊　　D. 钨极氩弧焊
11. (　　)适合于焊接铝及铝合金的薄板、全位置焊接。
A. 熔化极氩弧焊　　B. CO_2气体保护焊
C. 焊条电弧焊　　D. 钨极脉冲氩弧焊
12. 熔化极氩弧焊焊接铝及铝合金(　　)直流反接。
A. 采用交流焊或　　B. 采用交流焊不采用
C. 采用直流正接或　　D. 一律采用
13. 钨极氩弧焊采用直流反接时,不会(　　)。
A. 提高电弧稳定性　　B. 产生阴极破碎作用
C. 使焊缝夹钨　　D. 使钨极熔化
14. 钨极氩弧焊焊前检查阴极破碎作用时,熔化点周围应呈(　　)色。
A. 金黄　　B. 银灰　　C. 乳白　　D. 浅黄
15. 钨极氩弧焊焊接过程中检查阴极破碎作用时,熔化点周围呈乳白色,即(　　)。
A. 有焊缝夹钨现象　　B. 表明气流保护不好
C. 说明电弧不稳定　　D. 有阴极破碎作用
16. 铜锌合金是(　　)。
A. 白铜　　B. 紫铜　　C. 黄铜　　D. 红铜
17. 具有极好的导电性和导热性,良好的塑性、耐腐蚀性及低温性能的是(　　)。
A. 紫铜　　B. 黄铜　　C. 青铜　　D. 白铜
18. (　　)具有高的耐磨性、良好的力学性能、铸造性能和耐腐蚀性能。
A. 紫铜　　B. 白铜　　C. 黄铜　　D. 青铜
19. (　　)不是紫铜的性能。
A. 极好的导电性、导热性　　B. 良好的耐磨性
C. 良好的低温性能　　D. 良好的塑性和耐腐蚀性
20. 由于紫铜的(　　)不高,所以在机械结构零件中使用的都是铜合金。

A. 导电性　B. 导热性　C. 低温性能　D. 力学性能

21. (　　)具有高的耐磨性、良好的力学性能、铸造性能和耐腐蚀性能。

A. 紫铜　B. 白铜　C. 黄铜　D. 青铜

22. 黄铜的(　　)比紫铜差。

A. 强度　B. 硬度　C. 耐腐蚀性　D. 导电性

23. 紫铜焊接时产生的裂纹为(　　)。

A. 再热裂纹　B. 冷裂纹　C. 层状撕裂　D. 热裂纹

24. 紫铜焊接时产生的裂纹为(　　)。

A. 再热裂纹　B. 冷裂纹　C. 层状裂纹　D. 热裂纹

25. 黄铜焊接时,由于锌的蒸发,不会(　　)。

A. 改变焊缝的化学成分　B. 使焊接操作发生困难

C. 提高焊接接头的力学性能　D. 影响焊工的身体健康

26. (　　)是焊接紫铜时,母材和填充金属难以熔合的原因。

A. 紫铜导电性好　B. 紫铜熔点高

C. 有锌蒸发出来　D. 紫铜导热性好

27. 由于紫铜导热率高,所以气焊时,火焰能率应(　　)。

A. 比低碳钢低 1～2 倍　B. 比低碳钢高 1～2 倍

C. 和低碳钢相同　D. 比低碳钢高 3～4 倍

28. 由于紫铜导热率高,气焊时会产生未熔合,因此焊前须将焊件(　　)。

A. 背面加强清理　B. 背面采用垫板

C. 加强保护　D. 进行预热

29. 紫铜气焊时,要求使用(　　)。

A. 中性焰　B. 碳化焰

C. 氧化焰　D. 弱氧化焰或碳化焰

30. (　　)不是工业纯钛所具有的优点。

A. 耐腐蚀　B. 硬度高　C. 焊接性好　D. 易于成型

31. 焊接钛及钛合金最容易出现的焊接缺陷是(　　)。

A. 夹渣和热裂纹　B. 未熔合和未焊透

C. 烧穿和塌陷　D. 气孔和冷裂纹

32. 钛合金最大的优点是(　　),又具有良好的韧性和焊接性,在航空航天工业中得到应用。

A. 比强度大　B. 硬度高　C. 导热性极好　D. 导电性极好

33. 焊接钛及钛合金时,不能(　　)焊接。

A. 惰性气体保护　B. 真空保护

C. 在氩气箱中　D. CO_2气体保护

34. 为了得到优质焊接接头,钛及钛合金氩弧焊的关键是对 400 ℃以上区域的保护,所需特殊保护措施中没有(　　)。

A. 采用喷嘴加拖罩

B. 在充氩或充氩一氦混合气的箱内焊接

C. 焊件背面采用充氩装置

D. 在充 CO_2 或氩＋CO_2 混合气的箱内焊接

35. 焊条电弧焊和(　　)均不能满足钛及钛合金焊接质量要求。

A. 等离子焊　　B. 钎焊　　C. 真空电子束焊　　D. 气焊

36. (　　)焊接方法不能满足钛及钛合金焊接质量要求。

A. 真空电子束焊　　B. 熔化极氩弧焊

C. 焊条电弧焊　　D. 钨极氩弧焊

37. 为了得到优质焊接接头，钛及钛合金氩弧焊的关键是对(　　)区域的保护，因此需要用特殊的保护装置。

A. 300 ℃以上　　B. 400 ℃以上　　C. 500 ℃以上　　D. 700 ℃以上

38. 钛及钛合金氩弧焊时，为了保护焊接高温区域，常采用焊件背面充氩及(　　)的方法。

A. 添加气焊粉　　B. 电弧周围加磁场

C. 喷嘴加拖罩　　D. 坡口背面加焊剂垫

39. 钛及钛合金焊接时，焊缝和热影响区呈(　　)，表示保护效果最好。

A. 淡黄色　　B. 深蓝色　　C. 金紫色　　D. 银白色

40. 铝及铝合金工件和焊丝表面清理以后，在潮湿的情况下，一般应在清理(　　)小时内施焊。

A. 4　　B. 12　　C. 24　　D. 36

41. 铝及铝合金工件和焊丝表面清理以后，在干燥的情况下，一般应在清理(　　)小时内施焊。

A. 4　　B. 12　　C. 24　　D. 36

42. 铜及铜合金焊接前工件常需要预热，预热温度一般为(　　)。

A. 100～150 ℃　　B. 200～250 ℃　　C. 300～700 ℃　　D. 700～800 ℃

43. 下列牌号中(　　)是纯铝。

A. L1　　B. LF6　　C. LD2　　D. LY3

44. 下列牌号中(　　)是铝镁合金。

A. L1　　B. LF6　　C. LD2　　D. LY3

45. 铝及铝合金焊接时生成的气孔主要是(　　)气孔。

A. CO　　B. CO_2　　C. H_2　　D. N_2

46. 铝及铝合金焊前必须仔细清理焊件表面的原因是为了防止(　　)。

A. 热裂纹　　B. 冷裂纹　　C. 气孔　　D. 烧穿

47. 焊接铝及铝合金时，在焊件坡口下面放置垫板的目的是为了防止(　　)。

A. 热裂纹　　B. 冷裂纹　　C. 气孔　　D. 塌陷

48. 铝合金焊接时焊缝容易产生(　　)。

A. 热裂纹　　B. 冷裂纹　　C. 再热裂纹　　D. 层状撕裂

49. 熔化极氩弧焊焊接铝及铝合金采用的电源及极性是(　　)。

A. 直流正接　　B. 直流反接

C. 交流焊　　D. 直流正接或交流焊

50. 钨极氩弧焊焊接铝及铝合金常采用的电源及极性是(　　)。

A. 直流正接　　B. 直流反接

C. 交流焊　　D. 直流正接或交流焊

51. 钨极氩弧焊焊接铝及铝合金采用交流焊的原因是(　　)。

A. 飞溅小　　B. 成本低

C. 设备简单　　D. 具有阴极破碎作用和防止钨极熔化

52. 紫铜焊接时,母材和填充金属难以熔合的原因是紫铜(　　)。

A. 导热性好　　B. 导电性好

C. 熔点高　　D. 有锌蒸发出来

53. 紫铜焊接时,常常要使用大功率热源,焊前还要采取预热措施的原因是(　　)。

A. 紫铜导热性好,难熔合　　B. 防止产生冷裂纹

C. 提高焊接接头的强度　　D. 防止锌的蒸发

54. 气焊紫铜要求使用(　　)。

A. 中性焰　　B. 碳化焰　　C. 氧化焰　　D. 弱氧化焰

55. 气焊黄铜要求使用(　　)。

A. 中性焰　　B. 碳化焰　　C. 氧化焰　　D. 弱碳化焰

56. 钨极氩弧焊焊接紫铜时,电源及极性应采用(　　)。

A. 直流正接　　B. 直流反接

C. 交流焊　　D. 直流正接或交流焊

57. 下列(　　)不是焊接钛合金时容易出现的问题。

A. 裂纹　　B. 容易沾污,引起脆化

C. 气孔　　D. 塌陷

二、判断题

(　　)1. 铝镁合金属于热处理强化铝合金。

(　　)2. 由于铝及铝合金溶解氢的能力强,因此焊接时容易产生热裂纹。

(　　)3. 铝及铝合金焊接时容易产生冷裂纹。

(　　)4. 由于铝的热膨胀系数大,因此焊接时容易产生塌陷。

(　　)5. 铝及铝合金目前常用的焊接方法主要是CO_2气体保护焊、钨极氩弧焊和熔化极氩弧焊。

(　　)6. 铝及铝合金的熔化极氩弧焊一律采用交流焊。

(　　)7. 钨极氩弧焊焊接铝及铝合金必须采用直流反接焊。

(　　)8. 钨极氩弧焊焊前引燃电弧后,电弧在工件表面上面垂直不动,熔化点周围呈银灰色,即有阴极破碎作用。

(　　)9. 黄铜具有极高导电性、导热性和良好的耐磨性。

(　　)10. 为了防止锌的蒸发,气焊黄铜时应使用中性焰。

(　　)11. 钛及钛合金具有良好的耐腐蚀性,其耐腐蚀性仅次于不锈钢。

(　　)12. 钛及钛合金韧性好,所以焊接时不容易出现裂纹。

(　　)13. 铝的化学活泼性很高,易与空气中的氧作用生成一层牢固、致密的氧化膜。

(　　)14. 铝合金分为变形铝合金和铸造铝合金两大类。

(　　)15. 热处理强化铝合金强度高,焊接性好,广泛用来作为焊接结构材料。
(　　)16. 铝镁合金及铝锰合金耐腐蚀性好,所以称为防锈铝。
(　　)17. 铝及铝合金焊接时焊前有时进行预热是为了防止冷裂纹。
(　　)18. 铝及铝合金多用在化工设备上,因此只要求具有耐腐蚀性。
(　　)19. 铝及铝合金焊后清理的目的是清除残留在焊缝及邻近区域的熔剂,以防腐蚀焊件。
(　　)20. 钨极氩弧焊焊接铝及铝合金常采用右向焊法。
(　　)21. 紫铜即是纯铜。
(　　)22. 根据铜及铜合金的成分和颜色不同,可分为紫铜、黄铜、青铜和白铜。
(　　)23. 黄铜是铜和锌的合金,它的颜色随含锌量的增加由黄红色变成淡黄色。
(　　)24. 青铜具有高的耐磨性,良好的力学性能、铸造性能和耐腐蚀性能,用于制造各种耐磨零件。
(　　)25. 黄铜比紫铜焊接时出现的问题是锌的蒸发。
(　　)26. 青铜的焊接性比紫铜和黄铜都差。
(　　)27. 铜及铜合金的焊接方法很多,熔焊是应用最广泛、最容易实现的工艺方法。
(　　)28. 由于紫铜的熔点低,因此气焊时,应用比低碳钢低 1～2 倍的火焰能率进行焊接。
(　　)29. 紫铜气焊时,使用弱氧化焰,含硅焊丝,目的是使焊缝表面生成一层氧化硅薄膜,阻挡锌的蒸发。
(　　)30. 按钛合金退火状态的室温平衡组织分,可分为 α 钛合金、β 钛合金和 α+β 钛合金三类。
(　　)31. α 钛合金、β 钛合金和 α+β 钛合金的牌号分别为 TA、TB 和 TC。
(　　)32. 钛及钛合金的耐腐蚀性仅次于不锈钢。
(　　)33. 钛合金最大的优点是比强度大(即强度大而重量轻)。
(　　)34. 钛合金焊接时焊缝容易产生热裂纹。
(　　)35. 钛合金的焊接方法很多,气焊、焊条电弧焊、埋弧焊、氩弧焊、真空电子束焊等都能得到很好的焊接质量。
(　　)36. 钛及钛合金焊接目前应用最广泛的方法是焊条电弧焊。
(　　)37. 钛合金组焊时,焊工必须戴洁净的手套,严禁用铁器敲打。
(　　)38. 钛合金钨极氩弧焊时,喷嘴加拖罩的目的是为了加强对焊缝的保护。

三、多项选择题

1. 由于铜及铜合金具有(　　)的特性,因此接头形式的设计和选择与钢相比有特殊要求。

A. 熔点高　　B. 导热率高　　C. 塑性很低
D. 液态流动性好　　E. 强度高　　F. 加工困难

2. 铜及铜合金焊接时,为了获得成型均匀的焊缝,(　　)接头是合理的。

A. 对接　　B. 搭接　　C. 十字接
D. 端接　　E. T 形

3. 工业纯铝的特性是(　　)。

A. 熔点低　B. 易氧化，耐腐蚀性好　C. 导热性好
D. 线胀系数大　E. 塑性好　F. 强度不高

4. 下列铝合金中(　　)属于非热处理强化铝合金。
A. 铝镁合金　B. 硬铝合金　C. 铝硅合金
D. 铝锰合金　E. 锻铝合金　F. 超硬铝合金

5. 下列铝合金中(　　)属于热处理强化铝合金。
A. 铝镁合金　B. 硬铝合金　C. 铝硅合金
D. 铝锰合金　E. 锻铝合金　F. 超硬铝合金

6. 铝及铝合金焊接时存在的主要困难是(　　)。
A. 易氧化　B. 气孔　C. 热裂纹
D. 塌陷　E. 冷裂纹　F. 接头不等强

7. 焊接铝及铝合金最好的方法是(　　)。
A. 钨极氩弧焊　B. 钨极脉冲氩弧焊　C. 焊条电弧焊
D. 熔化极氩弧焊　E. 埋弧自动焊

8. 紫铜具有(　　)的特性，因而在工业上得到了广泛的应用。
A. 强度高　B. 塑性好　C. 导电性好
D. 导热性好　E. 耐腐蚀性好　F. 低温性能好

9. 黄铜的导电性比紫铜差，但(　　)比紫铜好，因此广泛用来制造各种结构零件。
A. 强度　B. 硬度　C. 价格便宜
D. 导热性　E. 耐腐蚀性　F. 冷加工和热加工性能

10. 铜及铜合金下列牌号中，(　　)是紫铜。
A. T2　B. TUP　C. H62
D. TU2　E. QAl9-4　F. B30

11. 铜及铜合金下列牌号中，(　　)是黄铜。
A. T2　B. TUP　C. H62
D. ZHSi80-3　E. QAl9-4　F. B30

12. 紫铜焊接时容易产生的问题主要是(　　)。
A. 易变形　B. 气孔　C. 热裂纹
D. 难熔合　E. 冷裂纹　F. 焊接接头的力学性能降低

13. 紫铜焊接时生成的气孔主要是(　　)气孔。
A. H_2　B. N_2　C. CO
D. CO_2　E. NO　F. 水蒸气

14. 钛及钛合金具有(　　)的优异性能。
A. 耐腐蚀性好　B. 比强度大　C. 韧性好
D. 焊接性好　E. 强度高　F. 与生物相容性好

15. 在高温下钛与(　　)反应速度较快，使焊接接头塑性下降，特别是韧性大大减低，引起脆化。
A. 氢　B. 氮　C. 锰
D. 铁　E. 氧　F. 碳

16. 为了防止钛合金在高温下吸收氧、氢、氮，熔化焊时需要采取(　　)措施。
A. 惰性气体保护　B. 真空保护　C. 焊剂保护
D. 特殊药皮保护　E. 氩气箱中焊接

17. 钛合金钨极氩弧焊时，需要采用(　　)的特殊保护措施。
A. 大直径的喷嘴　B. 喷嘴加拖罩　C. 大氩气流量
D. 氩＋氢的混合气　E. 背面充氩保护

四、简答题

1. 简述铝及铝合金的焊接性。

2. 紫铜的焊接性较差，焊接时容易发生哪些问题？

4.2.4　异种金属的焊接

知识要点

1. 掌握异种金属的焊接性；
2. 了解奥氏体不锈钢与珠光体钢焊接方法的选择；
3. 熟知奥氏体不锈钢与珠光体钢焊接材料的选择；
4. 了解奥氏体不锈钢与珠光体钢焊接工艺参数的选择；
5. 熟知异种钢焊接操作技术。

一、单项选择题

1. (　　)焊接时容易出现的问题是焊缝金属的稀释、过渡层和扩散层的形成及焊接接头高应力状态。
A. 珠光体耐热钢　B. 奥氏体不锈钢
C. 16Mn 和 Q345 钢　D. 珠光体钢和奥氏体不锈钢

2. 珠光体钢和奥氏体不锈钢焊接时，焊缝金属的成分和组织可以根据(　　)来进行估计。

A. 碳当量公式计算　　B. 铁-碳平衡状态图

C. 斜 Y 坡口对接裂纹试验　　D. 舍夫勒不锈钢组织图

3. 珠光体钢和奥氏体不锈钢焊接时容易产生的问题是(　　)的说法是错误的。

A. 焊接接头高应力状态　　B. 焊缝金属的稀释

C. 焊接接头产生晶间腐蚀　　D. 扩散层的形成

4. 珠光体钢和奥氏体不锈钢焊接，选择奥氏体不锈钢焊条作填充材料时，熔化的珠光体母材对焊缝金属中(　　)。

A. 合金元素的含量具有冲淡作用　　B. 合金元素的含量具有添加作用

C. 有害元素的含量具有消除作用　　C. 有害气体的含量具有冲淡作用

5. 以下属于异种钢焊接的是(　　)。

A. Q235 钢与低碳钢，采用 E4303 焊条

B. Q345 钢与 16 锰钢，采用 J507 焊条

C. Q235 钢与 1Cr18Ni9，采用 E309-15 焊条

D. 在 20 号钢上采用 J422 焊条堆焊

6. 在两种母材熔化量相同的情况下，焊接 1Cr18Ni9 不锈钢和 Q235 低碳钢时，如(　　)焊缝会得到脆硬的马氏体组织。

A. 采用 H0Cr26Ni21 焊丝　　B. 采用 A407 焊条

C. 采用 A402 焊条　　D. 不添加填充材料

7. 珠光体钢和奥氏体不锈钢焊接，选择奥氏体不锈钢焊条作填充材料时，由于熔化的珠光体母材的稀释作用，可能使焊缝金属出现(　　)组织。

A. 奥氏体　　B. 渗碳体　　C. 马氏体　　D. 珠光体

8. 焊接异种钢时，(　　)电弧搅拌作用强烈，形成的过渡层比较均匀，但需要注意限制线能量，控制熔合比。

A. 焊条电弧焊　　B. 熔化极气体保护焊

C. 不熔化极气体保护焊　　D. 埋弧焊

9. 异种金属焊接时，为了减小熔化的母材对焊缝的稀释作用。原则上希望熔合比(　　)。

A. 适中　　B. 偏大　　C. 越大越好　　D. 越小越好

10. 异种钢焊接时，选择焊接方法的着眼点是应该尽量(　　)。

A. 提高生产率　　B. 减小熔合比

C. 增加线能量　　D. 加强保护

11. 焊接异种钢时，选择焊接方法的着眼点是应该尽量减小熔合比，特别是要尽量减少(　　)的熔化量。

A. 焊接填充材料　　B. 奥氏体不锈钢和珠光体钢母材

C. 奥氏体不锈钢　　D. 珠光体钢

12. 带极埋弧堆焊和(　　)熔合比最小，是焊接异种钢常用的焊接方法。

A. 埋弧焊　　B. 不熔化极气体保护焊

C. 焊条电弧焊　　D. 熔化极气体保护焊

13. 珠光体钢和奥氏体不锈钢焊条电弧焊时，生产中广泛采用(　　)焊条，以得到抗裂性好的奥氏体＋铁素体的焊缝组织。

A. E309-15　　B. E310-15　　C. E4303　　D. E5015

14. 生产中采用 E309-16 和 E309-15 焊条，焊接珠光体钢和奥氏体不锈钢时，熔合比控制在(　　)，才能得到抗裂性能好的奥氏体＋铁素体焊缝组织。

A. 3%～7%　　B. 50%以下　　C. 2.11%以下　　D. 40%以下

15. 珠光体钢和奥氏体不锈钢采用 E309-15 焊条对接焊，操作时应该特别注意(　　)。

A. 减小热影响区的宽度　　B. 减小焊缝的余高

C. 减小焊缝成形系数　　D. 减小珠光体钢熔化量

16. 选用 25-13 型焊接材料，进行珠光体钢和奥氏体不锈钢厚饭对接焊时，可先在(　　)的方法，堆焊过渡层。

A. 奥氏体不锈钢的坡口上，采用单道焊

B. 奥氏体不锈钢的坡口上，采用多层多道焊

C. 珠光体钢的坡口上，采用单道焊

D. 珠光体钢的坡口上，采用多层多道焊

17. 不锈钢复合板的复层接触工作介质，保证耐腐蚀性，(　　)靠基层获得。

A. 硬度　　B. 塑性　　C. 韧性　　D. 强度

18. 不锈钢复合板(　　)的焊接属于异种钢焊接，应按异种钢焊接原则选择焊接材料。

A. 焊件的正面　　B. 焊件的背面

C. 复层和基层的交界处　　D. 接触工作介质的复层表面

19. 珠光体钢和奥氏体不锈钢厚板对接焊时，可先在珠光体钢的坡口上用(　　)方法，堆焊过渡层。

A. 18-8 型焊接材料，采用多层多道焊

B. 25-13 型焊接材料，采用单道焊

C. 25-13 型焊接材料，采用多层多道焊

D. 25-20 型焊接材料，采用单道焊

20. 不锈钢复合板的(　　)获得。

A. 复层保证耐腐蚀性，强度靠基层

B. 基层保证耐腐蚀性，强度靠复层

C. 复层保证耐腐蚀性，韧性靠基层

D. 基层保证耐腐蚀性，韧性靠复层

21. 珠光体钢和奥氏体不锈钢采用 E309-15 焊条对接焊时，采用(　　)的操作方法是错误的。

A. 在珠光体钢一侧，停弧时间要短

B. 在珠光体钢一侧，焊条角度要合适

C. 小电流、多层多道快速焊

D. 大电流、单道慢速焊

22. 异种金属焊接时，熔合比越小越好的原因是为了(　　)。

A. 减小焊接材料的填充量　B. 减小熔化的母材对焊缝的稀释作用
C. 减小焊接应力　D. 减小焊接变形

23. 1Cr18Ni9 不锈钢和 Q235 低碳钢焊条电弧焊时,(　　)焊条焊接才能获得满意的焊缝质量。
A. 不加填充　B. E308-16　C. E309-15　D. E310-15

24. 1Cr18Ni9 不锈钢和 Q235 低碳钢焊条电弧焊时,(　　)焊条焊接时焊缝容易产生热裂纹。
A. E4303　B. E308-16　C. E309-15　D. E310-15

25. 1Cr18Ni9 不锈钢和 Q235 低碳钢用 E308-16 焊条焊接时,焊缝得到(　　)组织。
A. 铁素体＋珠光体　B. 奥氏体＋马氏体
C. 单相奥氏体　D. 奥氏体＋铁素体

26. 1Cr18Ni9 不锈钢和 Q235 低碳钢用 E309-15 焊条焊接时,焊缝得到(　　)组织。
A. 铁素体＋珠光体　B. 奥氏体＋马氏体
C. 单相奥氏体　D. 奥氏体＋铁素体

27. 1Cr18Ni9 不锈钢和 Q235 低碳钢用 E310-15 焊条焊接时,焊缝得到(　　)组织。
A. 铁素体＋珠光体　B. 奥氏体＋马氏体
C. 单相奥氏体　D. 奥氏体＋铁素体

28. 1Cr18Ni9 不锈钢和 Q235 低碳钢焊接时,焊缝得到(　　)组织比较理想。
A. 铁素体＋珠光体　B. 奥氏体＋马氏体
C. 单相奥氏体　D. 奥氏体＋铁素体

二、判断题

(　　)1. 两种不同的金属都可以进行直接焊接。

(　　)2. 珠光体钢和奥氏体不锈钢焊接时容易出现的问题是焊缝产生晶间腐蚀。

(　　)3. 珠光体钢和奥氏体不锈钢焊接,选择奥氏体不锈钢焊条作填充材料时,焊缝会得到奥氏体不锈钢成分。

(　　)4. 焊接异种钢时,选择焊接方法的着眼点是应该尽量减小熔合比,特别是要尽量减少奥氏体不锈钢的熔化量。

(　　)5. 埋弧焊熔合比最小,电弧搅拌作用最强烈,形成的过渡层比较均匀,是异种钢焊接应用极为广泛的焊接方法。

(　　)6. 珠光体钢和奥氏体不锈钢焊条电弧焊时,生产中广泛采用 E310-15 焊条,得到抗裂性能好的奥氏体＋铁素体焊缝组织。

(　　)7. 珠光体钢和奥氏体不锈钢厚板对接焊时,可先在奥氏体钢的坡口上用珠光体型焊接材料,采用单道焊的方法,堆焊过渡层。

(　　)8. 珠光体钢和奥氏体不锈钢对接焊时,选用 E308-15 焊条,应采用大电流,高电压,单道焊接。

(　　)9. 异种金属焊接时,原则上希望熔合比越小越好,所以一般开较小的坡口。

(　　)10. 不锈钢复合板焊接时,坡口一般都开在基层(低碳钢)上。

(　　)11. 珠光体钢与奥氏体不锈钢由于熔化的珠光体母材的稀释作用,焊缝可能会出现马氏体组织,严重时甚至出现裂纹。

(　　)12. 异种钢焊接时，焊缝的成分取决于焊接材料，与熔合比大小无关。

(　　)13. Cr18Ni9 不锈钢和 Q235 低碳钢采用钨极氩弧焊焊接时，不加填充焊丝，才能获得满意的焊缝质量。

(　　)14. 奥氏体不锈钢和珠光体钢焊接时，由于电弧的高温加热作用，整个焊接熔池的化学成分是非常均匀的。

(　　)15. 奥氏体不锈钢和珠光体钢焊接接头，在焊后热处理或高温条件下工作时碳从奥氏体不锈钢焊缝向珠光体钢母材扩散。

(　　)16. 提高奥氏体不锈钢填充材料的含镍量，可以阻止奥氏体不锈钢和珠光体钢焊接接头中碳的扩散。

(　　)17. 奥氏体钢不锈钢和珠光体钢焊接接头焊后热处理，可以阻止碳的扩散。

(　　)18. 当两种金属的线膨胀系数和热导率相差很大时，焊接过程中会产生很大的热应力。

(　　)19. 奥氏体钢不锈钢和珠光体钢焊接接头扩散层的形成，有利于提高异种钢焊接接头的质量。

(　　)20. 异种钢焊接接头可以通过焊后热处理来消除焊接残余应力。

(　　)21. 焊接异种钢时，必须加填充金属，并采用小线能量，以减小熔合比。

(　　)22. 奥氏体钢不锈钢和珠光体钢厚板对接焊时，可先用碳钢焊条在奥氏体钢坡口上堆焊过渡层，然后再用碳钢焊条进行焊接。

(　　)23. 不锈复合钢板焊接复层和基层的交界处，应按异种钢焊接原则选择焊接材料。

三、多项选择题

1. 下列材料(　　)的焊接属于异种金属焊接。

A. 奥氏体钢与珠光体钢　　B. Q235 钢与低碳钢
C. 铜和铝　　D. 低碳钢上堆焊不锈钢
E. 奥氏体不锈钢复合板　　F. 16Mn 和 Q345 钢

2. 异种金属直接焊接时由于存在(　　)，所以给焊接带来困难。

A. 熔点不同　　B. 线膨胀系数不同
C. 导热性不同　　D. 比热容不同
E. 电磁性能不同　　F. 冶金上的相容性

3. 奥氏体不锈钢和珠光体钢焊接时，出现的问题主要是(　　)。

A. 焊缝金属的稀释　　B. 焊接接头耐腐蚀性降低
C. 焊缝形成白铸铁组织　　D. 扩散层的形成
E. 焊接接头高应力状态　　F. 过渡层的形成

4. 焊接奥氏体不锈钢和珠光体钢，可以采用的焊接方法是(　　)。

A. 焊条电弧焊　　B. 气焊　　C. 不熔化极气体保护焊
D. 熔化极气体保护焊　　E. 埋弧焊　　F. 带极埋弧堆焊

5. 奥氏体不锈钢和珠光体钢焊条电弧焊时，生产中最好采用的焊条是(　　)。

A. E4303　　B. E308-16　　C. E309-15
D. E310-15　　E. E309-16　　F. E310-16

6. 奥氏体不锈钢和珠光体钢焊条电弧对接焊时，焊接工艺应该是(　　)。

A. 小电流

B. 焊前预热

C. 快速焊

D. 珠光体钢侧用短弧、停留时间短、角度要合适

E. 选用小直径焊条

F. 多层多道焊

四、问答题

以珠光体和奥氏体的不锈钢为例对异种金属的焊接性进行分析。

4.2.5　焊条电弧焊技术

知识要点

1. 掌握管板对接仰焊单面焊双面成型；
2. 掌握对接管水平固定焊接的单面焊双面成型；
3. 掌握管板仰焊位焊接；
4. 掌握小直径管垂直固定焊接的单面焊双面成型；
5. 掌握小直径管水平固定加障碍焊接；
6. 掌握小直径管 45°倾斜固定焊接。

一、单项选择题

1. 由于铁水在重力作用下产生下垂，因此钢板对接仰焊时，极易(　　)。

A. 在焊缝背面产生烧穿，焊缝正面产生下凹

B. 在焊缝正面产生烧穿，焊缝背面产生下凹

C. 在焊缝背面产生焊瘤，焊缝止面产生下凹

D. 在焊缝正面产生焊瘤，焊缝背面产生下凹

2. 管子水平固定位置向上焊接，一般起焊分别从相当于(　　)位置收弧。

A. “时钟 3 点”起，“时钟 9 点”　　B. “时钟 12 点”起，“时钟 12 点”

C. “时钟 12 点”起，“时钟 6 点”　　D. “时钟 6 点”起，“时钟 12 点”

3. 对接管水平固定位置向上焊接时，有(　　)焊接位置，所以焊条的角度应随着焊接位置的变化而变化。

A. 仰焊、立焊、平焊　　B. 仰焊、横焊、平焊
C. 横焊、立焊、平焊　　D. 仰焊、立焊、横焊、平焊

4. 采用单道焊进行骑座式管板仰焊位盖面焊时，其优点主要是(　　)。
A. 不易产生咬边　　B. 不易产生未熔合
C. 焊缝表面不易下垂　　D. 外观平整、成型好

5. 骑座式管板仰焊位盖面焊，采用单道焊时不具备(　　)特点。
A. 外观平整、成型好　　B. 可有效防止产生未熔合
C. 对操作稳定性要求较高　　D. 焊缝表面易下垂

二、判断题

(　　)1. 钢板对接仰焊的困难是铁水在重力下产生下垂，极易在焊缝表面产生焊瘤，焊缝正面产生下凹。

(　　)2. 管子水平固定位置向上焊接分两个半圆进行，分别从相当于“时钟 12 点”位置(平焊)起弧，相当于“时钟 6 点位置”(仰焊)收弧。

(　　)3. 骑坐式管板仰焊位盖面焊采用多道焊时可有效防止产生咬边缺陷，外观平整、成形好。

(　　)4. 管子水平固定位置焊接时，有仰焊、立焊、平焊位置，所以焊条的角度随着焊接位置的变化而变换。

三、问答题

1. 叙述钢板对接仰焊打底焊的操作要领。

2. 叙述钢对接管水平固定打底焊的操作要领。

3. 叙述骑坐式管板仰位焊盖面层的焊接操作要领。

4.2.6 气割机

知识要点

1. 了解气割机的种类及用途；
2. 了解 CG1-30 型半自动气割机的操作；
3. 了解 KT-50 型光电跟踪气割机的操作；
4. 掌握气割机切割的安全操作注意事项。

一、单项选择题

1. (　　)不是气焊机切割的优点。

A. 操作灵活方便　　B. 工人劳动条件好
C. 气割速度快　　D. 气割精度高

2. (　　)不是气割机切割的缺点。

A. 操作不灵活方便　　B. 气割速度慢、精度低
C. 设备较复杂　　D. 成本高

3. 仿形气割机的割炬是(　　)移动，切割出所需形状的工件的。

A. 沿着轨道　　B. 根据图样
C. 按照给定的程序　　D. 随着磁头沿一定形状的靠模

4. 光电跟踪气割机是(　　)进行切割的。

A. 按照给定的程序　　B. 沿着给定的轨道
C. 根据给定的图样　　D. 利用磁力靠模原理

5. 数控气割机在气割前，应该(　　)。

A. 制作样板　　B. 进行划线　　C. 进行放样　　D. 输入指令

6. 数控气割机自动切割前必须(　　)。

A. 铺好轨道　　B. 提供指令　　C. 划好图样　　D. 做好样板

7. 光电跟踪气割机的设备虽然较复杂，由光电跟踪机构和自动气割机组成，但只要有(　　)，就可以进行切割。

A. 轨道　　B. 样板　　C. 程序　　D. 图样

8. (　　)不是数控气割机的优点。

A. 省去放样、画线等工序　　B. 生产效率高
C. 切口质量好　　D. 成本低、设备简单

9. 按照给定的程序自动进行切割的气割机是(　　)。

A. 数控气割机　　B. 仿形气割机

C. 光电跟踪气割机　　D. 半自动全位置气割机

10. 气割机的使用、维护保养和检修必须由(　　)负责。

A. 气割工　　B. 专人　　C. 焊工　　D. 电工

11. CG1-30 型半自动气割机在气割结束时,应先关闭(　　)。

A. 压力开关阀　　B. 切割氧调节阀

C. 控制板上的电源　　D. 预热氧和乙炔

12. 易燃易爆物品应距离气割机切割场地在(　　)米以外。

A. 5　　B. 10　　C. 15　　D. 20

二、判断题

(　　)1. 手工气割具有灵活方便等优点,因此特别适合用于气割大厚度的钢板以及需要预热的中、高碳钢、高合金钢的气割。

(　　)2. 仿形气割机是根据图样进行切割的。

(　　)3. 按照给定的程序自动地进行切割的气割机是光电跟踪气割机。

(　　)4. 数控气割机切割前必须进行画线。

(　　)5. 易燃易爆物品距离气割机切割场地应在 5 米以外。

(　　)6. 气割机的种类、型式很多,大致可以分为移动式、固定式、专用气割机。

(　　)7. 仿形气割机是利用磁力靠模原理,使割炬随着磁头沿一定形状的样板移动,切割出所需形状的工件。

(　　)8. 光电跟踪气割机可以根据图样进行切割。

(　　)9. 下雨天可以在露天使用气割机。

(　　)10. 气割机切割场地必须备有检验合格的消防器材。

(　　)11. 必须经常检查气割机气路系统有无漏气,气管是否完好无损。

三、多项选择题

1. 数控气割机的优点是(　　),因此这种新技术的应用正在日益扩大。

A. 省去放样　　B. 省去画线　　C. 焊工劳动强度大大减低

D. 切口质量好　　E. 生产效率高　　F. 自动切割

2. 使用气割机工作完毕,必须(　　)。

A. 拉闸断电　　B. 关闭所有瓶阀　　C. 让气割工离开场地

D. 清理场地　　E. 清除事故隐患　　F. 立即搬走气割机

四、问答题

1. 叙述气割机 CG1-30 型半自动气割机操作方法。

2. 叙述气割机切割的安全操作注意事项。

4.2.7 典型容器和结构的焊接

知识要点

1. 掌握锅炉压力容器特点；
2. 熟知锅炉基本知识；
3. 熟知压力容器基本知识；
4. 掌握典型容器的焊接；
5. 掌握梁的焊接；
6. 掌握柱的焊接。

一、单项选择题

1. (　　)、温度和介质是锅炉和部分压力容器的工作条件。
   A. 额定时间　B. 工作应力　C. 额定压力　D. 工作载荷
2. 从环境温度来看，锅炉部分压力容器(　　)工作。
   A. 都在高温下工作
   B. 在高温下工作，有的压力容器还要在低温下
   C. 都在低温下工作
   D. 在高温下工作，有的还在常温下
3. (　　)不是锅炉和压力容器所具有的特点。
   A. 使用广泛　B. 工作条件恶劣
   C. 不要求连续运行　D. 容易发生事故
4. (　　)不是锅炉和压力容器与一般机械设备所不同的特点。
   A. 使用广泛　B. 工作条件恶劣
   C. 不要求连续运行　D. 容易发生事故
5. 锅炉压力容器与其他设备相比容易(　　)，因此容易发生事故。
   A. 操作失误　B. 超过使用期限
   C. 产生磨损　D. 超负荷
6. 最高工作压力(　　)的压力容器是《容规》适用条件之一。
   A. 小于等于 0.1 MPa　B. 大于等于 1 MPa
   C. 小于等于 10 MPa　D. 大于等于 0.1 MPa

7. 锅炉铭牌上标出的压力是指锅炉(　　),又称额定工作压力。

A. 最高工作压力　　B. 设计工作压力

C. 最低工作压力　　D. 平均工作压力

8. 锅炉压力容器是生产和生活中广泛使用的、有(　　)危险的承压设备。

A. 火灾　　B. 断裂　　C. 塌陷　　D. 爆炸

9. 锅炉铭牌上标出的温度是指锅炉输出介质的最高工作温度,又称(　　)温度。

A. 计算　　B. 最低　　C. 额定　　D. 设计

10. 中压容器的设计压力为(　　)。

A. 0.1 MPa $\leqslant p<$ 1.6 MPa　　B. 1.6 MPa $\leqslant p<$ 10 MPa

C. 0.1 MPa $\leqslant p \leqslant$ 1.6 MPa　　D. 10 MPa $\leqslant p \leqslant$ 100 MPa

11. 容器的设计压力为 1.6 MPa $\leqslant p<$ 10 MPa 的压力容器为(　　)。

A. 高压容器　　B. 超高压容器　　C. 低压容器　　D. 中压容器

12. (　　)容器的设计压力为 0.1 MPa $\leqslant p<$ 1.6 MPa。

A. 超高压　　B. 高压　　C. 中压　　D. 低压

13. 设计压压力为(　　)的压力容器属于高压容器。

A. 10 MPa $<p<$ 100 MPa　　B. 10 MPa $\leqslant p<$ 100 MPa

C. 10 MPa $<p \leqslant$ 100 MPa　　D. 10 MPa $\leqslant p \leqslant$ 100 MPa

14. 超高压容器的(　　)为 $p \geqslant$ 100 MPa。

A. 工作压力　　B. 试验压力　　C. 计算压力　　D. 设计压力

15. 设计压力为 $p \geqslant$ 100 MPa 的压力容器属于(　　)。

A. 超高压容器　　B. 高压容器　　C. 中压容器　　D. 低压容器

16. 属于《容规》适用范围内的(　　)压力容器,其压力、介质危害程度等条件最高。

A. 第四类　　B. 第三类　　C. 第二类　　D. 第一类

17. 一般低压容器为《容规》适用范围内的(　　)压力容器。

A. 第四类　　B. 第三类　　C. 第二类　　D. 第一类

18. 移动式压力容器,包括铁路罐车、罐式汽车等为《容规》适用范围内的(　　)压力容器之一。

A. 第二类　　B. 第四类　　C. 第一类　　D. 第三类

19. 一般中压容器为《容规》适用范围内的第(　　)类压力容器。

A. 一　　B. 二　　C. 三　　D. 四

20. (　　)容器应力较均匀,比球形容器易于制造,内件便于安装,故应用广泛。

A. 圆筒形　　B. 矩形　　C. 组合型　　D. 锥形

21. 对压力容器的要求中有(　　)。

A. 塑性　　B. 导热性　　C. 硬度　　D. 密封性

22. 在压力容器应力集中的地方,如筒体上的开孔处,必要时要进行(　　)。

A. 机械加工　　B. 热处理　　C. 耐腐蚀处理　　D. 适当的补强

23. (　　)接头受力较均匀,因此常用于筒体与封头等重要部件的连接。

A. 搭接　　B. 对接　　C. 十字　　D. 端接

24. 用于焊接压力容器主要受压元件的碳素钢和低合金钢,其(　　)的质量分数不应大于 0.25%。

A. 碳　　B. 锰　　C. 硫　　D. 磷

25. 用于焊接压力容器主要受压元件的钢材，如果碳的质量分数超过 0.25 %，应限定碳当量（　　）。

A. 不小于 0.45%　　B. 不大于 0.45%

C. 应等于 0.45%　　D. 应大于等于 0.45%

26. 在特殊条件下，碳的质量分数超过 0.25 %的焊接压力容器钢材，应限定（　　）不大于 0.45%。

A. 锰当量　　B. 磷的质量分数　　C. 硫的质量分数　　D. 碳当量

27. 焊接压力容器的焊工，必须进行考试，取得（　　）后，才能在有效期间内担任合格项目范围内的焊接工作。

A. 中级或高级焊工证　　B. 锅炉压力容器焊工合格证

C. 电气焊工安全操作证　　D. 焊工高级技师证

28. 焊接压力容器的焊工，必须进行考试，取得（　　）后，才能在有效期间内担任合格项目范围内的焊接工作。

A. 焊工技师证　　B. 锅炉压力容器焊工合格证

C. 高级焊工证　　D. 锅炉压力容器无损检测资格证

29. 压力容器相邻的两筒节间的纵缝应错开，其焊缝中心线之间的外圆弧长一般应大于筒体厚度的 3 倍，且不小于（　　）。

A. 50 mm　　B. 100 mm　　C. 150 mm　　D. 200 mm

30. 压力容器相邻的两筒节间的纵缝应错开，其焊缝中心线之间的外圆弧长一般应大于（　　），且不小于 100 mm。

A. 筒体厚度的 3 倍　　B. 焊缝宽度的 3 倍

C. 筒体厚度的 2 倍　　D. 焊缝宽度的 2 倍

31. 压力容器临时吊耳和拉筋的垫板割除后留下的焊疤（　　）。

A. 不能打磨　　B. 可以打磨　　C. 必须打磨平滑　　D. 经批准才能打磨

32. 在压力容器焊接接头的表面质量中，（　　）缺陷是根据压力容器的具体情况而要求的。

A. 肉眼可见的夹渣　　B. 未熔合

C. 弧坑　　D. 咬边

33. 工作时承受弯曲的杆件叫（　　）。

A. 柱　　B. 板　　C. 梁　　D. 管

34. 压力容器同一部位的返修次数不宜超过 2 次，超过 2 次以上的返修，应经（　　）批准。

A. 监理单位总监　　B. 设计单位总工程师

C. 使用单位主管　　D. 制造单位技术总负责人

35. 由于焊接接头或接管泄漏而进行返修的，或返修深度（　　）壁厚的压力容器，还应重新进行压力试验。

A. 等于 1/3　　B. 大于 1/3　　C. 等于 1/2　　D. 大于 1/2

36. 要求(　　)的压力容器,应在热处理前返修。

A. 提高塑性　B. 提高耐磨性　C. 焊后热处理　D. 提高耐热性

37. 要求焊后热处理的压力容器,应在热处理前焊接返修,如果在热处理后进行焊接返修,返修后(　　)。

A. 应做硬度检查　B. 可不再做热处理

C. 应做压力试验　D. 应再做热处理

38. 工作时承受(　　)叫梁。

A. 拉伸的零件　B. 扭曲的构件　C. 压缩的杆件　D. 弯曲的杆件

39. 由两块翼板和一块腹板焊接而成的杆件是(　　)。

A. 格构柱　B. 十字梁　C. 箱型梁　D. 工字梁

40. 压力容器压力试验后需返修的,返修部位必须按原要求经(　　)合格。

A. 硬度试验　B. 无损检测　C. 强度检测　D. 外观检查

41. 为了(　　),应在梁的横向肋板上切去一个角,角边高度为焊脚高度的 2～3 倍。

A. 便于装配和提高梁的强度　B. 便于装配和避免焊缝汇交于一点

C. 进一步提高梁的稳定性　D. 避免焊接梁产生过大的变形

42. 为了保证梁的稳定性,常需设置肋板。肋板的设置根据(　　)而定。

A. 翼板的宽度　B. 翼板的厚度　C. 梁的长度　D. 梁的高度

43. (　　)的断面形状为封闭形,整体结构刚性大,可以承受较大的外力。

A. 工字梁　B. 十字梁　C. 箱形梁　D. T 形梁

44. 箱形梁的断面形状为封闭形,整体结构刚性大,可以(　　)。

A. 有很高的抗拉强度　B. 有很强的变形能力

C. 承受环境温度的变化　D. 承受较大的外力

45. 焊接梁的(　　)时,通常采用自动焊,并最好采用船形焊。

A. 肋板和腹板的角焊缝　B. 翼板和腹板的角焊缝

C. 翼板和肋板的角焊缝　D. 腹板和腹板的平焊缝

46. 焊接梁的翼板和腹板的角焊缝时,通常采用(　　)。

A. 半自动焊全位置焊　B. 焊条电弧焊全位置焊

C. 半自动焊横焊　D. 自动焊船形

47. 工作时承受压缩的杆件叫(　　)。

A. 管道　B. 梁　C. 轨道　D. 柱

48. 柱的结构中没有(　　)。

A. 柱腰　B. 柱脚　C. 柱身　D. 柱头

49. 为了减少十字形钢柱的焊接变形,在焊接第一道焊缝时,必须进行分段焊接,焊缝长度视柱的(　　)而定。

A. 宽度　B. 厚度　C. 角度　D. 长度

50. 锅炉压力容器是生产和生活中广泛使用的(　　)的承压设备。

A. 固定式　B. 提供电力　C. 换热和贮运　D. 有爆炸危险

51. 工作载荷、温度和介质是锅炉压力容器的(　　)。

A. 安装质量　B. 制造质量　C. 工作条件　D. 结构特点

52. 凡承受流体介质的(　　)设备称为压力容器。

A. 耐热　　B. 耐磨　　C. 耐腐蚀　　D. 密封

53. 锅炉铭牌上标出的压力是锅炉(　　)。

A. 设计工作压力　　B. 最高工作压力

C. 平均工作压力　　D. 最低工作压力

54. 锅炉铭牌上标出的温度是锅炉输出介质的(　　)。

A. 设计工作温度　　B. 最高工作温度

C. 平均工作温度　　D. 最低工作温度

55. 设计压力为 0.1 MPa$\leqslant p<$1.6 MPa 的压力容器属于(　　)容器。

A. 低压　　B. 中压　　C. 高压　　D. 超高压

56. 设计压力为 1.6 MPa$\leqslant p<$10 MPa 的压力容器属于(　　)容器。

A. 低压　　B. 中压　　C. 高压　　D. 超高压

57. 设计压力为 10 MPa$\leqslant p<$100 MPa 的压力容器属于(　　)容器。

A. 低压　　B. 中压　　C. 高压　　D. 超高压

58. 设计压力为 $p\geqslant$100 MPa 的压力容器属于(　　)容器。

A. 低压　　B. 中压　　C. 高压　　D. 超高压

59. 低温容器是指容器的工作温度等于或低于(　　)的容器。

A. −10 ℃　　B. −20 ℃　　C. −30 ℃　　D. −40 ℃

60. 高温容器是指容器的操作温度高于(　　)的容器。

A. −20 ℃　　B. 30 ℃　　C. 100 ℃　　D. 室温

61. (　　)容器受力均匀,在相同壁厚条件下,承载能力最高。

A. 圆筒形　　B. 锥形　　C. 球形　　D. 方形

62. 在压力容器中,筒体与封头等重要部件的连接均采用(　　)接头。

A. 对接　　B. 角接　　C. 搭接　　D. T 形

63. 用于焊接压力容器主要受压元件的碳素钢和低合金钢,其碳的质量分数不应大于(　　)。

A. 0.08%　　B. 0.10%　　C. 0.20%　　D. 0.25%

64. 焊接锅炉压力容器的焊工,必须进行考试,取得(　　)后,才能担任焊接工作。

A. 电气焊工安全操作证　　B. 锅炉压力容器焊工合格

C. 中级焊工证　　D. 高级焊工证

65. 压力容器相邻两筒节间的纵缝应错开,其焊缝中心线之间的外圆弧长一般应大于筒体厚度的 3 倍,且不小于(　　)mm。

A. 80　　B. 100　　C. 120　　D. 150

66. 压力容器同一部位的返修次数不宜超过(　　)次。

A. 1　　B. 2　　C. 3　　D. 4

67. 为了保证梁的稳定性,常需设置肋板。肋板的设置根据梁的(　　)而定。

A. 宽度　　B. 厚度　　C. 高度　　D. 断面形状

68. 焊接梁为了便于装配和避免焊缝汇交于一点,应在横向肋板上切去一个角,角边高度为焊脚高度的(　　)倍。

A. 1～2　　B. 2～3　　C. 2～4　　D. 3～4

69. 焊接梁的翼板和腹板的角焊缝时，由于该焊缝长而规则，通常采用自动焊，并最好采用(　　)位置焊接。

A. 角焊　　B. 船形　　C. 横焊　　D. 立焊

70. 工作时承受(　　)的杆件叫柱。

A. 拉伸　　B. 弯曲　　C. 压缩　　D. 扭曲

71. 焊接梁和柱时，除防止产生缺陷外，最关键的问题是要防止(　　)。

A. 接头不等强　　B. 接头不耐腐蚀

C. 焊接变形　　D. 锌的蒸发

二、判断题

(　　)1. 用于焊接压力容器主要受压元件的碳素钢和低合金钢，其碳的质量分数不应大于 0.30%。

(　　)2. 压力容器同一部位的返修次数不宜超过 3 次。

(　　)3. 工作时承受拉伸的杆件叫柱。

(　　)4. 锅炉是一种生产蒸汽或热水的热能设备。

(　　)5. 锅炉的出力、压力和温度是锅炉在工作时的基本特性的数据。

(　　)6. 锥形容器受力状态不好，所以一般很少应用。

(　　)7. 在压力容器中，封头与筒体连接时可采用球形、椭圆形封头或平盖。

(　　)8. 压力容器由于开孔，筒体强度将被削弱，同时影响容器的疲劳寿命。

(　　)9. 要求焊后热处理的压力容器，应在热处理后焊接返修。

(　　)10. 焊接工艺评定是保证压力容器焊接质量的重要措施。

(　　)11. 在压力容器上焊接的临时吊耳和拉筋的垫板割除后留下的焊疤必须打磨平滑。

(　　)12. 工作时承受压缩的杆件叫梁。

(　　)13. 按照梁的受力情况，梁的断面主要有工字形和箱形两类。

(　　)14. 箱形梁主要用于同时受到水平和垂直弯矩或扭矩作用时的工作状况。

(　　)15. 箱形梁比工字梁结构刚性小，只能承受较小的外力。

(　　)16. 梁与梁的连接形式有对接和搭接两种。

(　　)17. 对于不同高度梁的对接时，应有一过渡段，焊缝应尽可能在过渡段部位。

(　　)18. 焊接方向对控制梁的焊接变形是很重要的。不同的焊接方向引起的焊接变形不同。

(　　)19. 柱身是柱的主要部分，载荷经由柱身传至柱脚。按柱身的构造分为实腹柱和格构柱两类。

(　　)20. 焊接十字形钢柱的第一道焊缝时，必须进行分段焊接，分段越多越好。

三、多项选择题

1. 锅炉和压力容器都具有一般机械设备所不同的特点，这些特点是(　　)。

A. 工作条件恶劣　　B. 操作困难

C. 容易发生事故　　D. 使用广泛并要求连续运行

E. 要求塑性好　　F. 都在高温下工作

2. 锅炉和压力容器容易发生安全事故的原因是(　　)。

A. 使用条件比较苛刻　　B. 操作困难

C. 容易超负荷　　D. 局部区域受力情况比较复杂

E. 隐藏一些难以发现的缺陷　　F. 都在高温下工作

3. 所有的固定式承压锅炉和压力为0.1 MPa以上的各种压力容器的(　　)单位都必须执行该《锅炉压力容器安全监察暂行条例》。

A. 修理改造　　B. 设计　　C. 安装

D. 制造　　E. 使用　　F. 检验

4. 压力容器的主要工艺参数和设计参数有(　　)。

A. 设计压力　　B. 工作压力　　C. 最高工作压力

D. 工作温度　　E. 最高工作温度　　F. 最低工作温度

5. 对压力容器的要求主要有(　　)。

A. 强度　　B. 塑性　　C. 刚性

D. 耐久性　　E. 耐磨性　　F. 密封性

6. 压力容器广泛采用的材料是(　　)。

A. 碳素钢　　B. 铸铁　　C. 低合金高强度钢

D. 奥氏体不锈钢　　E. 耐磨钢　　F. 有色金属及合金

7. 压力容器焊接接头要求表面不得有(　　)。

A. 表面裂纹　　B. 未焊透、未熔合　　C. 表面气孔

D. 弧坑　　E. 未焊满　　F. 肉眼可见的夹渣

8. 焊接压力容器可能产生的缺陷主要有(　　)。

A. 未熔合　　B. 夹渣　　C. 气孔

D. 冷裂纹　　E. 未焊透　　F. 咬边

四、名词解释

1. 梁：

2. 柱：

五、简答题

1. 锅炉压力容器容易发生事故的原因有哪些？

2. LHG1-5中的字母及数字含义。

LHG：

1：

5：

3. 按容器的设计压力等级分类，可分为低压、中压、高压、超高压四类，具体划分如下。
(1)低压容器：
(2)中压容器：
(3)高压容器：
(4)超高压容器：
4. 压力容器组焊的要求有哪些？

六、问答题

1. 压力容器焊接接头的表面质量要求有哪些？

2. 焊接接头返修的要求有哪些？

4.3　焊后检查

4.3.1　焊接缺陷分析

知识要点

1. 掌握铸铁焊接缺陷产生原因及防止措施；
2. 掌握铝及铝合金焊接缺陷产生原因及防止措施；
3. 掌握铜及铜合金焊接缺陷产生原因及防止措施；
4. 掌握压力容器焊接缺陷及防止措施；
5. 掌握梁、柱焊接缺陷及防止措施。

一、单项选择题

1. 焊接铸铁时，焊缝中产生的气孔类型主要为（　　）。
   A. CO_2气孔和氮气孔　　B. CO 气孔和 CO_2气孔
   C. CO 气孔和氢气孔　　D. CO_2气孔和氢气孔
2. 焊接铸铁时，焊缝中产生的气孔类型主要为（　　）气孔。
   A. 氮和氢　　B. 氮和 CO　　C. 反应和 CO_2　　D. CO 和氢
3. 铸铁焊条药皮类型多为石墨型，可防止产生（　　）。
   A. 氢气孔　　B. 氮气孔　　C. CO 气孔　　D. 反应气孔
4. 铸铁焊接时，防止 CO 气孔措施主要有（　　）。
   A. 烘干焊条　　B. 严格清理坡口表面的油、水、锈、污垢
   C. 严格清理焊丝表面　　D. 采用石墨型药皮焊条
5. 为了防止铸铁焊接时产生 CO 气孔而采取的措施中没有（　　）。
   A. 气焊时使用 CJ201 熔剂　　B. 烘干焊条
   C. 采用石墨型药皮焊条　　D. 用中性焰或弱碳化焰气焊
6. 铸铁焊接时，（　　）不是为了防止氢气孔所采取的措施。
   A. 严格清理焊丝表面的油、水、锈、污垢
   B. 采用石墨型药皮焊条
   C. 严格清理铸件坡口表面
   D. 烘干焊条
7. （　　）不是铸铁焊接时防止氢气孔的主要措施。
   A. 严格清理焊丝表面的油、水、锈、污垢　　B. 采用石墨型药皮焊条
   C. 严格清理铸件坡口表面　　D. 烘干焊条
8. 焊接铸铁时，用气焊火焰烧烤铸件坡口表面（400 ℃以下），目的是为了防止产生（　　）。
   A. 白口铸铁　　B. 热裂纹　　C. CO 气孔　　D. 氢气孔
9. 铝合金焊接时防止气孔的主要措施有（　　）等。
   A. 采用纯度高的保护气体　　B. 选用含 5%Si 的铝硅焊丝
   C. 选用热量集中的焊法　　D. 采用小的焊接电流
10. （　　）不是铝合金焊接时防止气孔的主要措施。
    A. 严格清理焊件和焊丝表面　　B. 预热降低冷却速度
    C. 选用含 5%Si 的铝硅焊丝　　D. 氩气纯度应大于 99.99%
11. 焊接铝合金时，（　　）不是防止热裂纹的主要措施。
    A. 预热　　B. 采用小的焊接电流
    C. 合理选用焊丝　　D. 采用氩气保护
12. 铜及铜合金焊接时，（　　）不是防止产生热裂纹的措施。
    A. 焊前预热　　B. 焊丝中加入脱氧元素
    C. 焊后锤击焊缝　　D. 气焊采用氧化焰
13. 防止压力容器焊接时产生冷裂纹的措施中没有（　　）。
    A. 预热　　B. 后热　　C. 烘干焊条　　D. 填满弧坑

14. 在多层高压容器环焊缝的半熔化区产生带尾巴，形状似蝌蚪的气孔，这是由于(　　)所造成的。

A. 焊接材料中的硫、磷含量高　　B. 采用了较大的焊接线能量

C. 操作时焊条角度不正确　　D. 层板间有油、锈等杂物

15. 压力容器焊接时，(　　)不是为了防止产生冷裂纹所采取的措施。

A. 采用合理的焊接顺序和方法　　B. 后热及焊后热处理

C. 注意调整焊条角度　　D. 选用低氢型焊条

16. 除防止产生焊接缺陷外，(　　)是焊接梁和柱时最关键的问题。

A. 提高接头强度　　B. 改善接头组织

C. 防止应力腐蚀　　D. 防止焊接变形

17. 焊接梁和柱时，减小和预防焊接变形的措施有(　　)的说法是错误的。

A. 烘干焊条　　B. 正确的焊接方向

C. 刚性固定法　　D. 反变形法

18. (　　)不是焊接梁和柱时，所采取的减小和预防焊接变形的措施。

A. 反变形法　　B. 合理的装配焊接顺序

C. 减小焊接尺寸　　D. 严格清理焊件和焊丝表面

19. 在环焊缝的熔合区产生带尾巴，形状似蝌蚪的气孔，是(　　)容器环焊缝所特有的缺陷。

A. 低压　　B. 中压　　C. 超高压　　D. 多层高压

二、判断题

(　　)1. 铸铁焊接时，焊缝中产生的气孔主要为 CO_2 气孔和氮气孔。

(　　)2. 铸铁焊接时，防止氢气孔措施主要有利用石墨型药皮焊条、严格清理铸件坡口和焊丝表面，烘干焊条等。

(　　)3. 焊接铝镁合金时，为了防止热裂纹，应选用含 5%Si 的铝硅焊丝。

(　　)4. 焊前预热，焊接时采用较大的线能量、用氧化焰气焊等是防止铜及铜合金焊接时产生热裂纹的主要措施。

(　　)5. 在环焊缝的半熔化区产生带尾巴，形状似蝌蚪的气孔，这是高压容器环焊缝所特有的缺陷。

(　　)6. 在环焊缝的半熔化区产生带尾巴，形状似蝌蚪的气孔，这是超高压容器环焊缝所特有的缺陷。

(　　)7. 焊接梁和柱时，除防止产生焊接缺陷外，最关键的问题是要防止焊接变形的产生。

(　　)8. 铸铁型焊缝容易产生热裂纹。

(　　)9. 非铸铁型焊缝容易产生热裂纹。

(　　)10. 铸铁焊接时减小熔合比，即减小焊缝中铸铁母材的熔入，可以防止冷裂纹。

(　　)11. 铸铁焊接时，焊缝中产生的气孔主要是 CO 和氢气孔。

(　　)12. 纯铝和防锈铝热裂倾向大。

(　　)13. 纯铝和防锈铝气孔倾向大。

(　　)14. 铝和铝合金板厚超过 10 mm 的焊件焊接时，采取预热措施的目的是为了防止冷裂纹。

(　　)15. 铝和铝合金焊接时，只有采用直流正接才能产生“阴极破碎”作用，去除工件表面和氧化膜。

(　　)16. 铜和铜合金焊接时，焊丝中加入脱氧元素的目的是为了防止热裂纹。

(　　)17. 多层高压容器焊接时产生蝌蚪状气孔的原因主要是层板间有油、锈等杂物。

(　　)18. 焊接梁和柱时，极易在焊后产生弯曲变形、角变形和扭曲变形。

(　　)19. 为了提高梁和柱的刚性，焊缝尺寸越大越好。

(　　)20. 利用反变形法可以用来克服梁的角变形和弯曲变形。

(　　)21. 对梁变形的矫正方法有机械矫正法和火焰矫正法。

三、多项选择题

在焊接梁和柱时，减小和防止变形的措施主要有(　　)。

A. 减小焊缝尺寸　　B. 正确的焊接方向

C. 正确的装配—焊接顺序　　D. 正确的焊接顺序

E. 刚性固定法　　F. 反变形法

四、简答题

1. 铸铁焊接时，产生冷裂纹的原因是什么？

2. 铝及铝合金焊接时，防止产生热裂纹的措施有哪些？

3. 铜及铜合金焊接时，防止产生未熔合的措施有哪些？

4. 压力容器焊接时，可能产生的主要缺陷有哪些？

5. 压力容器焊接时，防止产生冷裂纹的措施有哪些？

7. 梁和柱焊接时，减小和预防变形的措施有哪些？

五、问答题

1. 铸铁焊接时，防止产生冷裂纹的措施主要有哪些？

2. 铝及铝合金焊接时，防止产生夹渣的措施有哪些？

4.3.2　焊接检验

知识要点

1. 掌握水压试验目的及方法；
2. 了解荧光探伤目的及方法；
3. 了解着色探伤目的及方法。

一、单项选择题

1. 一般来说，对锅炉压力容器和管道焊后(　　)。
   A. 可以不做水压试验　　B. 根据结构重要性做水压试验
   C. 根据技术要求做水压试验　　D. 都必须做水压试验
2. 水压试验用的水温对于低碳钢和16MnR钢不低于5 ℃，其他低合金钢不低于(　　)。
   A. 5 ℃　　B. 10 ℃　　C. 15 ℃　　D. 20 ℃
3. 水压试验的试验压力一般为工作压力的(　　)倍。
   A. 1.25～1.5　　B. 1.5～2　　C. 2～3　　D. 3～4
4. 水压试验时，当压力达到试验压力后，要恒压一定时间，根据(　　)，一般为5～30分钟，观察是否有落压现象。
   A. 压力容器材料　　B. 内部介质性质
   C. 现场环境温度　　D. 不同技术要求
5. 水压试验应在无损检测合格后进行，若需要作(　　)的容器，则应在热处理后进行。
   A. 成分分析　　B. 矫正变形　　C. 性能试验　　D. 热处理
6. 压力容器和管道水压试验，试验场地的温度一般不低于(　　)。
   A. −5 ℃　　B. 5 ℃　　C. 15 ℃　　D. 25 ℃
7. 压力容器和管道水压试验试验场地的温度一般(　　)。
   A. 不得高于45 ℃　　B. 不得高于35 ℃
   C. 不得低于5 ℃　　D. 不得低于−5 ℃
8. (　　)包括荧光探伤和着色探伤两种方法。
   A. 超声坡探伤　　B. X射线探伤　　C. 磁力探伤　　D. 渗透探伤
9. 荧光探伤是用来发现各种焊接接头的表面缺陷，常作为(　　)的检查。
   A. 大型压力容器　　B. 小型焊接结构
   C. 磁性材料工件　　D. 非磁性材料工件
10. 荧光探伤是用来发现各种焊接接头的(　　)，常作为非磁性材料工件的检查。
    A. 组织缺陷　　B. 微小缺陷　　C. 表面缺陷　　D. 层状撕裂
11. 荧光探伤是用来发现各种焊接接头的(　　)，常作为非磁性材料工件的检查。
    A. 组织缺陷　　B. 微小缺陷　　C. 表面缺陷　　D. 层状缺陷
12. 荧光探伤时，由于荧光液和显像粉的作用，缺陷处出现强烈的荧光，根据(　　)不同，就可以确定缺陷的位置和大小。
    A. 发光停留的时间　　B. 光的颜色
    C. 光的波长　　D. 发光程度
13. 着色探伤是用来发现各种材料的焊接接头，特别是非磁性材料的(　　)。
    A. 深层缺陷　　B. 表面缺陷　　C. 内部缺陷　　D. 组织缺陷
14. 着色探伤是用来发现各种材料的焊接接头，特别是(　　)缺陷。
    A. 磁性材料的各种内部　　B. 软磁材料的组织
    C. 非磁性材料的表面　　D. 非金属材料成分
15. 着色探伤是用来发现各种材料的焊接接头，特别是(　　)等的各种表面缺陷。

A. 16Mn 钢　　B. Q235
C. 耐热钢　　D. 有色金属及其合金

16. 水压试验用的水温，低碳钢和 16MnR 钢不低于(　　)。
A. −5 ℃　　B. 5 ℃　　C. 10 ℃　　D. 15 ℃

17. 水压试验的试验压力，一般为工作压力的(　　)倍。
A. 1　　B. 1.2　　C. 1.25～1.5　　D. 1.5～2

18. 水压试验时，当压力达到试验压力后，要恒压一定时间，一般为(　　)min。
A. 4　　B. 40　　C. 5～30　　D. 30～40

19. 荧光探伤是用来发现各种材料焊接接头的(　　)缺陷的。
A. 内部　　B. 表面　　C. 深度　　D. 热影响区

二、判断题

(　　)1. 水压试验用的水温，低碳钢和 16MnR 钢不低于 15 ℃。
(　　)2. 压力容器和管道水压试验用的水温，低碳钢和 16MnR 钢不低于 15 ℃。
(　　)3. 水压试验的试验压力一般为工作压力的 1.5～2 倍。
(　　)4. 水压试验时，当压力达到试验压力后，要恒压一定时间，根据不同技术要求，一般为 30～60 分钟，观察是否有落压现象。
(　　)5. 压力容器和管道水压试验应在外观检查合格后进行。
(　　)6. 渗透探伤包括荧光探伤和磁粉探伤两种方法。
(　　)7. 渗透探伤是利用某些液体的渗透性来发现和显示缺陷的。
(　　)8. 渗透探伤是利用在强磁场中，铁磁材料表面缺陷产生的漏磁场吸附磁粉的现象来发现和显示缺陷的。
(　　)9. 荧光探伤是用来发现各种焊接接头的内部缺陷。
(　　)10. 荧光探伤时，由于荧光液和显像粉的作用，缺陷处出现强烈的荧光，根据发光程度的不同，就可以确定缺陷的性质和深度。
(　　)11. 一般来说，只有重要的锅炉压力容器和压力管道焊后才做水压试验。
(　　)12. 锅炉压力容器做水压试验过程中，当压力达到试验压力后，要恒压一段时间，观察是否有落压现象，没有落压则容器为合格。
(　　)13. 锅炉压力容器水压试验时，应一次升到试验压力，停留一段时间，检查有无异常现象。
(　　)14. 水压试验应在无损检测前进行。
(　　)15. 若需要作热处理的容器，则应在热处理前进行水压试验。
(　　)16. 荧光探伤是一种利用紫外线照射某些荧光物质，使其产生荧光的特性来检查表面缺陷的方法。
(　　)17. 着色探伤是用来发现各种材料焊接接头，特别是非磁性材料的各种内部缺陷。

三、多项选择题

1. 水压试验是用来对锅炉压力容器和管道进行(　　)检验的。
A. 弯曲　　B. 强度　　C. 内部缺陷

D. 整体严密性　　E. 刚性　　F. 稳定性

2. 检查非磁性材料焊接接头表面缺陷的方法有(　　)。

A. X射线探伤　　B. 超声波探伤　　C. 荧光探伤

D. 磁粉探伤　　E. 着色探伤　　F. 外观检查

四、简答题

1. 水压试验的目的是什么?

2. 荧光探伤的目的是什么?

3. 着色探伤的目的是什么?

五、问答题

1. 水压试验的注意事项有哪些?

2. 叙述着色探伤的操作步骤。

理论知识模拟试卷一(高级工)

一、判断题(下列判断题中,正确的请打“√”,错误的打“×”。每题1分,共30分。)

(　　)1. 焊工职业道德是指从事焊工职业的人员从思想到工作行为所必须遵守的道德规范和行为准则。

(　　)2. 钢材的性能不仅取决于钢材的化学成分,而且与钢材的组织有关。

(　　)3. 16Mn钢的“16”代表钢中碳的质量分数平均值为16%。

(　　)4. 用电流表测量电路中的电流值时,需要将电流表串联在被测电路中。

(　　)5. 原子是由带正电的质子和核外带负电的电子组成。

(　　)6. 焊接时造成焊工电光性眼炎是由于弧光中的紫外线辐射。

(　　)7. 用酸性焊条焊接时,药皮中的萤石在高温下会产生氟化氢有毒气体。

(　　)8. 铸铁焊补时,为了防止裂纹扩展,应在裂纹端部钻止裂孔。

(　　)9. 为了防止铜及铜合金焊接时产生冷裂纹,焊前工件常需要预热。

(　　)10. 钨极氩弧焊机的调试内容主要是对电源参数、控制系统的功能及其精度、供气系统完好性、焊枪的发热情况等进行调试。

(　　)11. 焊接接头拉伸试验用的试样应保留焊后原始状态,不应加工掉焊缝余高。

(　　)12. 焊接接头冲击试验的目的是用以测定焊接接头各区域的冲击吸收功。

(　　)13. 斜Y形坡口对接裂纹试件的拘束焊缝应采用单面焊接。

(　　)14. 斜Y形坡口对接裂纹试验的试验焊缝应根据板厚确定焊接道数。

(　　)15. 手工电渣焊焊补灰铸铁只适用于大型铸件上的大缺陷或巨大缺陷的焊补。

(　　)16. 铝镁合金及铝锰合金耐腐蚀性好,所以称为防锈铝。

(　　)17. 钨极氩弧焊焊接铝及铝合金常采用左向焊法。

(　　)18. 青铜具有高的耐磨性,良好的力学性能、铸造性能和耐腐蚀性能,用于制造各种耐磨零件。

(　　)19. 黄铜焊接时出现的问题是锌的蒸发。

(　　)20. 钛及钛合金的耐腐蚀性仅次于不锈钢。

(　　)21. 钛及钛合金焊接目前应用最广泛的方法是焊条电弧焊。

(　　)22. 异种钢焊接时,焊缝的成分取决于焊接材料。

(　　)23. 奥氏体不锈钢和珠光体钢焊接接头,在焊后热处理或高温条件下工作时碳从奥氏体不锈钢焊缝向珠光体钢母材扩散。

(　　)24. 压力容器由于开孔,筒体强度将被削弱,同时影响容器的疲劳寿命。

(　　)25. 锅炉压力容器是生产和生活中广泛使用的有爆炸危险性的承压设备。

(　　)26. 箱型梁比工字梁结构刚性小,只能承受较小的外力。

(　　)27. 工作时承受弯曲的杆件叫柱。

(　　)28. 为了提高梁和柱的刚性,焊缝尺寸越大越好。

(　　)29. 锅炉压力容器水压试验的压力,一般为工作压力的1.25～1.5倍。

( )30. 荧光探伤、着色探伤和射线探伤是用来检测焊接接头内部缺陷的。

二、单项选择题(下列每题的选项中,只有 1 个是正确的,请将其代号填在括号内。每题 1 分,共 40 分。)

1. 低碳钢中碳的质量分数小于( )。
A. 0.25% B. 0.6% C. 0.8% D. 2.11%
2. 材料在拉断前所承受的最大应力称为( )。
A. 屈服点 B. 伸长率 C. 抗拉强度 D. 冲击韧度
3. 常用的 Q235 钢是( )。
A. 碳素结构钢 B. 优质碳素结构钢
C. 不锈钢 D. 低合金高强度钢
4. 感知电流是指能使人感觉到的最小电流,对于工频交流为( )。
A. 0.1 mA B. 0.5 mA C. 1 mA D. 5 mA
5. 对于干燥而触电危险性较大的环境,我国规定的安全电压为( )。
A. 2.5 V B. 12 V C. 24 V D. 36 V
6. 利用气体导电时产生的电弧热作为热源的熔焊方法叫作( )。
A. 电渣焊 B. 电弧焊 C. 电子束焊 D. 激光焊
7. 焊割场地周围( )范围内,各类可燃易爆物品应清理干净。
A. 3 m B. 5 m C. 10 m D. 15 m
8. 牌号为 Z208、Z248 的铸铁焊条是( )。
A. 灰铸铁焊条 B. 纯镍铸铁焊条
C. 高钒铸铁焊条 D. 球墨铸铁焊条
9. 常用来焊接除铝镁合金以外的铝合金的通用焊丝是( )。
A. 纯铝焊丝 B. 铝镁焊丝 C. 铝硅焊丝 D. 铝锰焊丝
10. 铜气焊用熔剂的牌号是( )。
A. CJ101 B. CJ201 C. CJ301 D. CJ401
11. 铜及铜合金焊接前工件常需要预热,预热温度一般为( )。
A. 100～150 ℃ B. 200～250 ℃ C. 300～700 ℃ D. 700～800 ℃
12. 铝及铝合金工件和焊丝表面清理以后,在潮湿的情况下,一般应在清理后( )内施焊。
A. 4 h B. 12 h C. 24 h D. 36 h
13. 焊接接头拉伸试验,接头拉伸试件的数量应不少于( )个。
A. 1 B. 2 C. 3 D. 4
14. 碳素钢、奥氏体钢双面焊的焊接接头弯曲试验合格标准是弯曲角度为( )。
A. 50° B. 90° C. 100° D. 180°
15. 斜 Y 形坡口对接裂纹试验适用于焊接接头的( )抗裂性能试验。
A. 热裂纹 B. 冷裂纹 C. 弧坑裂纹 D. 层状撕裂
16. 斜 Y 形坡口对接裂纹试验方法的试件两端开( )坡口。
A. X 形 B. U 形 C. V 形 D. 斜 Y 形
17. 斜 Y 形坡口对接裂纹试验焊完的试件应经( )以后,才能开始进行裂纹的检测和解剖。

A. 12 h　　B. 24 h　　C. 36 h　　D. 48 h

18. 灰铸铁中的碳是以(　　)形式分布于金属基体中。

A. 片状石墨　　B. 团絮状石墨　　C. 球状石墨　　D. Fe_3C

19. 采用非铸铁型焊接材料焊接灰铸铁时,在(　　)极易形成白铸铁组织。

A. 焊缝　　B. 半熔化区　　C. 焊趾　　D. 热影响区

20. 下列牌号中(　　)是纯铝。

A. L1　　B. LF6　　C. LD2　　D. LY3

21. 铝及铝合金焊接时生成的气孔主要是(　　)气孔。

A. CO　　B. CO_2　　C. H_2　　D. N_2

22. 铝合金焊接时焊缝容易产生(　　)。

A. 热裂纹　　B. 冷裂纹　　C. 再热裂纹　　D. 层状撕裂

23. 钨极氩弧焊焊接铝及铝合金采用交流焊的原因是(　　)。

A. 飞溅小　　B. 成本低

C. 设备简单　　D. 具有阴极破碎作用和防止钨极熔化

24. 紫铜焊接时,母材和填充金属难以熔合的原因是紫铜(　　)。

A. 导热性好　　B. 导电性好　　C. 熔点高　　D. 有锌蒸发出来

25. 气焊黄铜要求使用(　　)。

A. 中性焰　　B. 碳化焰　　C. 氧化焰　　D. 弱碳化焰

26. 钨极氩弧焊焊接紫铜时,电源及极性应采用(　　)。

A. 直流正接　　B. 直流反接

C. 交流焊　　D. 直流正接或交流焊

27. 1Cr18Ni9 不锈钢和 Q235 低碳钢焊条电弧焊时,(　　)焊条焊接才能获得满意的焊缝质量。

A. E4303　　B. E308-16　　C. E309-15　　D. E310-15

28. 1Cr18Ni9 不锈钢和 Q235 低碳钢用 E309-15 焊条焊接时,焊缝得到(　　)组织。

A. 铁素体+珠光体　　B. 奥氏体+马氏体

C. 单相奥氏体　　D. 奥氏体+铁素体

29. 工作载荷、温度和介质是锅炉压力容器的(　　)。

A. 安装质量　　B. 制造质量　　C. 工作条件　　D. 结构特点

30. 锅炉铭牌上标出的温度是锅炉输出介质的(　　)。

A. 设计工作温度　　B. 平均工作温度

C. 最高工作温度　　D. 最低工作温度

31. 设计压力为 10 MPa$\leqslant p<$100 MPa 的压力容器属于(　　)容器。

A. 低压　　B. 中压　　C. 高压　　D. 超高压

32. 低温容器是指容器的工作温度等于或低于(　　)的容器。

A. −10 ℃　　B. −20 ℃　　C. −30 ℃　　D. −40 ℃

33. (　　)容器受力均匀,在相同壁厚条件下,承载能力最高。

A. 圆筒形　　B. 球形　　C. 锥形　　D. 方形

34. 用于焊接压力容器主要受压元件的碳素钢和低合金钢，其碳的质量分数不应大于(　　)。

A. 0.08%　　B. 0.10%　　C. 0.20%　　D. 0.25%

35. 压力容器相邻两筒节间的纵缝应错开，其焊缝中心线之间的外圆弧长一般应大于筒体厚度的 3 倍，且不小于(　　)mm。

A. 150　　B. 120　　C. 100　　D. 80

36. 压力容器同一部位的返修次数不宜超过(　　)次。

A. 1　　B. 2　　C. 3　　D. 4

37. 焊接梁为了便于装配和避免焊缝汇交于一点，应在横向肋板上切去一个角，角边高度为焊脚高度的(　　)倍。

A. 1～2　　B. 2～3　　C. 2～4　　D. 3～4

38. 水压试验用的水温，低碳钢和 16MnR 钢不低于(　　)。

A. −5 ℃　　B. 5 ℃　　C. 10 ℃　　D. 15 ℃

39. 水压试验时，当压力达到试验压力后，要恒压一定时间，一般为(　　)min。

A. 4～5　　B. 5～30　　C. 30～40　　D. 40～50

40. 荧光探伤是用来发现各种材料焊接接头的(　　)缺陷的。

A. 表面　　B. 内部　　C. 深度　　D. 热影响区

三、多项选择题(下列每题的选项中，至少有 2 个是正确的，请将其代号填在括号内。每题 1 分，共 30 分。)

1. 焊工职业守则应包含(　　)等内容。

A. 遵守企业的有关规章制度　　B. 爱岗敬业，忠于职守

C. 认真学习专业知识　　D. 团结合作，主动配合工作

E. 严格执行焊工工艺文件

2. 常用的单一热处理工艺方法有(　　)。

A. 淬火　　B. 回火　　C. 调质

D. 退火　　E. 正火

3. 下列牌号的钢中(　　)不属于低碳钢。

A. 08　　B. 10　　C. 20

D. 30　　E. 35　　F. 45

4. 不是金属材料的强度指标有(　　)。

A. 屈服点　　B. 抗拉强度　　C. 伸长率

D. 断面收缩率　　E. 冲击韧度　　F. 冷弯角

5. 在熔焊过程中，可能产生的对人体有害的气体主要有(　　)。

A. 臭氧　　B. 一氧化碳　　C. 二氧化碳

D. 氮氧化物　　E. 氟化氢　　F. 氧气

6. 长期接触噪声可引起噪声性耳聋以及对(　　)的危害。

A. 呼吸系统　　B. 神经系统　　C. 消化系统

D. 血管系统　　E. 视觉系统

7. 有色金属气焊时一般都采用熔剂，熔剂的作用是(　　)。

A. 清除焊件表面的氧化物
B. 使脱氧产物和其他非金属杂质过渡到渣中去
C. 脱硫
D. 脱磷
E. 改善液体金属的流动性
F. 对熔池金属起保护作用

8. 下列型号的焊丝中,(　　)不是铜及铜合金焊丝。
A. SAl-1　　B. SAlMg-1　　C. HSCuAl
D. HSCuZn-1　　E. HSCu　　F. SAlSi-1

9. 铸铁开深坡口焊补时,由于(　　)因此常采用栽丝法。
A. 缺陷体积大　　B. 焊接层数多　　C. 焊接应力大
D. 容易引起气孔　　E. 容易引起夹渣　　F. 容易引起焊缝与母材剥离

10. 铝及铝合金焊前应清理氧化膜的原因是由于氧化膜(　　)。
A. 容易引起冷裂纹　　B. 熔点高,易造成夹渣
C. 易形成未熔合　　D. 使焊缝生成气孔
E. 容易引起热裂纹　　F. 使电弧不稳

11. 埋弧焊机控制系统调试的主要内容是(　　)。
A. 测试送丝速度　　B. 测试引弧操作是否有效和可靠
C. 测试电流和电压的范围　　D. 测试小车行走速度
E. 电源的调节特性试验　　F. 检查各控制按钮是否灵活和有效

12. 焊接接头的弯曲试验标准规定了金属材料焊接接头的(　　),用以检验接头拉伸面上的塑性及显示缺陷。
A. 横向正弯试验　　B. 横向侧弯试验　　C. 横向背弯试验
D. 纵向正弯试验　　E. 纵向背弯试验　　F. 管材的压扁试验

13. 小铁研法试验焊完的试件应进行焊接接头表面或断面的检测,并分别计算出(　　)。
A. 表面气孔率　　B. 断面气孔率　　C. 表面裂纹率
D. 断面裂纹率　　E. 断面夹渣率　　F. 根部裂纹率

14. 灰铸铁由于具有(　　),因此应用最广泛。
A. 塑性好　　B. 成本低　　C. 铸造性能好
D. 容易切削加工　　E. 吸振　　F. 耐磨

15. 灰铸铁的焊接方法主要有(　　)。
A. 焊条电弧焊　　B. 气焊　　C. 钎焊
D. 埋弧焊　　E. 手工电渣焊　　F. 细丝 CO_2 气体保护焊

16. 焊条电弧焊热焊法焊接灰铸铁一般用于(　　)的铸件。
A. 焊缝强度要求高　　B. 焊后需要加工
C. 要求颜色一致　　D. 结构复杂
E. 焊补处刚性较大易产生裂纹　　F. 焊缝塑性要求高

17. 下列铝合金中(　　)属于非热处理强化铝合金。

A. 铝镁合金　B. 硬铝合金　C. 铝硅合金
D. 铝锰合金　E. 锻铝合金　F. 超硬铝合金

18. 铝及铝合金焊接时存在的主要困难是(　　)。
A. 易氧化　B. 产生气孔　C. 产生冷裂纹
D. 塌陷　E. 产生热裂纹　F. 接头不等强

19. 铜及铜合金下列牌号中,(　　)不是紫铜。
A. T2　B. TUP　C. H62
D. TU2　E. QAl9-4　F. B30

20. 黄铜的导电性比紫铜差,但(　　)比紫铜好,因此广泛用于制造各种结构零件。
A. 强度　B. 硬度　C. 价格便宜
D. 导热性　E. 耐腐蚀性　F. 冷加工和热加工性能

21. 紫铜焊接时生成的气孔主要是(　　)气孔。
A. H_2　B. N_2　C. CO
D. CO_2　E. NO　F. 水蒸气

22. 钛及钛合金具有(　　)的优异性能。
A. 耐腐蚀性好　B. 比强度大　C. 韧性好
D. 焊接性好　E. 易于成型　F. 与生物相容性好

23. 为了防止钛合金在高温下吸收氧、氢、氮,熔焊时需要采取(　　)措施。
A. 惰性气体保护　B. 真空保护　C. 焊剂保护
D. 特殊药皮保护　E. 氩气箱中焊接

24. 奥氏体不锈钢和珠光体钢焊接时,出现的问题主要是(　　)。
A. 焊缝金属的稀释　B. 焊接接头耐腐蚀性降低
C. 焊缝形成白铸铁组织　D. 扩散层的形成
E. 焊接接头高应力状态　F. 过渡层的形成

25. 奥氏体不锈钢和珠光体钢焊条电弧焊时,焊接工艺应该是(　　)。
A. 小电流
B. 焊前预热
C. 快速焊
D. 珠光体钢侧用短弧、停留时间短、角度要合适
E. 选用小直径焊条
F. 多层多道焊

26. 锅炉和压力容器都具有一般机械设备所不同的特点,这些特点是(　　)。
A. 工作条件恶劣　B. 操作困难
C. 容易发生事故　D. 使用广泛并要求连续运行
E. 要求塑性好　F. 都在高温下工作

27. 对压力容器的要求主要有(　　)。
A. 强度　B. 塑性　C. 刚性
D. 耐久性　E. 耐磨性　F. 密封性

28. 压力容器焊接接头要求表面不得有(　　)。

A. 表面裂纹　　B. 未焊透、未熔合　　C. 表面气孔
D. 弧坑　　E. 未焊满　　F. 肉眼可见的夹渣

29. 在焊接梁和柱时,减小和防止变形的措施主要有(　　)。
A. 减小焊缝尺寸　　B. 正确的焊接方向
C. 正确的装配—焊接顺序　　D. 正确的焊接顺序
E. 刚性固定法　　F. 反变形法

30. 水压试验是用来对锅炉压力容器和管道进行(　　)检验的。
A. 弯曲　　B. 强度　　C. 内部缺陷
D. 整体严密性　　E. 刚性　　F. 稳定性

理论知识模拟试卷二(高级工)

一、判断题(下列判断题中,正确的请打"√",错误的打"×"。每题1分,共30分。)

(　　)1. 焊工执行焊工工艺文件时,可以根据生产情况灵活运用。

(　　)2. 碳的质量分数小于2.11%的铁碳合金称为铸铁。

(　　)3. 塑性是指材料在外力作用下抵抗变形和断裂的能力。

(　　)4. 电流和电压的大小及方向都随时间做周期性的变化时简称为交流电。

(　　)5. 用电压表测量电路中的电压值需要将电压表并联在被测电路中。

(　　)6. 在原子中,质子所带的正电和核外电子所带的负电数量相等,所以原子呈中性。

(　　)7. 焊机的安装、检查应由电工负责,而修理则由焊工自己负责。

(　　)8. 铝及铝合金用等离子切割下料后,即可进行焊接。

(　　)9. 不锈钢复合板焊接时,坡口一般都开在复层(不锈钢)上。

(　　)10. 埋弧焊机的调试内容包括电源、控制系统、小车三个组成部分的性能、参数测试和焊接试验。

(　　)11. 焊接接头常温拉伸试验的合格标准是焊接接头的抗拉强度不低于母材抗拉强度规定值的下限。

(　　)12. 焊接接头的硬度试验是用以测定焊接接头的洛氏、布氏、维氏硬度。

(　　)13. 斜Y形坡口对接裂纹试件的拘束焊缝应采用双面焊接。

(　　)14. 斜Y形坡口对接裂纹试验的试验焊缝应根据板厚确定焊接道数。

(　　)15. 由于球墨铸铁中的球化剂有促进石墨化的作用,因此球墨铸铁的白铸铁组织倾向比灰铸铁小。

(　　)16. 热处理强化铝合金强度高,焊接性好,广泛用来作为焊接结构材料。

(　　)17. 铝及铝合金焊后清理的目的是清除残留在焊缝及邻近区域的熔剂,以防腐蚀焊件。

(　　)18. 黄铜是铜和锌的合金,它的颜色随含锌量的增加由黄红色变成淡黄色。

(　　)19. 青铜的焊接性比紫铜和黄铜都差。

(　　)20. 钛合金的焊接方法很多,气焊、焊条电弧焊、埋弧焊、氩弧焊、真空电子束焊等都能得到很好的焊接质量。

(　　)21. 钛合金组焊时,焊工必须戴洁净的手套,用铁器敲打。

(　　)22. 奥氏体不锈钢和珠光体钢焊接时,整个焊接熔池的化学成分是非常不均匀的。

(　　)23. 奥氏体不锈钢和珠光体钢焊接接头焊后热处理,可以阻止碳的扩散。

(　　)24. 要求焊后热处理的压力容器,应在热处理前进行返修。

(　　)25. 在压力容器上焊接的临时吊耳和拉筋的垫板割除后留下的焊疤,必须打磨平滑。

(　　)26. 压力容器同一部位的返修次数不宜超过 3 次。

(　　)27. 焊接十字形钢柱的第一道焊缝时，必须进行分段焊接，分段越多越好。

(　　)28. 锅炉压力容器和压力管道焊后一般都必须做水压试验。

(　　)29. 锅炉压力容器水压试验时，应一次升到试验压力，停留一段时间，检查有无异常现象。

(　　)30. 焊接梁和柱时，除防止产生缺陷外，最关键的问题是要防止焊接变形。

二、单项选择题(下列每题的选项中，只有 1 个是正确的，请将其代号填在括号内。每题 1 分，共 40 分。)

1. 低碳钢室温下的组织为(　　)。
   A. 奥氏体＋渗碳体　　B. 马氏体＋渗碳体
   C. 奥氏体＋铁素体　　D. 珠光体＋铁素体

2. 淬火的目的是为了提高钢的(　　)。
   A. 硬度和耐磨性　B. 冲击韧度　C. 塑性　D. 强度

3. 钢号 Q345A 中的“345”表示(　　)的数值为 345 MPa。
   A. 硬度　B. 冲击韧度　C. 屈服点　D. 抗拉强度

4. 对于干燥而触电危险性较大的环境，我国规定的安全电压为(　　)。
   A. 2.5 V　B. 12 V　C. 24 V　D. 36 V

5. 焊接时造成焊工白内障是由于弧光中(　　)的辐射。
   A. 红外线　B. 紫外线　C. 可见光

6. 绝大部分触电死亡事故是由于(　　)造成的。
   A. 电伤　　B. 电击
   C. 电弧　　D. 电磁场生理伤害

7. 国家标准规定，各种工业企业噪声不应超过(　　)。
   A. 50 dB　B. 85 dB　C. 100 dB　D. 120 dB

8. 常用来焊接除铝镁合金以外的铝合金的通用焊丝型号是(　　)。
   A. SAl-3　B. SAlSi-1　C. SAlMn　D. SAlMg-5

9. 下列焊丝型号中(　　)是灰铸铁焊丝。
   A. RZC-1　B. RZCH　C. RZCQ-1　D. RZCQ-2

10. 铸铁气焊用熔剂的牌号是(　　)。
    A. CJ101　B. CJ201　C. CJ301　D. CJ401

11. 铸铁焊补时，热焊法的预热温度一般为(　　)。
    A. 100～150 ℃　B. 400 ℃左右　C. 250～300 ℃　D. 600～700 ℃

12. 铝及铝合金工件和焊丝表面清理以后，在干燥的情况下，一般应在清理(　　)内施焊。
    A. 4 h　B. 12 h　C. 24 h　D. 36 h

13. 焊接接头正弯、背弯和侧弯试样各不少于(　　)个。
    A. 1　B. 2　C. 3　D. 4

14. 碳素钢、奥氏体钢单面焊的焊接接头弯曲试验合格标准是弯曲角度为(　　)。
    A. 50°　B. 90°　C. 100°　D. 180°

15. 焊接接头冲击试验的标准试样一般带有（　　）缺口。

A. V形　　B. Y形　　C. X形　　D. K形

16. 斜Y形坡口对接裂纹试验规定试件数量为：每次试验应取（　　）个。

A. 1　　B. 2　　C. 3　　D. 4

17. 斜Y形坡口对接裂纹试验规定，试验焊缝应焊（　　）道焊缝。

A. 1　　B. 2　　C. 3　　D. 4

18. 球墨铸铁中的碳是以（　　）形式分布于金属基体中。

A. 片状石墨　　B. 团絮状石墨　　C. 球状石墨　　D. Fe_3C

19. 灰铸铁焊接时存在的主要问题是：焊接接头容易（　　）。

A. 产生白铸铁组织和裂纹　　B. 耐腐蚀性降低

C. 未熔合、易变形　　D. 产生夹渣和气孔

20. 灰铸铁焊接时，采用栽螺钉法的目的是防止焊缝（　　）。

A. 产生白铸铁组织　　B. 产生气孔

C. 与母材剥离　　D. 产生夹渣

21. 下列牌号中（　　）是铝镁合金。

A. L1　　B. LF6　　C. LD2　　D. LY3

22. 铝及铝合金焊前必须仔细清理焊件表面的原因是为了防止（　　）。

A. 热裂纹　　B. 冷裂纹　　C. 气孔　　D. 烧穿

23. 焊接铝及铝合金时，在焊件坡口下面放置垫板的目的是为了防止（　　）。

A. 热裂纹　　B. 冷裂纹　　C. 气孔　　D. 塌陷

24. 钨极氩弧焊焊接铝及铝合金常采用的电源及极性是（　　）。

A. 直流正接　　B. 直流反接

C. 交流焊　　D. 直流正接或交流焊

25. 紫铜焊接时，常常要使用大功率热源，焊前还要采取预热措施的原因是（　　）。

A. 紫铜导热性好，难熔合　　B. 防止产生冷裂纹

C. 提高焊接接头的强度　　D. 防止锌的蒸发

26. 气焊紫铜要求使用（　　）。

A. 中性焰　　B. 碳化焰　　C. 氧化焰　　D. 弱碳化焰

27. （　　）不是焊接钛合金时容易出现的问题。

A. 裂纹　　B. 容易沾污，引起脆化

C. 气孔　　D. 塌陷

28. 1Cr18Ni9不锈钢和Q235低碳钢焊条电弧焊时，（　　）焊条焊接时焊缝容易产生热裂纹。

A. E4303　　B. E308-16　　C. E309-15　　D. E310-15

29. 1Cr18Ni9不锈钢和Q235低碳钢焊接时，焊缝得到（　　）组织比较理想。

A. 铁素体＋珠光体　　B. 奥氏体＋马氏体

C. 单相奥氏体　　D. 奥氏体＋铁素体

30. 凡承受流体介质的（　　）设备称为压力容器。

A. 耐热　　B. 耐磨　　C. 密封　　D. 耐腐蚀

31. 锅炉铭牌上标出的压力是锅炉(　　)。
A. 设计工作压力　　B. 最高工作压力
C. 平均工作压力　　D. 最低工作压力
32. 设计压力为 0.1 MPa$\leqslant p<$1.6 MPa 的压力容器属于(　　)容器。
A. 低压　　B. 中压　　C. 高压　　D. 超高压
33. 高温容器是指容器的操作温度高于(　　)的容器。
A. −20 ℃　　B. 30 ℃　　C. 100 ℃　　D. 室温
34. 在压力容器中,筒体与封头等重要部件的连接均采用(　　)接头。
A. 对接　　B. 角接　　C. 搭接　　D. T 形
35. 压力容器相邻两筒节间的纵缝应错开,其焊缝中心线之间的外圆弧长一般应大于筒体厚度的(　　),且不小于 100 mm。
A. 1 倍　　B. 2 倍　　C. 3 倍　　D. 4 倍
36. 工作时承受(　　)的杆件叫柱。
A. 拉伸　　B. 弯曲　　C. 压缩　　D. 扭曲
37. 为了保证梁的稳定性,常需设置肋板,肋板的设置根据梁的(　　)而定。
A. 宽度　　B. 厚度　　C. 高度　　D. 断面形状
38. 在环焊缝的熔合区产生带尾巴,形状似蝌蚪的气孔,是(　　)环焊缝所特有的缺陷。
A. 低压容器　　B. 中压容器
C. 超高压容器　　D. 多层高压容器
39. 焊接梁的翼板和腹板的角焊缝时,由于该焊缝长而规则,通常采用自动焊,并最好采用(　　)位置焊接。
A. 角焊　　B. 船形　　C. 横焊　　D. 立焊
40. 水压试验的试验压力,一般为工作压力的(　　)倍。
A. 1　　B. 1.2　　C. 1.25～1.5　　D. 1.5～2

三、多项选择题(下列每题的选项中,至少有 2 个是正确的,请将其代号填在括号内。每题 1 分,共 30 分。)

1. 焊工的职业守则应包含(　　)等内容。
A. 遵守国家法律、法规　　B. 爱岗敬业,忠于职守
C. 工作认真负责　　D. 谦虚谨慎,团结合作
E. 坚持文明生产
2. 金属材料常用的力学性能指标有(　　)。
A. 密度　　B. 强度　　C. 硬度
D. 塑性　　E. 热膨胀性　　F. 冲击韧度
3. 下列牌号的钢中(　　)不属于碳素结构钢。
A. Q195　　B. Q235　　C. Q275
D. Q295　　E. Q345　　F. Q390
4. 电流对人体的伤害有(　　)等形式。
A. 电击　　B. 电阻　　C. 电子束
D. 电伤　　E. 电磁场生理伤害

5. 焊工穿工作服时,(　　)是不正确的。

A. 工作服潮湿　　B. 工作服不应系在工作裤里

C. 工作服太短　　D. 工作服应系在工作裤里

E. 工作服不允许粘有油脂　　F. 要把袖子和衣领扣好

6. 在焊接过程中,产生的物理有害因素包括(　　)。

A. 焊接弧光　　B. 有害气体　　C. 高频电磁场

D. 热辐射　　E. 噪声　　F. 焊接烟尘

7. 下列焊条型号中(　　)是铸铁焊条。

A. EZC　　B. E4303　　C. EZNi

D. EZV　　E. E5015　　F. EZCQ

8. 有色金属气焊时一般都采用熔剂,熔剂的作用是(　　)。

A. 脱硫

B. 使脱氧产物和其他非金属杂质过渡到渣中去

C. 清除焊件表面的氧化物

D. 脱磷

E. 改善液体金属的流动性

F. 对熔池金属起保护作用

9. 铝及铝合金焊前应清理氧化膜的原因是由于氧化膜(　　)。

A. 使电弧不稳　　B. 熔点高,易造成夹渣

C. 易形成未熔合　　D. 使焊缝生成气孔

E. 容易引起冷裂纹　　F. 容易引起热裂纹

10. 下列材料(　　)的焊接不属于异种金属焊接。

A. 奥氏体钢与珠光体钢　　B. Q235 钢与低碳钢

C. 铜和铝　　D. 低碳钢上堆焊不锈钢

E. 奥氏体不锈钢复合板　　F. 16Mn 和 Q345 钢

11. 钨极氩弧焊控制系统性能调试中,主要测试各程序的设置能否满足工艺需要,对(　　)进行测试和调节。

A. 提前送气　　B. 引弧　　C. 焊接

D. 断电　　E. 滞后停气　　F. 脉冲参数

12. 通过焊接性试验,可以用来(　　)。

A. 选定适合母材的焊接材料　　B. 确定合适的焊接工艺参数

C. 确定焊接接头的抗拉强度　　D. 确定合适的热处理工艺参数

E. 研制新的焊接材料

13. 斜 Y 形坡口对接裂纹试验适合于(　　)焊接接头的冷裂纹抗裂性能试验。

A. 不锈钢　　B. 碳素钢　　C. 铸铁

D. 低合金钢　　E. 铝　　F. 铜

14. 在铸铁焊补时,为了得到灰铸铁焊缝,可在焊缝中加入促进石墨化元素,如(　　)等。

A. 镍　　B. 铜　　C. 钒

D. 碳　　E. 硅　　F. 硫

15. 下列牌号的铸铁中,(　　)不是灰铸铁。

A. HT100　　B. HT250　　C. QT400-15

D. SQT　　E. QT600-03　　F. HT400

16. 铸铁焊补时,防止裂纹的措施主要有(　　)等。

A. 工件焊前预热,焊后缓冷　　B. 采用加热减应区法

C. 采用非铸铁型焊接材料　　D. 采用合理的焊补工艺

E. 采用栽螺钉法　　F. 焊缝中加入阻碍石墨化元素

17. 工业纯铝的特性是(　　)。

A. 熔点低　　B. 易氧化,耐腐蚀性好　　C. 导热性好

D. 线胀系数大　　E. 塑性好　　F. 强度高

18. 焊接铝及铝合金最好的方法是(　　)。

A. 钨极氩弧焊　　B. 钨极脉冲氩弧焊　　C. 焊条电弧焊

D. 熔化极氩弧焊　　E. 埋弧自动焊

19. 紫铜具有(　　)的特性,因而在工业上得到了广泛的应用。

A. 强度高　　B. 塑性好　　C. 导电性好

D. 导热性好　　E. 耐腐蚀性好　　F. 低温性能好

20. 铜及铜合金下列牌号中,(　　)不是黄铜。

A. T2　　B. TUP　　C. H62

D. ZHSi80-3　　E. QA19-4　　F. B30

21. 紫铜焊接时容易产生的问题主要是(　　)。

A. 易变形　　B. 气孔　　C. 热裂纹

D. 难熔合　　E. 冷裂纹　　F. 焊接接头的力学性能降低

22. 钛及钛合金具有(　　)的优异性能。

A. 耐腐蚀性好　　B. 比强度大　　C. 韧性好

D. 焊接性好　　E. 易于成型　　F. 与生物相容性好

23. 在高温下钛与(　　)反应速度较快,使焊接接头塑性下降,特别是韧性大大降低,引起脆化。

A. 氢　　B. 氮　　C. 锰

D. 铁　　E. 氧　　F. 碳

24. 钛合金钨极氩弧焊时,需要采用(　　)的特殊保护措施。

A. 大直径的喷嘴　　B. 喷嘴加拖罩　　C. 大氩气流量

D. 氩＋氢的混合气　　E. 背面充氩保护

25. 奥氏体不锈钢和珠光体钢焊条电弧焊时,生产中不希望采用的焊条是(　　)。

A. E4303　　B. E308-16　　C. E309-15

D. E310-15　　E. E309-16　　F. E310-16

26. 锅炉和压力容器容易发生安全事故的原因是(　　)。

A. 使用条件比较苛刻　　B. 操作困难

C. 容易超负荷　　D. 局部区域受力情况比较复杂

E. 隐藏一些难以发现的缺陷　　F. 都在高温下工作

27. 压力容器的主要工艺参数和设计参数有(　　)。

A. 设计压力　　B. 工作压力　　C. 最高工作压力

D. 工作温度　　E. 最高工作温度　　F. 最低工作温度

28. 压力容器广泛采用的材料是(　　)。

A. 碳素钢　　B. 铸铁　　C. 低合金高强度钢

D. 奥氏体不锈钢　　E. 耐磨钢　　F. 有色金属及合金

29. 在焊接梁和柱时,减小和防止变形的措施主要有(　　)。

A. 减小焊缝尺寸　　B. 正确的焊接方向

C. 正确的装配—焊接顺序　　D. 正确的焊接顺序

E. 刚性固定法　　F. 反变形法

30. 检查焊接接头内部缺陷的方法有(　　)。

A. X射线探伤　　B. 超声波探伤　　C. 荧光探伤

D. 磁粉探伤　　E. 着色探伤　　F. 外观检查

参考答案

第1章　焊工基础知识

1.1　焊工职业道德

一、单项选择题

1. A	2. D	3. D	4. D	5. C	6. D	7. C
8. B	9. C	10. D	11. C	12. D	13. B	14. C
15. A						

二、判断题

1. ×	2. ×	3. √	4. ×	5. ×	6. √	7. √
8. ×	9. √	10. √	11. √	12. √	13. √	

三、多项选择题

1. ABCD　　2. ABCDE　　3. ABD

1.2　识图知识

1.2.1　制图的一般规定

一、单项选择题

1. D　　2. D　　3. A

二、判断题

1. √　　2. ×

1.2.2　投影的基本原理

一、单项选择题

1. D　　2. A　　3. C　　4. C　　5. D　　6. A　　7. B

二、判断题

1. ×　　2. ×　　3. ×　　4. √

三、多项选择题

1. AC　　2. ADE

1.2.3 常用零部件的画法及代号标注

一、单项选择题

1. C　2. C　3. D　4. D　5. B

二、判断题

1. ×　2. ×　3. √

1.2.4 简单装配图识图

一、单项选择题

1. D　2. B　3. D　4. D　5. B

二、判断题

1. √　2. ×　3. √　4. √　5. ×　6. ×　7. √

三、多项选择题

ABDEF

1.3 金属热处理与金属材料知识

1.3.1 金属及热处理知识

一、单项选择题

1. D　2. C　3. C　4. D　5. C　6. A　7. B
8. A　9. C　10. D　11. A　12. B　13. C　14. D
15. B　16. D　17. D　18. D　19. D　20. D　21. C
22. D　23. A　24. B　25. A　26. C　27. A　28. D
29. D　30. C　31. C　32. C　33. B　34. D

二、判断题

1. ×　2. ×　3. ×　4. √　5. ×　6. ×　7. ×
8. ×　9. ×　10. ×　11. √　12. ×　13. ×　14. √
15. ×　16. ×　17. ×　18. √　19. ×　20. ×　21. ×

三、多项选择题

1. ACD　2. ABDE　3. BCEF　4. CDE

1.3.2 常用金属材料知识

一、单项选择题

1. D　2. C　3. D　4. C　5. B　6. D　7. A
8. D　9. D　10. B　11. A　12. D　13. B　14. D
15. C　16. D　17. D　18. D　19. D　20. C　21. D

22. A　23. D　24. C　25. D　26. D　27. C　28. B
29. B　30. A　31. B　32. C　33. D　34. A　35. A
36. B　37. C　38. A　39. D　40. B　41. C　42. B
43. D

二、判断题

1. ×　2. √　3. ×　4. ×　5. ×　6. ×　7. ×
8. ×　9. ×　10. ×　11. ×　12. ×　13. √　14. ×
15. √　16. ×　17. ×　18. ×　19. √　20. ×　21. ×

三、多项选择题

1. CDF　2. BCDF　3. ABCF　4. ABEF　5. ABC
6. ABC　7. DEF　8. ACE　9. BEF　10. AC

1.4　电工基本知识

1.4.1　直流电与电磁的基本知识

一、单项选择题

1. A　2. D　3. B　4. D　5. D　6. D　7. B
8. D　9. D　10. C　11. C

二、判断题

1. ×　2. √　3. √　4. √　5. ×　6. ×　7. √
8. ×　9. √　10. ×　11. ×　12. ×　13. √　14. √
15. ×

三、多项选择题

1. AD　2. ACF

1.4.2　交流电基本概念

一、单项选择题

1. D　2. B　3. C　4. A

二、判断题

1. √　2. ×　3. ×　4. √　5. √　6. √

1.4.3　变压器及电流表、电压表

一、单项选择题

1. B　2. B　3. D　4. C　5. D　6. B

二、判断题

1. √　2. ×　3. √　4. ×　5. ×　6. ×　7. ×
8. ×　9. √

1.5 化学基本知识

1.5.1 化学元素符号

一、单项选择题

1. C　2. C　3. B　4. D　5. B

二、判断题

1. ×　2. ×　3. ×　4. ×　5. √　6. √

三、多项选择题

1. AC　2. AD

1.5.2 原子结构

一、单项选择题

1. D　2. D　3. B　4. C　5. B　6. A

二、判断题

1. √　2. ×　3. √　4. ×　5. √　6. ×　7. ×
8. ×　9. √

三、多项选择题

BE

1.5.3 化学反应

一、单项选择题

1. C　2. D

二、判断题

1. ×　2. ×　3. √　4. √　5. ×

1.6 冷加工基础知识

1.6.1 钳工基础知识

一、判断题

1. ×　2. ×　3. √

1.6.2 钣金工基础知识

一、单项选择题

1. B　　2. C　　3. A

二、判断题

1. ×　　2. ×　　3. √　　4. √　　5. ×　　6. √

三、多项选择题

ABCD

1.7 焊接概述

1.7.1 焊接的物理实质

一、多项选择题

1. ABCD　　2. ABCF

1.7.2 焊接方法分类

一、单项选择题

1. B　　2. C　　3. B

二、判断题

1. ×　　2. ×　　3. √　　4. ×　　5. ×　　6. ×

三、多项选择题

1. ACE　　2. CDE　　3. ABD

1.8 安全保护和环境保护知识

1.8.1 安全用电知识

一、单项选择题

1. D　　2. C　　3. D　　4. D　　5. D　　6. D　　7. D
8. D　　9. C　　10. B　　11. A　　12. C　　13. B

二、判断题

1. ×　　2. ×　　3. ×　　4. ×　　5. ×　　6. ×　　7. ×

三、多项选择题

1. BCE　　2. ABCD

1.8.2 焊接环境保护

一、单项选择题

1. A　2. D　3. C　4. C　5. D　6. D

二、判断题

1. ×　2. ×　3. √　4. √　5. √　6. √　7. √

三、多项选择题

1. ADEF　2. ABDE

1.8.3 焊接劳动保护知识

一、单项选择题

1. A　2. D　3. D　4. A　5. D　6. B　7. B
8. D　9. C　10. D　11. A　12. C

二、判断题

1. √　2. ×　3. √　4. ×　5. ×　6. ×　7. ×
8. ×　9. ×　10. ×　11. ×　12. ×

三、多项选择题

1. ABC　2. ACDE　3. ADF

第 2 章　初级焊工技能

2.1 焊前准备

2.1.1 劳动保护和安全检查

一、单项选择题

1. D　2. D　3. D　4. D　5. D　6. D　7. D
8. D　9. C　10. D　11. A　12. D　13. D　14. C
15. A　16. C　17. D　18. D　19. D　20. D　21. A
22. C　23. B　24. C　25. B　26. B　27. B　28. C
29. A　30. D　31. C

二、判断题

1. ×　2. √　3. √　4. ×　5. ×　6. ×　7. √
8. √　9. ×　10. ×　11. ×　12. ×　13. ×　14. ×
15. √　16. ×　17. ×　18. ×　19. ×　20. ×　21. √
22. ×　23. √　24. ×　25. ×　26. ×

三、多项选择题

1. ABDE　2. CD　3. BD　4. AD　5. ABD
6. ABCF

2.1.2 焊接材料

一、单项选择题

1. A　2. B　3. D　4. B　5. C　6. D　7. C
8. C　9. B　10. C　11. A

二、判断题

1. √　2. ×　3. √　4. √　5. √　6. ×　7. ×
8. ×　9. √　10. √　11. √　12. ×　13. √　14. ×
15. √　16. ×　17. √　18. ×　19. √

三、多项选择题

1. ABDF　2. AD　3. ABDEF　4. BCEF　5. ACF
6. ACE　7. AB　8. AE

2.1.3 工件准备

一、单项选择题

1. D　2. C　3. B　4. A　5. C　6. D

二、判断题

1. √　2. ×　3. ×　4. √　5. √　6. ×　7. ×
8. ×　9. ×

三、多项选择题

1. ABCDE　2. BCDE　3. AF　4. CD

2.1.4 焊条电弧焊设备

一、单项选择题

1. A　2. B　3. C　4. A　5. B　6. C　7. D
8. C

二、判断题

1. ×　2. ×　3. ×　4. ×　5. ×　6. √　7. √
8. √　9. √　10. ×　11. ×　12. √　13. ×　14. √
15. ×　16. √　17. ×

三、多项选择题

1. ABDE　2. AEF　3. ACEF　4. CD

2.2 焊接

2.2.1 焊条电弧焊

一、单项选择题

1. D	2. C	3. B	4. C	5. D	6. B	7. B
8. B	9. C	10. B	11. C	12. D	13. C	

二、判断题

1. ×	2. √	3. ×	4. √	5. √	6. ×	7. √
8. ×	9. √	10. ×	11. √	12. ×	13. √	14. √
15. ×	16. ×	17. √	18. ×	19. √	20. √	21. ×
22. ×	23. ×	24. √	25. √	26. ×		

三、多项选择题

1. ACD	2. AE	3. BCD	4. BCF	5. ABE
6. ADEF	7. AD			

2.2.2 气焊、气割

一、单项选择题

1. A	2. C	3. D	4. C	5. B	6. B	7. C
8. C	9. B	10. B	11. B	12. C		

二、判断题

1. √	2. √	3. √	4. ×	5. √	6. √	7. ×
8. ×	9. √	10. √	11. ×	12. ×	13. √	14. √
15. ×	16. ×	17. √	18. ×	19. √	20. ×	21. ×
22. √	23. ×	24. ×	25. ×	26. ×	27. √	28. ×

三、多项选择题

1. ACE	2. CF	3. AEF	4. EF	5. ADEF
6. ADE	7. BDE	8. ADF	9. ACE	10. CD
11. ABCD				

2.2.3 碳弧气刨

一、单项选择题

1. D	2. B	3. D	4. A	5. D	6. B	7. B
8. C	9. B	10. A				

二、判断题

1. √	2. √	3. √	4. √	5. √	6. ×	7. √
8. √	9. ×	10. ×	11. ×	12. ×	13. √	14. ×

15. × 16. √ 17. × 18. √ 19. × 20. × 21. √
22. ×

三、多项选择题

1. ABCDEF 2. BF 3. ABD 4. AD 5. AC

2.3 焊后检查

2.3.1 外观检查

一、单项选择题

1. C 2. B 3. D 4. D

二、判断题

1. √ 2. √ 3. √ 4. × 5. √ 6. ×

三、多项选择题

1. ABC 2. ABCF 3. BCE 4. AD 5. ABF

2.3.2 缺陷返修

一、判断题

1. √ 2. × 3. × 4. √ 5. ×

理论知识模拟试卷一(初级工)

一、判断题(下列判断题中,正确的请打"√",错误的打"×"。每题1分,共30分。)

1. √ 2. √ 3. √ 4. × 5. × 6. × 7. ×
8. × 9. × 10. × 11. √ 12. × 13. × 14. ×
15. √ 16. × 17. √ 18. √ 19. √ 20. × 21. ×
22. √ 23. √ 24. × 25. × 26. × 27. × 28. √
29. √ 30. ×

二、单项选择题(下列每题的选项中,只有1个是正确的,请将其代号填在括号内。每题1分,共40分。)

1. B 2. D 3. A 4. B 5. C 6. C 7. B
8. B 9. A 10. B 11. C 12. D 13. B 14. B
15. A 16. B 17. C 18. C 19. B 20. C 21. C
22. B 23. A 24. B 25. D 26. C 27. D 28. A
29. B 30. C 31. B 32. B 33. C 34. B 35. A
36. D 37. A 38. C 39. D 40. C

三、多项选择题(下列每题的选项中,至少有2个是正确的,请将其代号填在括号内。每题1分,共30分。)

1. ABCDE 2. BDE 3. ABEF 4. AE 5. AC

6. ABCD	7. ABDE	8. ACDE	9. ABCF	10. ABEF
11. EF	12. BCDE	13. ABDE	14. ABD	15. AD
16. ADE	17. BCEF	18. BCEF	19. AEF	20. ACE
21. ABCD	22. BCF	23. BDE	24. ABE	25. ABCDEF
26. CE	27. BC	28. AC	29. ABE	30. BD

理论知识模拟试卷二(初级工)

一、判断题(下列判断题中,正确的请打"√",错误的打"×"。每题 1 分,共 30 分。)

1. √	2. ×	3. √	4. √	5. √	6. ×	7. ×
8. ×	9. ×	10. ×	11. √	12. ×	13. ×	14. ×
15. √	16. ×	17. √	18. √	19. √	20. ×	21. √
22. ×	23. √	24. √	25. ×	26. √	27. ×	28. ×
29. √	30. ×					

二、单项选择题(下列每题的选项中,只有 1 个是正确的,请将其代号填在括号内。每题 1 分,共 40 分。)

1. C	2. C	3. C	4. B	5. C	6. A	7. D
8. D	9. D	10. C	11. B	12. A	13. C	14. C
15. B	16. A	17. D	18. B	19. B	20. D	21. B
22. A	23. C	24. D	25. B	26. D	27. A	28. C
29. C	30. B	31. B	32. B	33. C	34. D	35. D
36. B	37. B	38. A	39. B	40. D		

三、多项选择题(下列每题的选项中,至少有 2 个是正确的,请将其代号填在括号内。每题 1 分,共 30 分。)

1. ABCDE	2. ABCF	3. BCF	4. BCEF	5. BD
6. ABCF	7. ADEF	8. ACDE	9. ACD	10. BCE
11. AE	12. AF	13. CD	14. BDF	15. BCD
16. CDF	17. BC	18. CF	19. BCD	20. CF
21. EF	22. ACF	23. BDF	24. ABCD	25. AE
26. ABD	27. BD	28. AC	29. ADF	30. CDE

第 3 章　中级焊工技能

3.1　焊前准备

3.1.1　焊接材料

一、单项选择题

1. D	2. D	3. D	4. A	5. D	6. D	7. D

8. C	9. D	10. D	11. A	12. C	13. D	14. C
15. B	16. B	17. C	18. C	19. C	20. A	21. C
22. D	23. B	24. D	25. C	26. A	27. D	28. B
29. D	30. B	31. B	32. A	33. C	34. B	35. C
36. A						

二、判断题

1. ×	2. ×	3. ×	4. ×	5. ×	6. ×	7. ×
8. ×	9. √	10. √	11. √	12. ×	13. ×	14. √
15. √	16. ×	17. ×	18. √	19. ×	20. ×	21. ×
22. √	23. √					

三、多项选择题

1. AD	2. ABDEF	3. ACDE	4. CEF	5. BCDE
6. CDE	7. AB	8. ACD	9. BDF	10. EF
11. ACDE				

3.1.2 工件准备

一、单项选择题

1. A	2. A	3. B	4. A	5. A	6. C	7. D
8. A						

二、判断题

1. ×	2. √	3. ×	4. ×	5. √	6. √	7. ×
8. √						

三、多项选择题

1. ABCE　2. ACDF

3.1.3 设备准备

一、单项选择题

1. D	2. D	3. B	4. C	5. D	6. D	7. B
8. D	9. A	10. B	11. A	12. B	13. D	

二、判断题

1. √	2. √	3. ×	4. √	5. √	6. √	7. √
8. ×	9. ×	10. √	11. ×	12. ×	13. √	14. √
15. √	16. √	17. ×	18. ×	19. √	20. ×	21. √

三、多项选择题

1. ABCDEF　2. EF　3. ABCEF　4. ABCDEF

3.2 焊接

3.2.1 焊条电弧焊

一、单项选择题

1. D　2. B　3. D　4. B　5. D　6. D　7. C
8. C　9. A

二、判断题

1. ×　2. ×　3. ×　4. ×　5. √　6. ×

3.2.2 埋弧焊

一、单项选择题

1. C　2. A　3. D　4. B　5. D　6. C　7. B
8. B　9. D　10. C　11. C　12. D　13. D　14. D
15. D　16. C　17. D　18. A　19. B　20. A　21. A
22. C　23. A　24. C　25. A　26. B

二、判断题

1. ×　2. √　3. ×　4. ×　5. ×　6. ×　7. ×
8. √　9. ×　10. ×　11. ×　12. ×　13. ×　14. √
15. √　16. √　17. √

三、多项选择题

1. ABDE　2. ABCD　3. ABC　4. ABC

3.2.3 钨极氩弧焊

一、单项选择题

1. D　2. A　3. D　4. D　5. A　6. D　7. D
8. C　9. A　10. C　11. C　12. A　13. C　14. D
15. A　16. A　17. C　18. B　19. A　20. C　21. D

二、判断题

1. ×　2. √　3. √　4. √　5. ×　6. √　7. √
8. √　9. ×　10. √　11. ×　12. √　13. √　14. ×
15. √　16. ×　17. √

三、多项选择题

1. ABEF　2. ABCDE　3. ABCDE　4. EF　5. AD
6. ABC　7. EF

3.2.4 二氧化碳气体保护焊

一、单项选择题

1. D	2. C	3. C	4. D	5. D	6. D	7. A
8. D	9. D	10. D	11. D	12. B	13. A	14. D
15. D	16. B	17. D	18. D	19. C	20. D	21. B
22. D	23. D	24. B	25. C	26. A	27. B	28. A
29. C	30. B	31. B	32. D	33. A	34. B	35. A
36. B	37. B					

二、判断题

1. ×	2. ×	3. √	4. √	5. ×	6. √	7. √
8. √	9. √	10. ×	11. ×	12. √	13. √	14. ×
15. √	16. √	17. √	18. √	19. √		

三、多项选择题

1. ABCF	2. AB	3. AC	4. BCE	5. ABF
6. ABCDE	7. ABC	8. ABCD	9. ABC	

3.2.5 电阻焊

一、单项选择题

1. D	2. D	3. D	4. D	5. D	6. D	7. A
8. D	9. D	10. D	11. D	12. C	13. D	14. B
15. D	16. B	17. A	18. C	19. C	20. A	21. B
22. B	23. C					

二、判断题

1. ×	2. √	3. ×	4. ×	5. ×	6. ×	7. √
8. ×	9. ×	10. √	11. ×	12. √	13. √	

三、多项选择题

1. CDEF	2. ABCEF	3. CD	4. BCDE	5. ABCDEF

3.2.6 等离子弧焊接与切割

一、单项选择题

1. D	2. D	3. D	4. D	5. D	6. D	7. D
8. C	9. D	10. A	11. D	12. D	13. C	14. C
15. C	16. A	17. B	18. D	19. D	20. C	21. B
22. A	23. C	24. D	25. C	26. D	27. D	28. D
29. B	30. D	31. B	32. D	33. C	34. C	35. B

二、判断题

1. × 2. × 3. √ 4. × 5. × 6. √ 7. √
8. √ 9. √ 10. √ 11. √ 12. √ 13. √ 14. √
15. √ 16. √ 17. √ 18. √ 19. × 20. √ 21. ×
22. √ 23. √ 24. ×

三、多项选择题

1. ABC 2. DEF 3. ABCD 4. ABCDF 5. ABCDEF

3.2.7 焊接接头的组织和性能

一、单项选择题

1. D 2. D 3. D 4. D 5. D 6. D 7. D
8. D 9. D 10. D 11. D 12. C 13. B 14. D
15. C 16. D 17. D 18. C 19. D 20. C 21. A
22. C 23. B 24. D 25. D 26. C 27. A 28. A
29. D

二、判断题

1. × 2. √ 3. × 4. × 5. √ 6. √ 7. ×
8. √ 9. √ 10. × 11. × 12. √ 13. √ 14. √
15. √ 16. √ 17. √ 18. √ 19. × 20. √ 21. √

三、多项选择题

1. AC 2. CDE 3. ABCD 4. ABCDEF 5. ABCE
6. ABC 7. DEF 8. ABCDEF

3.2.8 焊接应力与变形

一、单项选择题

1. D 2. D 3. D 4. D 5. C 6. D 7. D
8. D 9. C 10. C 11. D 12. C 13. C 14. B
15. A 16. A 17. C 18. B 19. A

二、判断题

1. √ 2. × 3. √ 4. √ 5. √ 6. √ 7. √
8. × 9. × 10. √ 11. × 12. × 13. √ 14. ×
15. √ 16. √ 17. √ 18. √ 19. √ 20. √ 21. √
22. √

三、多项选择题

1. ABCDE 2. ABCD 3. ABCDE 4. AE 5. ABCD
6. ABCDE 7. ABCDF

3.2.9 低合金结构钢的焊接

一、单项选择题

1. D	2. A	3. D	4. D	5. B	6. C	7. A
8. B	9. D	10. D	11. D	12. D	13. D	14. D
15. A	16. D	17. A	18. C	19. C	20. D	21. D
22. D	23. A	24. D	25. D	26. B	27. D	28. C
29. D	30. C	31. D	32. D	33. A	34. B	35. B
36. B	37. C					

二、判断题

1. √	2. √	3. √	4. ×	5. √	6. ×	7. √
8. √	9. ×	10. ×	11. √	12. ×	13. ×	14. √
15. √	16. ×	17. ×	18. ×	19. √	20. √	

三、多项选择题

1. ABCD	2. ADE	3. AC	4. ABCE	5. ADEF
6. ABCDEF				

3.2.10 珠光体耐热钢和低温钢的焊接

一、单项选择题

1. B	2. A	3. D	4. C	5. C	6. D	7. D
8. D	9. B	10. B	11. A	12. B	13. B	14. C
15. C	16. D	17. B	18. C	19. D	20. D	21. A
22. C	23. D					

二、判断题

1. ×	2. ×	3. √	4. ×	5. ×	6. ×	7. ×
8. √	9. √	10. √	11. √	12. ×	13. √	14. √
15. ×	16. √	17. √	18. √	19. √	20. √	

三、多项选择题

1. BCD	2. AB	3. C	4. ABCDEF	5. ABCDE

3.2.11 奥氏体不锈钢的焊接

一、单项选择题

1. D	2. D	3. D	4. D	5. D	6. D	7. D
8. D	9. D	10. C	11. A	12. A	13. B	14. B
15. D	16. D	17. B	18. A	19. B	20. A	21. B
22. C	23. B	24. D	25. A	26. B	27. B	28. A
29. B	30. C					

二、判断题

1. ×　2. ×　3. ×　4. ×　5. ×　6. ×　7. ×
8. √　9. √　10. ×　11. ×　12. √　13. √　14. √
15. ×　16. √　17. √　18. √　19. √　20. ×　21. √
22. √　23. √

三、多项选择题

1. BCDF　2. AE　3. ABCDE　4. AB　5. ADEF
6. ABCDEF　7. ABDF　8. ABCD　9. ABDF

3.3 焊后检查

3.3.1 焊接缺陷分析

一、单项选择题

1. D　2. A　3. D　4. D　5. D　6. D　7. D
8. D　9. D　10. D　11. C　12. D　13. D　14. C
15. D　16. C　17. A　18. D　19. C　20. B　21. D
22. D　23. D　24. D　25. C　26. D　27. C　28. D
29. B

二、判断题

1. ×　2. ×　3. √　4. ×　5. √　6. ×　7. ×
8. √　9. √　10. ×　11. √　12. ×　13. ×　14. √

三、多项选择题

1. BDE　2. ABCDE　3. ABCDEF　4. BDEF　5. CD
6. ABCDEF　7. ABC　8. ABCDEF　9. AD　10. ADEF
11. ABCE　12. CDEF　13. ACDE　14. ABCDE　15. BCDF

3.3.2 焊接检验

一、单项选择题

1. B　2. A　3. D　4. D　5. D　6. D　7. D
8. B　9. C　10. D　11. D　12. D　13. D　14. D
15. D　16. B　17. B　18. B　19. B　20. C　21. B
22. A　23. C　24. D　25. C

二、判断题

1. ×　2. √　3. ×　4. √　5. ×　6. ×　7. ×
8. ×　9. √　10. √　11. √　12. √　13. ×　14. ×
15. ×

三、多项选择题

1. BCDF　　2. BCDEF　　3. ABCDF　　4. ABDEF　　5. ABCE
6. ABC

理论知识模拟试卷一(中级工)

一、判断题(下列判断题中,正确的请打"√",错误的打"×"。每题1分,共30分。)

1. √　2. ×　3. √　4. √　5. ×　6. √　7. √
8. ×　9. √　10. ×　11. ×　12. √　13. ×　14. √
15. ×　16. √　17. ×　18. √　19. √　20. √　21. ×
22. ×　23. √　24. ×　25. √　26. √　27. √　28. √
29. ×　30. ×

二、单项选择题(下列每题的选项中,只有1个是正确的,请将其代号填在括号内。每题1分,共40分。)

1. D　2. B　3. B　4. C　5. B　6. C　7. B
8. A　9. A　10. A　11. A　12. B　13. B　14. B
15. A　16. C　17. B　18. D　19. B　20. B　21. B
22. C　23. A　24. D　25. A　26. B　27. D　28. D
29. B　30. D　31. D　32. A　33. B　34. C　35. B
36. B　37. C　38. B　39. C　40. B

三、多项选择题(下列每题的选项中,至少有2个是正确的,请将其代号填在括号内。每题1.5分,共30分。)

1. ABCDE　2. ABEF　3. AD　4. ABDE　5. ABDE
6. ABC　7. ABCDE　8. AD　9. EF　10. ABCF
11. BCE　12. ABC　13. CDEF　14. ABCDF　15. CDE
16. ABC　17. ABCD　18. AC　19. BDEF　20. ABE

理论知识模拟试卷二(中级工)

一、判断题(下列判断题中,正确的请打"√",错误的打"×"。每题1分,共30分。)

1. ×　2. √　3. ×　4. √　5. ×　6. ×　7. ×
8. √　9. ×　10. √　11. ×　12. ×　13. √　14. √
15. √　16. √　17. ×　18. ×　19. ×　20. √　21. ×
22. ×　23. ×　24. √　25. ×　26. ×　27. √　28. ×
29. ×　30. ×

二、单项选择题(下列每题的选项中,只有1个是正确的,请将其代号填在括号内。每题1分,共40分。)

1. B　2. A　3. A　4. B　5. D　6. B　7. C
8. C　9. B　10. A　11. A　12. A　13. A　14. C

15. A	16. B	17. A	18. C	19. B	20. D	21. D
22. C	23. A	24. D	25. A	26. A	27. B	28. C
29. C	30. D	31. C	32. C	33. C	34. D	35. B
36. A	37. B	38. D	39. D	40. C		

三、多项选择题(下列每题的选项中,至少有 2 个是正确的,请将其代号填在括号内。每题 1.5 分,共 30 分。)

1. ABCDE	2. ABC	3. ACF	4. ABC	5. ABCD
6. ABEF	7. ABCDE	8. EF	9. ABC	10. AB
11. ABF	12. ABCD	13. BCDE	14. ABC	15. ABCD
16. AE	17. AC	18. ABDF	19. AD	20. ABCE

第 4 章　高级焊工技能

4.1　焊前准备

4.1.1　焊接材料

一、单项选择题

1. B	2. A	3. B	4. D	5. A	6. B	7. C
8. D	9. A	10. C	11. B	12. A	13. D	14. A
15. A	16. D	17. C	18. B	19. C	20. C	21. B
22. D	23. D	24. D	25. D			

二、判断题

1. ×	2. ×	3. √	4. ×	5. √	6. ×	7. √
8. √	9. ×	10. √	11. √	12. √	13. ×	

三、多项选择题

1. ACDF　2. BDE　3. ABCDEF　4. ABF　5. CDE

4.1.2　工件准备

一、单项选择题

1. D	2. D	3. D	4. D	5. D	6. D	7. D
8. D	9. C	10. D	11. B	12. C	13. D	14. D
15. D	16. A	17. C	18. D	19. D		

二、判断题

1. ×	2. ×	3. √	4. ×	5. ×	6. ×	7. ×
8. ×	9. √	10. ×	11. √	12. ×	13. √	14. ×
15. ×	16. √	17. ×	18. √			

三、多项选择题

1. ABE　2. ABCF　3. ABCD

4.1.3 设备准备

一、单项选择题

1. D	2. D	3. C	4. A	5. A	6. C	7. B
8. D	9. D	10. A	11. B	12. C	13. A	14. D
15. C	16. C					

二、判断题

1. √	2. ×	3. ×	4. ×	5. ×	6. √

三、多项选择题

1. ABDEF　2. ABCDEF

4.2 焊接

4.2.1 焊接接头试验

一、单项选择题

1. D	2. B	3. B	4. C	5. A	6. D	7. B
8. D	9. B	10. C	11. D	12. A	13. B	14. D
15. C	16. B	17. D	18. C	19. D	20. D	21. D
22. A	23. A	24. C	25. B	26. C	27. A	28. B
29. A	30. D	31. A	32. A	33. D	34. A	35. C
36. A	37. D	38. A	39. D	40. D	41. A	42. A
43. B	44. D	45. B	46. A	47. A	48. A	49. A
50. C	51. B	52. A	53. D	54. C	55. B	56. A
57. D	58. B	59. D				

二、判断题

1. ×	2. ×	3. √	4. √	5. ×	6. ×	7. ×
8. √	9. ×	10. ×	11. ×	12. ×	13. ×	14. ×
15. ×	16. ×	17. ×	18. √	19. √	20. ×	21. √
22. ×	23. ×	24. √	25. √	26. √	27. ×	28. ×
29. √	30. √	31. √	32. √	33. ×	34. √	35. ×
36. ×						

三、多项选择题

1. ABCDEF　2. ABDE　3. BD　4. CDF

4.2.2 铸铁焊接

一、单项选择题

1. A	2. D	3. C	4. C	5. D	6. C	7. A
8. D	9. D	10. C	11. C	12. B	13. D	14. B
15. D	16. D	17. D	18. C	19. C	20. D	21. B
22. A	23. B	24. C	25. D	26. D	27. A	28. D
29. A	30. D	31. D	32. D	33. D	34. D	35. B
36. B	37. D	38. B	39. D	40. B	41. A	42. B
43. A	44. B	45. B	46. D	47. B	48. A	49. D
50. C	51. A	52. B	53. C	54. D		

二、判断题

1. ×	2. ×	3. ×	4. ×	5. √	6. √	7. ×
8. √	9. ×	10. ×	11. √	12. √	13. ×	14. √
15. ×	16. √	17. ×	18. ×	19. ×	20. √	21. √
22. ×	23. √					

三、多项选择题

1. CE	2. ABD	3. BF	4. ABCE	5. ABCDEF
6. ABF	7. ABDE	8. ABCD	9. ABCDE	10. ABCDEF
11. ABCEF	12. BCDE	13. ABCDE	14. BCDEF	15. ABCDE
16. BCE	17. CE			

4.2.3 有色金属的焊接

一、单项选择题

1. D	2. D	3. B	4. A	5. C	6. C	7. D
8. D	9. D	10. C	11. A	12. D	13. A	14. C
15. D	16. C	17. A	18. D	19. B	20. D	21. D
22. D	23. D	24. D	25. C	26. D	27. B	28. D
29. A	30. B	31. D	32. A	33. D	34. D	35. D
36. C	37. B	38. C	39. D	40. A	41. C	42. C
43. A	44. B	45. C	46. C	47. D	48. A	49. B
50. C	51. D	52. A	53. A	54. A	55. C	56. A
57. D						

二、判断题

1. ×	2. ×	3. ×	4. ×	5. ×	6. ×	7. ×
8. ×	9. ×	10. ×	11. ×	12. ×	13. √	14. √
15. ×	16. √	17. ×	18. ×	19. √	20. ×	21. √

22. √ 23. √ 24. √ 25. √ 26. × 27. √ 28. ×
29. × 30. √ 31. √ 32. × 33. √ 34. × 35. ×
36. × 37. √ 38. ×

三、多项选择题

1. BD 2. AD 3. ABCDEF 4. AD 5. BEF
6. ABCDF 7. ABD 8. BCDEF 9. ABCEF 10. ABD
11. CD 12. ABCDF 13. ADF 14. ABCDEF 15. ABE
16. ABE 17. ABE

4.2.4 异种金属的焊接

一、单项选择题

1. D 2. D 3. C 4. A 5. C 6. D 7. C
8. D 9. D 10. B 11. D 12. B 13. A 14. D
15. D 16. D 17. D 18. D 19. C 20. A 21. D
22. B 23. C 24. D 25. B 26. D 27. C 28. D

二、判断题

1. × 2. × 3. × 4. × 5. × 6. √ 7. ×
8. × 9. × 10. √ 11. √ 12. × 13. × 14. ×
15. × 16. √ 17. × 18. √ 19. × 20. × 21. √
22. × 23. √

三、多项选择题

1. ACDE 2. ABCDEF 3. ADEF 4. AC 5. CE 6. ACDEF

4.2.5 焊条电弧焊技术

一、单项选择题

1. D 2. D 3. A 4. D 5. B

二、判断题

1. × 2. × 3. × 4. √

4.2.6 气割机

一、单项选择题

1. A 2. B 3. D 4. C 5. D 6. B 7. D
8. D 9. A 10. B 11. B 12. B

二、判断题

1. × 2. × 3. × 4. × 5. × 6. √ 7. √
8. √ 9. × 10. √ 11. √

三、多项选择题

1. ABCDEF　　2. ABDE

4.2.7 典型容器和结构的焊接

一、单项选择题

1. D	2. B	3. C	4. C	5. D	6. D	7. B
8. D	9. C	10. B	11. D	12. D	13. B	14. D
15. A	16. B	17. D	18. D	19. B	20. A	21. D
22. D	23. B	24. A	25. B	26. D	27. B	28. B
29. B	30. A	31. C	32. D	33. C	34. D	35. D
36. C	37. D	38. D	39. D	40. B	41. B	42. D
43. C	44. D	45. B	46. D	47. D	48. A	49. D
50. D	51. C	52. D	53. A	54. B	55. A	56. B
57. C	58. D	59. B	60. D	61. C	62. A	63. D
64. B	65. B	66. B	67. C	68. B	69. B	70. C
71. C						

二、判断题

1. ×	2. ×	3. ×	4. √	5. √	6. √	7. ×
8. √	9. ×	10. √	11. √	12. ×	13. √	14. √
15. ×	16. ×	17. ×	18. √	19. √	20. √	

三、多项选择题

1. ACD	2. ACDE	3. ABCDEF	4. ABCDEF	5. ACDF
6. ACDF	7. ABCDEF	8. ABCDEF		

4.3 焊后检查

4.3.1 焊接缺陷分析

一、单项选择题

1. C	2. D	3. C	4. D	5. B	6. B	7. B
8. D	9. A	10. C	11. D	12. D	13. D	14. D
15. C	16. D	17. A	18. D	19. D		

二、判断题

1. ×	2. √	3. √	4. ×	5. ×	6. ×	7. √
8. ×	9. √	10. ×	11. √	12. ×	13. √	14. ×
15. ×	16. √	17. √	18. √	19. ×	20. √	21. √

三、多项选择题

ABCDEF

4.3.2 焊接检验

一、单项选择题

1. D　2. C　3. A　4. D　5. D　6. B　7. C
8. D　9. D　10. C　11. C　12. D　13. B　14. C
15. D　16. B　17. C　18. C　19. B

二、判断题

1. ×　2. ×　3. ×　4. ×　5. ×　6. ×　7. ×
8. ×　9. ×　10. ×　11. ×　12. √　13. ×　14. ×
15. ×　16. √　17. ×

三、多项选择题

1. BD　2. CEF

理论知识模拟试卷一(高级工)

一、判断题(下列判断题中,正确的请打"√",错误的打"×"。每题 1 分,共 30 分。)

1. √　2. √　3. ×　4. √　5. ×　6. √　7. ×
8. √　9. ×　10. √　11. ×　12. √　13. ×　14. ×
15. √　16. √　17. √　18. √　19. √　20. ×　21. ×
22. ×　23. ×　24. √　25. √　26. ×　27. ×　28. ×
29. √　30. ×

二、单项选择题(下列每题的选项中,只有 1 个是正确的,请将其代号填在括号内。每题 1 分,共 40 分。)

1. A　2. C　3. A　4. C　5. D　6. B　7. C
8. A　9. C　10. C　11. C　12. A　13. A　14. D
15. B　16. A　17. D　18. A　19. B　20. A　21. C
22. A　23. D　24. A　25. C　26. A　27. C　28. D
29. C　30. C　31. C　32. B　33. B　34. D　35. C
36. B　37. B　38. B　39. B　40. A

三、多项选择题(下列每题的选项中,至少有 2 个是正确的,请将其代号填在括号内。每题 1 分,共 30 分。)

1. ABCDE　2. ABDE　3. DEF　4. CDEF　5. ABDE
6. BD　7. ABEF　8. ABF　9. ABCF　10. BCDF
11. ABDEF　12. ABCDEF　13. CDF　14. BCDEF　15. ABCEF
16. BCDE　17. AD　18. ABDEF　19. CEF　20. ABCEF
21. ADF　22. ABCDEF　23. ABE　24. ADEF　25. ACDEF
26. ACD　27. ACDF　28. ABCDEF　29. ABCDEF　30. BD

理论知识模拟试卷二(高级工)

一、**判断题**(下列判断题中,正确的请打"√",错误的打"×"。每题1分,共30分。)

1. ×	2. ×	3. ×	4. √	5. √	6. ×	7. ×
8. ×	9. ×	10. √	11. √	12. √	13. √	14. ×
15. ×	16. ×	17. √	18. √	19. ×	20. ×	21. ×
22. √	23. ×	24. √	25. √	26. ×	27. ×	28. √
29. ×	30. √					

二、**单项选择题**(下列每题的选项中,只有1个是正确的,请将其代号填在括号内。每题1分,共40分。)

1. D	2. A	3. C	4. D	5. A	6. B	7. B
8. B	9. A	10. B	11. D	12. C	13. A	14. B
15. A	16. B	17. A	18. C	19. A	20. C	21. B
22. C	23. D	24. C	25. A	26. A	27. D	28. D
29. D	30. C	31. A	32. A	33. D	34. A	35. C
36. C	37. C	38. D	39. B	40. C		

三、**多项选择题**(下列每题的选项中,至少有2个是正确的,请将其代号填在括号内。每题1分,共30分。)

1. ABCDE	2. BCDF	3. DEF	4. ADE	5. ACD
6. ACDE	7. ACDF	8. BCEF	9. ABCD	10. BF
11. ABCDEF	12. ABDE	13. BD	14. ABDE	15. CDE
16. ABCDE	17. ABCD	18. ABD	19. BCDEF	20. ABEF
21. ABCDF	22. ABCDEF	23. ABE	24. ABE	25. ABDF
26. ACDE	27. ABCDEF	28. ACDF	29. ABCDEF	30. AB